Sicherheit von Medizingeräten

Norbert Leitgeb

Sicherheit von Medizingeräten

Recht – Risiko – Chancen

2. aktualisierte und erweiterte Auflage

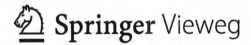

Norbert Leitgeb
Technische Universität Graz
Graz
Österreich

ISBN 978-3-662-44656-0   ISBN 978-3-662-44657-7 (eBook)
DOI 10.1007/978-3-662-44657-7

Die Deutsche Nationalbibliothek verzeichnet diese Publikation in der Deutschen Nationalbibliografie; detaillierte bibliografische Daten sind im Internet über http://dnb.d-nb.de abrufbar.

Springer Vieweg
© Springer 2010, 2015

Gedruckt auf säurefreiem und chlorfrei gebleichtem Papier

Springer Berlin Heidelberg ist Teil der Fachverlagsgruppe Springer Science+Business Media
(www.springer.com)

Vorwort

Die Entwicklung der Medizintechnik verläuft ungebremst dynamisch. Sie hat eine Fülle neuer Geräte geschaffen, um Erkrankungen zuverlässiger diagnostizieren, effizienter behandeln oder Behinderungen noch besser kompensieren zu können. Die neuen Möglichkeiten sind jedoch auch mit sicherheitstechnischen Risiken verbunden. Patienten stehen heute mit immer mehr Geräten immer länger in immer intensiverem Kontakt. Geräte werden am Körper angebracht, über natürliche oder chirurgisch geschaffene Öffnungen in den Körper eingeführt oder sogar zur Gänze für viele Jahre implantiert. Die Anwendungen beschränken sich dabei längst nicht mehr nur auf das medizinische Umfeld. Immer häufiger werden selbst kritische Geräte sogar zur Heimanwendung für Laien vorgesehen, wie z. B. Dialysegeräte, Reizstromgeräte oder Beatmungsgeräte. Im Gegensatz zum Anwender sind Patienten jedoch in einer besonderen Situation: Ihr Leben kann von der Funktion des Gerätes abhängen, sie können durch ihren Zustand oder durch Medikamente schmerzunempfindlich oder reaktionsunfähig und daher einer Gefahrensituation schutzlos ausgeliefert sein.

Medizingeräte müssen daher besonders strenge Anforderungen erfüllen, um für Patienten sicher zu sein. Die Frage ist nur, wie sicher ist sicher genug? Die Bereitschaft, ein Risiko einzugehen, hängt sehr von den Begleitumständen ab. Tatsächlich kann die subjektive Risikowahrnehmung nicht nur individuell, sondern auch von Fall zu Fall und von Land zu Land sehr verschieden sein: Sie stimmt nur in seltenen Fällen mit der Einschätzung überein, die eine objektive wissenschaftliche Analyse ergibt.

Auch wenn die Forderung nach absoluter Sicherheit populär ist, muss festgestellt werden, dass das vollständige Fehlen jeden Risikos grundsätzlich nicht erreichbar ist. Ja, mehr noch. Da Sicherheit nicht zum Nulltarif zu haben ist, bestimmt ein Kompromiss zwischen Kosten und Nutzen das akzeptierte Sicherheitsniveau – oder würden Sie sich ohne Rücksicht auf die Kosten nur jenes Automodell kaufen, das alle derzeit technisch möglichen Sicherheitsraffinessen eingebaut hat? Auch für Medizingeräte wird nicht die absolut erreichbare Sicherheit gefordert. Es wird nicht einmal verlangt, dass nichts Schwerwiegendes passieren darf. Das Schutzziel ist nämlich lediglich, dass das Risiko im Verhältnis zum Nutzen akzeptierbar sein muss. Nicht mehr und nicht weniger, was immer das auch bedeuten mag. Wenn jedoch die Lage aussichtslos ist, die Alternativen ausgeschöpft sind und noch Hoffnung besteht, dass das Leben eines Patienten durch ein risikoreiches

Medizingerät gerettet werden könnte, wird auch ein hohes Risiko gegenüber dem noch höheren Nutzen akzeptierbar sein. Wenn jedoch schonendere Methoden verfügbar wären, ist ein strengerer Maßstab anzulegen. So wäre z. B. die Blutdruckmessung mit einer neuen Methode, die mit der Gefahr von Thrombosen und einem daraus folgenden tödlichen Herzinfarkt verbunden wäre, angesichts des vergleichsweise geringen Nutzens und der bestehenden viel risikoärmeren Alternativen nicht akzeptierbar.

Wer bestimmt jedoch, was einem Patienten zugemutet werden kann und welches Risiko als akzeptierbar gilt oder nicht?

Bis vor kurzem war die Frage dadurch zu beantworten, dass es detaillierte Sicherheitsnormen gab, die die durchzuführenden Sicherheitsmaßnahmen festlegten und den Hersteller in die Pflicht nahmen. In der Zwischenzeit sind wesentliche Änderungen eingetreten. Diese beziehen sich sowohl auf die gesetzlichen Rahmenbedingungen als auch auf die sichertechnischen Normen und Vorschriften.

Durch die geänderte Medizinprodukte-Direktive 2007/47EG, die neue Europäische Medizinprodukteverordnung und die neue Ausgabe der internationalen allgemeinen Medizingeräte-Sicherheitsvorschrift EN IEC 60601-1 wurde in der Sicherheitsstrategie ein wesentlicher Wandel vollzogen. Es wurde nämlich der sichere aber einengende Weg konkreter Anforderungen in vielen Bereichen verlassen und der Hersteller auf das glatte Parkett der Eigenverantwortung geführt. Es ist nun dem Hersteller übertragen, das Schutzniveau seines Produktes festzulegen – und zwar in eigener Verantwortung aufgrund eines von ihm einzurichtenden Risikomanagementprozesses, der auf einer umfassenden Risikoanalyse und Risikobewertung aufbaut, aber sich nicht darauf beschränkt, sondern weitere Aktivitäten, wie z. B. Verifizierung, Validierung und die laufende und aktive Marktüberwachung zur Evaluierung und Bewertung der Anwendungserfahrung zur Risikobeherrschung vorsieht. Dass ein Hersteller dieser Verantwortung gerecht werden kann, setzt allerdings voraus, dass er über die dafür notwendigen Kenntnisse verfügt und die erforderlichen Maßnahmen zur Risikobeherrschung erkennt, umsetzt und aufrecht erhält. Der verpflichtend festzulegende Risikomanagementprozess ist während des gesamten Produktlebenszyklus zu unterhalten. Welches Risiko daher als akzeptierbar anzusehen ist, entscheidet der Hersteller nach eigenem Ermessen und in eigner Verantwortung, und zwar ohne weitere Vorgaben, lediglich motiviert durch sein Verantwortungsbewusstsein – und unter dem Damoklesschwert der Produkthaftung, denn im Schadensfall entscheidet der Richter, ob ein in Kauf genommenes Risiko akzeptierbar war oder nicht.

In Hinblick auf die Produkthaftung können daher Wissenslücken über den Stand der sicherheitstechnischen Anforderungen oder das adäquate Risikomanagement zu einer existenziellen Bedrohung werden. Ein Hersteller ist ja nicht nur für sein Produkt selbst, sondern auch für Folgeschäden verantwortlich, die durch ein mangelhaftes Produkt verursacht werden. Die Beweislast wurde sogar umgekehrt, sodass von ihm im Schadensfall die Erbringung des Unschuldsbeweises gefordert wird, um den Haftungsansprüchen zu entgehen. Er muss daher den Nachweis erbringen, dass sein Produkt an dem Schaden nicht ursächlich beteiligt war. Eigenes schuldloses Verhalten entbindet dabei nicht von Haftungsansprüchen.

Das medizinische Sicherheitskonzept betrifft jedoch nicht nur Hersteller. Es bindet auch Betreiber und Anwender mit ein. Es fordert regelmäßige Wartung und wiederkehrende sicherheitstechnische Überprüfungen durch äußere und ggf. auch innere Sichtkontrolle und messtechnische Überprüfungen. Die Änderungen im sicherheitstechnischen Konzept der Vorschriften stellt daher auch für Betreiber und Prüfer eine neue Herausforderung dar. Auch sie können sich nicht mehr allein auf konkrete Vorgaben der Vorschriften stützen, sondern müssen die individuellen Risikoanalysen des Herstellers nachvollziehen können, wenn sie den Sicherheitszustand eines Gerätes beurteilen.

Medizinprodukte umfassen in der Zwischenzeit auch eigenständige Software bis hin zu downloadbaren Apps. Während jedoch die Hardware durch Prüfung auch nach der Herstellung sicherheitstechnisch beurteilt werden kann, ist dies bei Software anders. Hier stützt sich die Beurteilung wesentlich auf die Bewertung des Entwicklungsprozesses und erfordert daher eine vorausschauende entwicklungsbegleitende und normgerechte Dokumentation.

Das Buch hat zum Ziel, den für die Patientensicherheit Verantwortlichen, nämlich Herstellern, Entwicklern, Sicherheitstechnikern und Betreibern die wesentlichen Inhalte und Zusammenhänge der gesetzlichen und sicherheitstechnischen Anforderungen an Medizinprodukte zu vermitteln. Es beschreibt, welche Hürden zu überwinden sind und welche Fallstricke existieren, aber auch, welche Gestaltungsmöglichkeiten gegeben sind, um ein Medizinprodukte auf den europäischen Markt bringen zu können. Es behandelt, welche Faktoren die Risikowahrnehmung bestimmen, welche Schutzziele einzuhalten sind und wie der Risikomanagementprozess mit Risikoanalyse, -bewertung, -beherrschung und -kontrolle umzusetzen ist.

Anhand der schrittweisen Beschreibung des Ablaufs einer sicherheitstechnischen Überprüfung werden sowohl für Entwickler als auch für Prüfer die wichtigsten einzuhaltenden Sicherheitsanforderungen für Medizingeräte erläutert. Dazu wird Schritt für Schritt die Vorgangsweise der Sichtprüfung außen und innen sowie der messtechnischen Überprüfung der Sicherheitsparameter erklärt und das dazu erforderliche Basiswissen vermittelt. Damit soll der an sich spröde Vorschriftentext verständlich und anschaulich präsentiert werden.

Durch zahlreiche Beispiele über Zwischenfälle, Haftungsfälle und Gerichtsurteile soll den Lesern die Relevanz der Anforderungen veranschaulicht und das Lesen interessanter gemacht werden.

Es muss jedoch betont werden, dass das Buch nicht zum Ziel hat, die umfangreichen sicherheitstechnischen Vorschriften und gesetzlichen Regelungen erschöpfend zu behandeln. Dies hat drei wesentliche Gründe: Es würde dem Ziel einer leicht verständlichen Vermittlung von Basiswissen widersprechen, hätte zu einem unhandlichen Wälzer geführt und würde selbst dann angesichts der sich ständig weiter entwickelnden Vorschriften bald nicht mehr aktuell sein.

Es muss daher darauf hin gewiesen werden, dass das Buch die Beschäftigung mit den Vorschriften erleichtern, aber nicht ersetzen soll. Es soll jedoch das erforderliche Problembewusstsein schaffen und den Blick auf die Zusammenhänge ermöglichen, die erforderlich sind, um Risiken erkennen, einschätzen und bewerten zu können, um daraus verantwortliche Entscheidungen ableiten zu können.

Darüber hinaus soll das Buch den Herstellern die Pflichten, aber auch die Fallstricke und Möglichkeiten aufzeigen, die die Medizinprodukteregelungen enthalten, um vorausschauend kompetente Entscheidungen treffen zu können und Schaden zu vermeiden.

Graz, im Jänner 2016   Norbert Leitgeb

Inhaltsverzeichnis

Abkürzungen

ALARA	so niedrig wie vernünftiger Weise erreichbar (as low as reasonably achievable)
ALARP	so niedrig wie vernünftiger Weise vertretbar (as low as reasonably practicable)
ANSI	Normungsinstitut der USA (American National Standards Institute)
BZD	Biozid-Direktive
BPA	Bisphenol A
C	elektrische Kapazität
CE	europäisches Konformitätszeichen (Conformité Européenne)
CD	Direktive über kosmetische Produkte (cosmetics directive)
CEN	Europäisches Komitee für Normung
CENELEC	Europäisches Komitee für elektrotechnische Normung
EG	Europäische Gemeinschaft
EEG	Elektroenzephalogramm
EKG	Elektrokardiogramm
EMF	elektromagnetische Felder
EMG	Elektromyogramm
EMV	elektromagnetische Verträglichkeit
EN	Europanorm
EUDAMED	Europäische Datenbank für Medizinprodukte
EWR	Europäischer Wirtschaftsraum
FBA	Fehlerbaumanalyse
FDA	Ernährungs- und Arzneimittelbehörde der USA (Food and Drug Administration)
FELV	Funktionskleinspannung (functional extra-low voltage)
FI	Fehlerstrom-Schutzschalter
FMEA	Fehlermöglichkeits- und Einfluss- Analyse
GMDN	Global Medical Device Nomenclature
HD	Harmonisierungsdokument
HF	Hochfrequenz
HSM	Herzschrittmacher

I	elektrischer Strom
IEC	Internationale Elektrotechnische Kommission
ISO	Internationale Normungsorganisation
ISO-Wächter	Isolationswächter
MD	Maschinen-Direktive
MPD	Medizinprodukte-Direktive (Medical devices directive)
MPV	Medizinprodukte-Verordnung (Medical devices regulation)
MSELV	medizinische Schutzkleinspannung (medical safety extra-low voltage)
N	Stickstoff (oder Neutralleiter)
NC	Normalfall (normal condition)
NIST	unverwechselbares Sicherheitsgewinde (non-interchangeable safety thread)
ÖVE	Österreichischer Verband für Elektrotechnik
PA	Potenzialausgleich
PBB	Polybromiertes Biphenyl
PBDE	Polybromierter Diphenyläther
PCB	polychloriertes Biphenyl
PE	Schutzleiter (protective earth)
PE	Polyethylen
PET	Polyethylentereohthalat
PP	Polypropylen
PPD	Direktive über persönliche Schutzausrüstungen (personal protectives directive)
PVC	Polyvinylchlorid
R	elektrischer Widerstand
RoHSD	Direktive zur Einschränkung gefährlicher Substanzen (Restriction of hazardous substances directive)
RSD	Reinigung, Sterilisation, Desinfektion
SFC	Erster Fehlerfall (single fault condition)
SELV	Schutzkleinspannung (safety extra-low voltage)
SIP	Signal-Eingangsteil (signal input part)
SOP	Signal-Ausgangsteil (signal output part)
SV	Sicherheitsstromversogung
U	elektrische Spannung
UID	eindeutige Geräte-Identifikation (unique device identification)
UMDNS	Universal Medical Device Nomenclature System
USV	unterbrechungslose Sicherheiststromversorgung
UV	ultraviolette Strahlung
VDE	Verband Deutscher Elektrotechnik Elektronik und Informationstechnik
WEEE	Direktive über Elektro- und Elektronik-Altgeräte (Waste electrical and electronical equipment)
ZNS	Zentralnervensystem
ZSV	zusätzliche Sicherheitsstromversorgung

Abbildungsverzeichnis

Tabellenverzeichnis

Medizinprodukt

1

1.1 Hintergrund

Die Anwendung von Medizinprodukten hat Konsequenzen: Sie sind ja dazu bestimmt, dem Patienten Linderung oder Heilung seiner Erkrankung zu verschaffen oder gar sein weiteres Überleben zu ermöglichen. Vielfach wirken sie dazu direkt auf den Patenten ein oder können mit dem Körper oder gar dem Körperinneren über Anwendungsteile auch über lange Zeit in direktem Kontakt bleiben. Darüber hinaus können Patienten aufgrund ihres Zustandes, der Medikation oder der Erkrankung unfähig sein, sich durch Reaktionen zu schützen, sodass sie im Fehlerfall gefährlichen Einwirkungen auch über lange Zeit ausgeliefert sein können.

Die Medizinprodukteregelungen machen den Hersteller zum Maß aller Dinge
Ob ein Produkt ein Medizinprodukt ist, entscheidet nicht der Anwender durch die konkrete Verwendung, sondern allein der Hersteller durch die Festlegung des Anwendungszwecks und der bestimmungsgemäßen Verwendung seines Produktes.

Im Gegensatz zu anderen Produkten ergeben sich aus diesen Umständen bei Medizinprodukten daher besondere Gefahren, nämlich

1. *elektrische* Gefährdungen, wenn sich der Patient direkt im Stromkreis befindet (z. B. EKG-Geräte, Reizstromgeräte, Defibrillatoren);
2. *physikalische* Gefährdungen durch unzureichende Festigkeit und Stabilität (z. B. Patientenlifter) oder Lärm (z. B. Säuglingsinkubator), mechanische Verstellung und motorische Bewegung (z. B. Krankenhausbett), durch Druck, Überhitzung, Brand, Explosion oder übermäßige Strahlenwirkungen;

© Springer 2015
N. Leitgeb, *Sicherheit von Medizingeräten,* DOI 10.1007/978-3-662-44657-7_1

3. **biologische** Gefährdungen durch die Überdosierung hochwirksamer Medikamente (z. B. durch Infusionspumpen) oder die ungewollte Abgabe gesundheitsgefährlicher (z. B. allergener, toxischer oder kanzerogener) Stoffe von Materialien, die z. B. mit der unverletzten Haut, der Wunde oder dem Blutkreislauf in Berührung kommen, aber auch durch die im Produkt verwendeten kritischen Bestandteile wie z. B. Arzneimittel, Chemikalien (z. B. Kunststoff- Weichmacher) oder Nanomaterial;

4. **mikrobielle** Gefährdungen durch Übertragung von Krankheitserregern über Kontakt mit kontaminierten Teilen (z. B. nicht ausreichend desinfizierte oder sterilisierte Endoskope oder Katheter) oder die Verwendung von kontaminierten biologischen Geweben und Substanzen von Tieren oder Menschen;

5. **funktionelle** Gefährdung durch Ungenauigkeit und/oder Funktionsausfall lebensüberwachender oder lebenserhaltender Geräte oder deren Alarme (z. B. Patientenmonitore, Infusionspumpen, Anästhesie-, Beatmungsgeräte, Herzschrittmacher). Gefährdungen können jedoch auch durch Nichterbringung der behaupteten diagnostischen oder therapeutischen Leistung entstehen (z. B. durch „miracle Products" wie Bioresonanz-Geräte), durch die die Behandlung durch erwiesenermaßen effiziente Methoden gefährlich verzögert werden könnte.

6. **Fehlanwendungs**-Gefährdungen durch vorhersehbare menschliche Fehler, durch Irrtum oder Missbrauch z. B. wegen fehlerhafter, mangelhafter oder unverständlicher Gebrauchsinformation, verwechslungsanfällige Konstruktion oder komplizierte Anwendungsprozedur.

Aus diesen Gründen ist es erforderlich, dass Medizinprodukte mit besonderer Sorgfalt entwickelt, hergestellt und instand gehalten werden. Im Vergleich zu sonstigen Geräten müssen sie erhöhten Sicherheitsanforderungen genügen. Diese werden in der Europäischen Union über die Europäische Medizinprodukte-Direktiven/32/,/43/,/45/,/46/bzw. die Europäische Medizinprodukte-Verordnung und die nationalen europäischen Medizinproduktegesetze/75/verpflichtend eingefordert.

Anmerkung: *Die Mitgliedsstaaten der Europäischen Union sind verpflichtet, die von der Europäischen Kommission verabschiedeten europäischen Rahmengesetze („Direktiven"), darunter auch die Direktiven über aktive medizinische Implantate (IAMD 90/385/EG), über allgemeine Medizinprodukte (MDD 93/45/EG + MDD 2007/47/EG) und über In-Vitro Diagnostika (IVD 98/79/EG) innerhalb einer einklagbaren Frist, meist innerhalb von 3 Jahren ab Inkraftsetzung in nationale Gesetze überzuführen. Europäische Verordnungen werden hingegen ohne formelle nationale Beschlussfassung verbindlich (Abb. 1.2).*

Über Assoziierungsverträge ist die Übernahme der EU-Regelungen auch durch Länder außerhalb der Europäischen Union vereinbart, z. B. Norwegen, Schweiz, Liechtenstein, Island und Türkei. Darüber hinaus wurde das europäische System der CE-Kennzeichnung und Marktzulassung von Medizinprodukten im Rahmen von gegenseitigen

Anerkennungsvereinbarungen (Mutual Recognition Agreements) bereits von einer Vielzahl anderer Industriestaaten (z. B. Australien, Neu Seeland, Kanada, USA, Israel) ganz oder teilweise (z. B. ausgenommen Hochrisikoprodukte der Klasse III) anerkannt oder erleichtern den Marktzugang erheblich (z. B. in Japan, China, Südafrika, Saudi Arabien).

Die Bestimmungen der EU fordern, dass Medizinprodukte nur dann auf den Gemeinsamen Markt gebracht werden dürfen, wenn sie den gesetzlichen „Grundlegenden Anforderungen" entsprechen. Die Verpflichtungen eines Herstellers zur Erzeugung sicherer Produkte sind daher einklagbar. Hersteller sind verpflichtet, den Nachweis der Einhaltung dieser Anforderungen zu erbringen. Je nach dem Gefährdungspotenzial eines Medizinproduktes kann eine Überprüfung durch eine Europaprüfstelle (Notified Body) erforderlich sein. Diese kann sich auf die Zertifizierung der Qualitätssicherungsmaßnahmen bei der Herstellung beschränken oder auch die Prüfung des Produktes selbst umfassen (z. B. Design, Konstruktion, klinischer Nachweis der behaupteten Wirkung, Risikomanagement).

1.2   Was ist ein Medizinprodukt?

Die Einstufung als Medizinprodukt hat Konsequenzen. Diese bestehen in rechtlichen, administrativen, organisatorischen und sicherheitstechnischen Verpflichtungen und betreffen z. B. den Risikomanagementprozess, die sichere Konstruktion und Herstellung, die klinische Bewertung, die Zulassung zur Vermarktung und weitere Verpflichtungen wie Qualitätssicherung, Dokumentation und Marktüberwachung – und somit letztlich auch die Kosten für den Hersteller.

> **Beispiel aus einer Gebrauchsanweisung:**
> Der Biovitalisator wirkt bei Hämatomen und Verletzungen der Haut, kann aber auch zur schnelleren Heilung von Knochenbrüchen führen, hilft gegen Ziehen, Reißen und kalte Hände, allgemeine Entzündungen, bei Gelenksschmerzen und Arthrose und fördert das Entwässern der Beine. Er ist ein sehr gutes Wellnessprodukt!

Ein Hersteller muss sich daher entscheiden, ob er sein Produkt als Nicht-Medizinprodukt für gesunde und reaktionsfähige Anwender oder (auch) als Medizinprodukt zur Anwendung an der Risikogruppe der Patienten auf den Markt bringt. So kann er z. B. eine UV-Bestrahlungslampe als allgemeines elektrotechnisches Produkt (z. B. zur Aushärtung von Klebeverbindungen), als kosmetisches Produkt (z. B. zur Bräunung der Haut) oder als Medizinprodukt (z. B. zur Behandlung von Hauterkrankungen) auf den Markt bringen; er kann ein Tretkurbelgerät als Fitnessgerät oder als Ergometer zur medizinische Diagnostik und Therapie deklarieren oder eine Magnetfeldmatte als Wellnessprodukt oder als therapeutisches Medizinprodukt verkaufen. Was ein Hersteller jedoch *nicht* darf, ist, sein Produkt als nicht-medizinisches Produkt deklarieren und auf diese Weise unter erleichterten und kostengünstigen Bedingungen auf den Markt bringen und es gleichzeitig auch als medizinisches Produkt vermarkten, indem er z. B. in der Gebrauchsanweisung und/ oder im Prospekt medizinische Leistungsversprechen abgibt. Auch die explizite Deklaration als Nicht-Medizinprodukt kann die Einstufung als Medizinprodukt nicht verhindern, wenn medizinische Indikationen angegeben werden (siehe Beispiel im Kasten).

Definition
Medizinprodukte gibt es in vielfältiger Art, Zusammensetzung und Komplexität in Form von Geräten, Instrumenten, Apparaten, Vorrichtungen, Software, Stoffen oder anderen Gegenständen. In der Europäischen Medizinprodukte-Direktive (MPD,/32/) und in den nationalen Medizinprodukte-Gesetzen (unter Berücksichtigung der Änderungen durch die Medizinprodukte-Verordnung (MPV,/53/) sind Medizinprodukte wie folgt definiert (grammatikalisch korrigiertes Zitat, Hervorhebungen durch den Autor):

Medizinprodukt: bezeichnet ein Instrument, einen Apparat, ein Gerät, eine Software, ein Implantat, ein Reagenz, ein Material oder ein anderes Objekt, das **vom Hersteller** für **Menschen** bestimmt ist und alleine oder in Kombination einen oder mehrere der folgenden spezifischen **medizinischen Zwecke** erfüllen soll:

Anmerkung: *Da sich die Definition auf den Menschen beschränkt, fallen (alleinige) veterinärmedizinische Anwendungen nicht unter diese Definition. Die Einschränkung auf Menschen betrifft jedoch nur die Zulassungsbedingungen. Die sicherheitstechnischen Anforderungen, die in der Europanorm für elektrische medizinische Geräte EN 60601-1 festgelegt sind/13/, gelten nämlich für alle Patienten, Mensch oder Tier.*

Anmerkung: *Alle Medizinprodukte, vom Wundpflaster bis zur Herz-Lungen-Maschine, sind in der MPV (bzw. der Direktive MPD 93/42/EG) geregelt, sofern sie nicht unter eine spezielle Direktive fallen wie z. B. für In-Vitro Diagnostika/43/oder aktive implantierbare medizinische Produkte/46/.*

Anmerkung: *Die Medizinprodukte-Direktive 93/42/EG wird durch die Medizinprodukte-Verordnung abgelöst werden, die bereits im End-Entwurf vorliegt/53/. Darin sind die Regelungen, die Medizinprodukte betreffen, bereits weitgehend konsolidiert. Ihre Verbindlichkeit ist mit 3 Jahren ab Inkraftsetzung, also frühestens per 2018 vorgesehen. Ihre Bestimmungen dürfen jedoch bereits früher angewendet werden.*

Anmerkung: *Zur Klarstellung, woher eine Regelung stammt, wird, wo erforderlich, auf die betreffende Literatur verweisen.*

Die „Zwecke" der Anwendung sind in der MPD und MPV weiter erläutert. Darunter versteht man nämlich Anwendungen für /32/,/53/:
- **Krankheiten** (Erkennung, Verhütung, Überwachung, Behandlung und Linderung);
- **Behinderungen** oder **Verletzungen** (Erkennung, Überwachung, Behandlung, Linderung oder Kompensierung);
- den **anatomischen Aufbau** (Untersuchung, Ersatz oder Veränderung);
- **physiologische Vorgänge** bzw. Zustände (Untersuchung, Ersatz oder Veränderung);
- **Empfängnisregelung** (Empfängnisverhütung oder -förderung).

Zubehör für Medizinprodukte wird dann als Medizinprodukt angesehen, wenn es eigenständig auf den Markt gebracht wird und vom Hersteller dazu bestimmt ist, die Zweckbestimmung eines anderen Medizinproduktes zu ermöglichen oder erfüllen zu helfen /32/,/53/. Zubehör zum Zubehör gilt jedoch nicht mehr als Medizinprodukt. So sind z. B. EKG-Klebeelektroden für EKG-Monitore oder Infusionsbestecke für Infusionspumpen Medizinprodukte, weil ohne sie die Anwendung der Geräte nicht möglich wäre. Als Zubehör zum Medizinprodukt „medizinisches Gas" gelten auch Manometer, Druckreduzierventile oder Gasauslassstellen. Die Elektroden eines Herzschrittmachers sind medizinisches Zubehör, der mitgelieferte Schraubenzieher zur Befestigung der Elektrode am Herzschrittmachergehäuse ist jedoch kein Medizinprodukt mehr, wie er lediglich ein Zubehör zum Zubehör (Elektrode) darstellt.

Alle **implantierbaren Produkte** (also Produkte, die ganz oder teilweise unter Verletzung der Haut in den Körper eingebracht oder an der Epitheloberfläche des Auges angebracht werden), die für Menschen – auch bei nicht-medizinischer Zweckbestimmung – vorgesehen sind, sind als Medizinprodukte anzusehen /53/.

Taxativ **aufgezählte Produktgruppen** mit nichtmedizinischer Zweckbestimmung sind ebenfalls den Medizinprodukten gleichgestellt, nämlich /53/:
- Kontaktlinsen, z. B. Farblinsen, Linsen mit Spaßmotiven;
- Implantate zur Modifizierung oder Fixierung von Körperteilen, z. B. Piercings, -transdermale Implantate, Tattoo-Substanzen, kosmetische Implantate (z. B für Augen, Hoden, Muskel, Po);
- Gesichts-, Haut oder Schleimhautfüller, z. B. Hyaluronsäure, Kollagen, Gele;
- Fettabsauggeräte
- invasive Lasergeräte
- intensiv gepulste Lichtquellen

Keine Medizinprodukte sind daher alle Produkte, die keine der obigen medizinischen Zweckbestimmungen erfüllen, sofern sie nicht ausdrücklich den Medizinprodukten gleichgestellt sind (z. B. ein Krankenhausinformationssystem zur Verwaltung von Patientendaten), während Software zur Bearbeitung von Röntgenbildern oder zur Auswertung von Elektrokardiogrammen eine medizinische Zweckbestimmung erfüllt und daher als

Medizinprodukt einzustufen ist. Produkte, die ausschließlich Forschungszwecken dienen (z. B. Gen-Chips oder Microarrays) gelten nicht als Medizinprodukte, es sei denn, sie werden vom Hersteller bestimmungsgemäß auch für medizinische Anwendungen vorgesehen.

Um Medizinprodukte von *Arzneimitteln* abzugrenzen, gilt die Einschränkung, dass die *Haupt*wirkung von Medizinprodukten *nicht* auf biochemischem Weg, also nicht durch pharmakologische, immunologische oder metabolische Wirkungen erreicht werden darf.

Unter pharmakologisch wird dabei die Wechselwirkung der Moleküle einer Substanz (z. B. Chlorhexidin) mit – nicht notwendig körpereigenen – biologischen Zellen oder Zellbestandteilen verstanden (z. B. Rezeptoren). Ein Mundwasser mit antiseptischer Wirkung wirkt daher (auch) pharmakologisch, weil es die in der Mundhöhle vorhandenen Mikroorganismen abtöten kann. Der Wirkstoff muss daher als Arzneimittel zugelassen sein. Ob das Mundwasser insgesamt als Medizinprodukt oder als Arzneimittel anzusehen ist, hängt vom bestimmungsgemäßen Hauptzweck ab und ist im Einzelfall zu entscheiden.

Substanzen mit physikalischer Hauptwirkung z. B. Knochenzement, Zahnfüllmaterialien, Fibrinkleber oder Kontaktlinsenreiniger sind Medizinprodukte, während Substanzen, die dem Körper verabreicht werden und biochemisch wirken oder zur Therapie oder Diagnose dienen, Arzneimittel sind, auch wenn sie physikalisch wirken wie z. B. Sauerstoff, Infusionsflüssigkeiten, Röntgenkontrastmittel oder Radiopharmaka.

Wenn jedoch der Hauptzweck eines Produktes auf einer physikalischen Wirkung beruht und durch Arzneimittel lediglich unterstützt wird, gilt es als Medizinprodukt, das daher nicht als Arzneimittel zugelassen werden muss – das unterstützende Arzneimittel jedoch schon. So ist z. B. eine leere Spritze ein Medizinprodukt (mit dem Hauptzweck, eine Vorrichtung zum Einbringen von Flüssigkeiten in den Körper durch mechanischen Druck auf einen Kolben zu sein), während eine Spritze, die bereits mit Impfstoff gefüllt vermarktet wird, als Arzneimittel anzusehen ist, weil in diesem Fall der Hauptzweck nicht die Verabreichung an sich, sondern die Immunisierung des Patienten ist und die mechanische Vorrichtung „Spritze" lediglich als (Hilfs-) Mittel zur Erreichung des (immunologischen) Hauptzwecks anzusehen ist. Ein Kondom (mechanische Barriere) ist ein Medizinprodukt, auch wenn es unterstützend mit einem Spermizid beschichtet ist, eine Intrauterin-Spirale ist ein Medizinprodukt, während eine mit Hormonen versehene Spirale mit dominierender pharmakologischer Wirkung als Arzneimittel eingestuft wird. Im Gegensatz dazu bleibt z. B. ein Endoskop, das mit einem die Blutgerinnung hemmenden Arzneimittel (z. B. Heparin) beschichtet ist, ein Medizinprodukt, weil das Arzneimittel hier lediglich unterstützend wirkt und der Hauptzweck weiterhin durch die physikalischen Eigenschaften des Endoskops bestimmt wird. Medizinische Gase für die Kältetherapie (z. B. CO_2, N oder Ar), als Schutzgas zur Verhinderung von Explosionen (z. B. N, NO, Ar) oder für den Betrieb von Geräten (z. B. Druckluft, Vakuum) sind als Medizinprodukte anzusehen, weil sie keine pharmakologische Wirkung besitzen.

Anmerkung: *Auch „Vakuum", also Unterdruck, wird als „medizinisches Gas" bezeichnet.*

Universelle Produkte ohne spezifische medizinische Zweckbestimmung werden nicht schon deshalb zum Medizinprodukt, bloß weil sie im Krankenhaus oder im medizinischen Umfeld verwendet werden. Es bestimmt ja der Hersteller und nicht der Anwender, wie sein Produkt einzustufen und wie es zu verwenden ist. Eine Haarschneidemaschine zur Vorbereitung des Schädels für eine Hirnoperation oder ein Rasierapparat zur Entfernung der Haare auf einem stark behaarten Körperteil zur Anbringung einer HF-Chirurgie-Neutralelektrode wird daher nicht zum Medizinprodukt, nur weil sie im medizinischen Umfeld verwendet wird.

Ersatzteile gelten nicht als Medizinprodukte (auch nicht als medizinisches Zubehör), es sei denn, sie werden mit einer medizinischen Zweckbestimmung eigenständig auf den Markt gebracht. So sind z. B. Anzeigelampen, Laserdioden oder Elektronikbauteile lediglich Ersatzteile, auch wenn sie in Medizingeräten eingesetzt sind. Röntgenröhren für diagnostische oder therapeutische Röntgengeräte können Ersatzteile sein, sie können aber auch als Medizinprodukt (Zubehör) angesehen werden, wenn sie der Hersteller mit medizinischer Zweckbestimmung auf den Markt bringt.

Software ist ein Medizinprodukt, wenn sie für eine medizinische Zweckbestimmung im Sinn der Definition vorgesehen ist. Medizinprodukte sind z. B. Software zur Bestrahlungsplanung in der Strahlentherapie, für die Auswertung von Biosignalen (z. B. EKG, EEG), für die Verarbeitung von Bilddaten oder zur Steuerung von Medizingeräten. Hingegen ist eine Software zur Übertragung oder Komprimierung von Bilddaten ein universelles Produkt. Ein Krankenhausinformationssystem zur Erfassung und Verwaltung von Patientendaten ist kein Medizinprodukt, weil es für administrative Zwecke und nicht für medizinische Zwecke vorgesehen ist. Eine Software-App kann ein Medizinprodukt sein, z B. wenn sie der Berechnung der Insulindosis dient, nicht jedoch, wenn sie (lediglich) die Herzrate bei sportlichen Aktivitäten erfasst und darstellt oder den Body Mass Index berechnet.

Medizinische Systeme sindMedizinprodukte, die in Form einer Zusammenstellung mehrerer zusammenwirkender Komponenten auf den Markt gebracht werden, z. B. ein Absaugsystem mit Pumpe, Auffangbehälter, Schlauch und Kanüle oder ein Sauerstoff-Beatmungsgerät mit Schlauch, Atemmaske und Sauerstoffflasche. Dabei ist die Verwendung von universellen Produkten gemeinsam mit einem Medizinprodukt durchaus erlaubt, z. B. ein Ultraschallscanner mit Monitor, Kamera und Videorecorder. Es kann z. B. ein Steckernetzteil zur Stromversorgung eines Medizingerätes zwar ein Medizinprodukt sein, wenn es vom Hersteller für diesen Zweck vorgesehen ist, es darf ein Medizingerät aber auch mit einem universellen (nicht-medizinischen) Netzgerät betrieben werden, allerdings nur, wenn das sicherheitstechnische Konzept des Gerätes dies zulässt. Ein installiertes Gasversorgungssystem besteht aus universellen Produkten (z. B. Gasrohren) und Medizinprodukten (z. B. Ventile, Manometer, Auslassstellen).

Abb. 1.1: Abgrenzung von Medizinprodukten gegenüber anderen Produkten

Medizinische Behandlungseinheiten sind Medizinprodukte, die ebenfalls in Form einer Zusammenstellung mehrerer Komponenten auf den Markt gebracht werden. Im Gegensatz zu Systemen stehen diese jedoch nicht in funktioneller Wechselwirkung, sondern stellen lediglich dem Anwender die für eine bestimmte medizinische Anwendung erforderlichen Teile gesammelt zur Verfügung (z. B. Operations-Package, Erste Hilfe Koffer). Medizinische Behandlungseinheiten können auch zur Einmalverwendung vorgesehen sein.

Grundsätzlich entscheidet der Hersteller, in welcher Form er seine Produkte auf den Markt bringt, ob er sie also als Zusammenstellung von Einzelkomponenten mit einem eigenen Produktnamen versieht und als eigenständiges Produkt im Sinne eines medizinischen Systems bzw. einer medizinischen Behandlungseinheit oder als jeweils einzeln zugelassene und individuell CE-gekennzeichnete Einzelprodukte vermarktet.

Abgrenzungsaspekte
Für Medizinprodukte gelten besondere Anforderungen und Vermarktungsregeln. Sie sind daher von anderen Produkten abzugrenzen (Abb. 1.1).

Keine Medizinprodukte sind /32/,/53/:
- *persönliche Schutzausrüstungen*: Für sie galt die Direktive PPD 89/686/EG /47/, die nun durch eine EU-Verordnung /49/ ersetzt ist. Sie sind Ausrüstungen, die dazu bestimmt sind, von einer Person als Schutz gegen ein oder mehrere ihre Gesundheit oder ihre Sicherheit gefährdende Risiken getragen oder gehalten zu werden /49/. So gelten z. B. Röntgenschürzen als persönliche Schutzausrüstung (des Personals), während der Röntgen-Gonadenschutz für den Patienten ein Medizinprodukt ist. Operationshandschuhe schützen zwar (auch) den Arzt, ihr Hauptzweck liegt jedoch in der Verhütung

von Erkrankungen auch des Patienten, womit die medizinische Zweckbestimmung überwiegt. Sie sind daher als Medizinprodukte anzusehen, müssen jedoch auch die (ergänzenden) „Grundlegenden Anforderungen" für persönliche Schutzausrüstungen erfüllen.

- *Kosmetika*: Für sie gilt die EU Kosmetikverordnung /49/. Demnach sind kosmetische Mittel alle Stoffe oder Stoffgemische, die dazu bestimmt sind, äußerlich mit den Teilen des menschlichen Körpers (z. B. Haut, Behaarungssystem, Finger- oder Fußnägel) oder mit den Zähnen und den Schleimhäuten der Mundhöhle in Berührung zu kommen, zu dem ausschließlichen oder überwiegenden Zweck, diese zu reinigen, zu parfümieren, ihr Aussehen zu verändern, zu schützen, sie in gutem Zustand zu halten oder den Körpergeruch zu beeinflussen. So sind z. B. Produkte für die Zahnhygiene (z. B. Zahnbüste, Munddusche, Zahnpasta, Zahnaufheller) kosmetische Produkte und keine Medizinprodukte.
- *universelle Produkte* dienen zur allgemeinen Anwendung ohne deklarierte medizinische Zweckbestimmung, z. B. Netzgeräte, die auch zur Spannungsversorgung von Medizingeräten herangezogen werden. Es wird daher auch ein Betriebssystem oder ein Computer nicht zum Medizinprodukt, bloß weil damit medizinische Software betrieben wird. Eine Sonnenbrille ist ein universelles Produkt, während jedoch eine optische Brille ein Medizinprodukt ist, weil sie zur Kompensation einer Behinderung vorgesehen ist. Eine Lupe oder eine Digitalkamera mit angeschlossenem Monitor z. B. als Lesehilfe zur vergrößerten Darstellung von Buchseiten können jedoch (noch) als universelle Produkte angesehen werden, weil sie für die allgemeine Anwendung vorgesehen sind. Ähnliches gilt für allgemeine Hilfsmittel wie z. B. zum Öffnen von Dosen, Anziehen von Strümpfen usw.
- Produkte, die *menschliches Blut*, Blutplasma, Blutzellen oder Blutprodukte enthalten, es sei denn, sie enthalten aus menschlichem Blut hergestellte Arzneimittel lediglich in unterstützender Funktion /53/.
- Produkte, die *lebensfähige Gewebe*, Zellen oder Transplantate menschlichen oder tierischen Ursprungs oder ihre Derivate enthalten, ausgenommen, sie sind abgetötet bzw. nicht mehr lebensfähig /53/.
- Produkte, die *lebensfähige biologische Substanzen oder Mikroorganismen* (Bakterien, Pilze oder Viren) enthalten oder aus ihnen bestehen /53/.
- *Desinfektionsmittel* zur allgemeinen Anwendung. Sie fallen – gemeinsam mit anderen Bioziden – unter die Biozidverordnung /51/, die im Jahr 2013 von der Biozidrichtlinie BZD 98/8/EG /44/ersetzt wurde. Unter Biozidprodukten versteht man Stoffe oder Gemische bzw. solche, die aus ihnen erzeugt werden, die dazu bestimmt sind, auf andere Art als durch bloße physikalische oder mechanische Einwirkung Schadorganismen zu zerstören, abzuschrecken, unschädlich zu machen, ihre Wirkung zu verhindern oder sie in anderer Weise zu bekämpfen. Desinfektionsmittel sind daher keine Medizinprodukte, obwohl sie der Verhütung von Krankheiten dienen. Ausgenommen sind Mittel, die zur Desinfektion von Medizinprodukten vorgesehen sind (z. B. Endoskope, Kontaktlinsen). Diese zählen zu den Medizinprodukten (Abb. 1.1)/53/.

1.3   Welche Anforderungen sind zu erfüllen?

Medizinprodukte dürfen grundsätzlich nur dann auf den Markt gebracht und/oder am Patienten angewendet werden, wenn sie die gesetzlich festgelegten „Grundlegenden Anforderungen" erfüllen /32/,/53/. Diese sind in Form allgemein formulierter Schutzziele festgelegt. In ergänzenden, durch Beschlüsse der EU Kommission als „harmonisiert" ausgewiesene Europanormen oder von der Kommission veröffentlichten „Gemeinsamer Spezifikationen" werden darüber hinaus detailliertere Regelungen zur Erreichung der Konformität festgelegt. Die Erfüllung der „Grundlegenden Anforderungen" darf angenommen werden, wenn die in diesen Dokumenten enhaltenen spezifizierten konstruktiven und funktionellen Anforderungen erfüllt werden („Konformitätsvermutung").

Folgende „Grundlegenden Anforderungen" müssen erfüllt werden:

1. Medizinprodukte müssen ein *vertretbares Nutzen/Risiko-Verhältnis* aufweisen, allerdings nur, wenn sie unter den vom Hersteller vorgesehenen Bedingungen betrieben und gemäß seinen Vorgaben angewendet werden.
   Um das zu gewährleisten, muss jeder Hersteller einen Risikomanagement-Prozess (gemäß EN ISO 14971 /25/) einrichten und aufrechterhalten. Dabei sind die Kenntnisse und Fähigkeiten des vorgesehenen Anwenders (z. B. Arzt, Pfleger, Laie) zu berücksichtigen. Damit soll gewährleistet sein, dass die Risiken auch infolge von vorhersehbaren Anwendungsfehlern und Irrtümern, vorhersehbaren missbräuchlichen Verwendungen und von möglichen Kenntnislücken des Anwenders durch systematische Risikoanalyse, Risikobewertung, Risikobeherrschung und Risikoüberwachung ausreichend klein gehalten sind (siehe Kap. 2.2).

2. Medizinprodukte müssen nach dem *allgemein anerkannten Stand der Technik* und den Grundsätzen der *integrierten Sicherheit* konstruiert und mit Begleitinformationen versehen sein, damit sowohl jedes verbleibende Einzelrisiko als auch das Gesamt-Restrisiko akzeptierbar klein sind (Kap. 2.2.3).
   Diese Forderungen bedeuten einerseits, dass ein Hersteller sein Produkt auch nach erfolgter sicherheitstechnischer Überprüfung und Marktzulassung nicht für unbegrenzte Zeit unverändert herstellen und vermarkten darf. Er muss es vielmehr laufend an den aktuellen Stand anpassen. Allerdings verpflichtet ihn der Verweis auf den „allgemein anerkannten Stand der Technik" auch nicht, jede neue Erkenntnis oder technische Möglichkeit sofort umzusetzen.
   Eine allgemeine juristische Definition, was unter dem *„allgemein anerkannten Stand der Technik"* zu verstehen ist und wodurch er festgelegt wird, gibt es nicht. Im Bereich der Medizinprodukte besteht jedoch eine Reihe hierarchisch gegliederter Dokumente. Grundsätzlich definieren Europanormen den Stand der Technik. Für jene dieser Normen, die von der Europäischen Kommission als harmonisiert deklariert und im Amtsblatt der EU gelistet wurden, gilt darüber hinaus die Konformitätsvermutung, also die Annahme, dass die in den Normen (im Anhang Z) angeführten Grundlegenden Anforderungen erfüllt sind, wenn die Norm eingehalten wird. Weitere

anerkannte Harmonisierungsdokumente sind die von der Europäischen Kommission veröffentlichten „Gemeinsamen technischen Spezifikationen".

Bei den nicht harmonisierten Europanormen muss der Hersteller beurteilen, ob und wie weit sie die Grundlegenden Anforderungen abdecken. Bezüglich jener Aspekte, für die keine Normen vorliegen, wird der Stand der Technik durch veröffentlichte Fachmeinungen anerkannter Institutionen und Fachgesellschaften festgelegt, z. B. in Form von Technischen Regeln oder Empfehlungen.

Neue Normen (und gesetzliche Anforderungen) werden im Allgemeinen erst nach einer meist 3-jährigen Übergangszeit verbindlich. Bis spätestens dann muss ein Hersteller die Konstruktion und Herstellung seines Produktes dem aktuellen Stand anpassen und die neuen Anforderungen in der von den Normen beschriebenen Weise oder durch alternative gleichwertige Maßnahmen erfüllen. Dies bedeutet, dass sich der Hersteller aktiv durch laufende Recherche über die anzuwendenden Normen und sonstigen Anforderungen informieren, diese kennen, bewerten und deren Schutzziele umsetzen muss. Dazu fordert die MPV, dass ein Hersteller über mindestens eine qualifizierte Person mit einschlägigem Fachwissen über die Regelungen verfügen muss, z. B. aufgrund einer einschlägigen Fachausbildung und ausreichender Berufserfahrung in Regulierungsfragen oder im Qualitätsmanagement /53/.

Die Forderung nach „integrierter Sicherheit"verpflichtet den Hersteller, wenn zumutbar, jeweils die wirkungsvolleren Sicherheitsmaßnahmen (z. B. konstruktive Lösungen) gegenüber weniger wirkungsvollen (z. B. Warnhinweise) zu bevorzugen. So ist z. B. der Berührungsschutz gegenüber gefährlichen Spannungen durch Isolation und nicht bloß durch einen Warnhinweis (z. B. „Vorsicht, nicht berühren!") zu gewährleisten (siehe Kap. 2.3.4).

3. Medizinprodukte müssen die *Merkmale* und *Leistungen* während ihrer *gesamten Lebensdauer* erbringen, wenn sie bestimmungsgemäß verwendet und instand gehalten werden/53/.

Dies bedeutet zunächst, dass ein Hersteller sich grundsätzlich Gedanken über die Lebensdauer seines Produktes machen muss. Die Begrenzung der Lebensdauer kann ein Element des sicherheitstechnischen Konzeptes sein. So ist die Beschränkung der Lebensdauer bei Sterilprodukten meist aufgrund der Eigenschaften des Produktes und/oder der Dauerhaftigkeit der Sterilverpackung vorgegeben. Ein Hersteller kann die Lebensdauer aber auch aus strategischen Überlegungen begrenzen, z. B. um alterungskritische Stoffe wie Gummi verwenden zu können, Wartungsarbeiten zu vermeiden oder abnützungsbedingte Risiken zu beherrschen. Wird die Lebensdauer nicht explizit begrenzt, so ist für sie jene Dauer anzunehmen, die für ein vergleichbares Produkt seiner Art, Zweckbestimmung und Verwendung vernünftigerweise zu erwarten ist.

Diese Grundlegende Anforderung verpflichtet den Hersteller auch, grundsätzlich – unabhängig vom Gefahrenpotenzial und der Risikoklasse seines Produktes – die Behauptungen über die Wirkungens eines Produktes durch eine dokumentierte klinische Bewertung nachvollziehbar zu belegen und ggf. durch klinische Studien nachzuweisen (siehe Kap. 3.2). Ein bekanntes Problem ergibt sich diesbezüglich für eine

Reihe von sogenannten „Miracle Products" mit zweifelhafter Wirkung, z. B. in alternativmedizinischen Anwendungen.

4. Medizinprodukte müssen so konzipiert, hergestellt und verpackt sein, dass ihre Merkmale und Leistungen während ihrer bestimmungsgemäßen Verwendung auch durch *Lagerungs-* und *Transportbedingungen* nicht unzulässig beeinträchtigt werden /53/. Dies bedeutet, dass der Hersteller auch Risiken auf dem Vertriebsweg zu beachten hat. Dies ist auch für die Produkthaftung erforderlich, weil nicht der Zustand des Produktes im Auslieferungslager des Herstellers, sondern bei der Übergabe an den Kunden relevant ist. Der Hersteller hat daher die Verpackung entsprechend auszulegen und die Lagerungs- und ggf. auch die Transportbedingungen festzulegen. Er kann auch die Lagerfähigkeit seines Produktes begrenzen.

5. Alle *bekannten* und *vorhersehbaren Risiken* und *unerwünschten Nebenwirkungen* müssen so gering wie möglich gehalten werden. Das setzt allerdings voraus, dass alle, auch die (vernünftiger Weise) vorhersehbaren Risiken und die möglichen unerwünschten Nebenwirkungen ggf. durch klinische Studien erkannt werden. Dazu ist ein Brainstorming-Prozess unverzichtbar. Der Gesetzgeber lässt es jedoch offen, ob er mit der Formulierung „so gering wie möglich" das ALARA Prinzip (as low as reasonable achievable), also das vernünftiger Weise grundsätzlich Erreichbare oder das ALARP Prinzip (as low as reasonable practicable), also das vernünftiger Weise Praktikable zur Vorgabe macht. Er fordert jedenfalls eine Minimierung der (Rest-) Risiken, überlässt es aber dem Hersteller, gemäß der Grundlegenden Anforderung über die Akzeptierbarkeit des Nutzen-Risiko-Verhältnisses zu entscheiden (siehe Kap. 2.2.3). Unerwünschte Nebenwirkungen sind durch eine klinische Bewertung, gestützt auf den Stand des Wissens und die Markterfahrung zu untersuchen (siehe Kap. 3.2). Bei neuartigen Anwendungen kann dies auch aufwändige klinische Studien erforderlich machen.

6. Die im Anhang XV der MPV taxativ gelisteten nicht-medizinischen Produkte, die den Medizinprodukten gleichgestellt sind, dürfen mit keinem Risiko oder nur mit akzeptablen „Mindestrisiken" verbunden sein /53/.

Anmerkung: *Da grundsätzlich nur eines absolut sicher ist, nämlich, dass nichts absolut sicher ist, ist das Ziel, kein Risiko zu besitzen, grundsätzlich unerreichbar (siehe Kap. 2.1). Die Formulierung des Gesetzgebers weist jedoch darauf hin, dass für derartige Produkte wegen des fehlenden medizinischen Nutzens besonders strenge Maßstäbe anzulegen sind.*

7. Medizinprodukte müssen mit allen für die sichere Anwendung erforderlichen **Informationen** ausgeliefert werden.

Medizinprodukte müssen darüber hinaus noch eine Reihe **spezieller grundlegender Anforderungen** erfüllen, die das Design, die Konstruktion, die Funktion und die Information betreffen (Kap. 3, 4, 5, 6, 7, 8). Sie beziehen sich auf

- die chemischen, physikalischen und biologischen Eigenschaften;
- Infektion und mikrobielle Kontamination;
- etwaige Arzneimittelanteile;
- etwaige Bestandteile aus Materialien biologischen Ursprungs;
- die Wechselwirkung mit der Umgebung;
- Mess- oder Diagnosefunktionen;
- Strahlenschutz;
- Software;
- Versorgung mit externer Energie;
- thermische Risiken (übermäßige Hitze oder Kälte);
- Abgabe von Energie oder von Stoffen an Patienten oder Anwender;
- Anwendung durch Laien;
- mitgelieferte Informationen;

Zusätzlich zu den Grundlegenden Anforderungen der MPD bzw. der MPV können noch „Grundlegende Anforderungen" weiterer Direktiven anzuwenden sein, wenn das Medizinprodukt Komponenten enthält, die – für sich alleine genommen – unter die jeweils andere Direktiven oder Verordnungen fallen würden. Es sind dies z. B. die Grundlegende Anforderungen folgender Direktiven:

- der *Maschinendirektive* MD 2006/42/EG /34/, wenn Medizinprodukte (auch unvollständige) Maschinen enthalten (z. B. mechanische Antriebsmaschinen oder Hebeeinheiten), oder mechanische Sicherheitsbauteile, Lastaufnahmemittel (z. B. Griffe), Hebemittel (Ketten, Seile, Gurte) oder abnehmbare Gelenkwellen besitzen. Die zusätzlichen Grundlegenden Anforderungen betreffen die Konstruktion, Handhabung und Steuerung (einschließlich Stillsetzung), Schutzeinrichtungen, Zugangsbeschränkungen, Arbeitsplatzgestaltung, die Berücksichtigung von spezifischen Gefährdungen (mechanisch, elektrisch, thermisch, Lärm, Vibration, Strahlung), die Instandhaltung der Maschinen-Komponenten und die zusätzlich bereitzustellenden Informationen.
- der Verordnung 2014/0108 über *persönliche Schutzausrüstungen*/49/, wenn Medizinprodukte Vorrichtungen oder Mittel enthalten, die von einer Person getragen oder gehalten werden, um diese vor Risiken zu schützen (z. B. Röntgenschürzen, Laserschutzbrillen). Diese zusätzlichen Grundlegenden Anforderungen berücksichtigen das Design (Ergonomie und Schutzniveau), die Unschädlichkeit (Gefahren, Werkstoffe, Oberflächenzustand), die Behinderung, die Bequemlichkeit und Effizienz (Anpassbarkeit, Gewicht und Festigkeit) der Produkte und die zusätzlich bereitzustellenden Informationen.
- der *Arzneimitteldirektive* 2001/83/EG /41/, wenn Medizinprodukte in unterstützender Funktion Stoffe enthalten, die, für sich genommen, der Heilung oder Verhütung von Krankheiten dienen oder am oder im Körper zur Diagnose oder Wiederherstellung einer Körperfunktion vorgesehen sind. Arzneimittel (-Komponenten) müssen durch ein Gutachten von der Europäischen Arzneimittel-Agentur (EMEA) oder einer zuständigen benannten Behörde in Hinblick auf ihre Qualität und Sicherheit einschließlich ihres

Nutzen/Risiko-Verhältnisses beurteilt werden. Dabei sind auch die konkrete Verwendung des Stoffes und mögliche Einflüsse bei der Herstellung des Medizinproduktes zu berücksichtigen.

- Der **Tierkomponenten-Verordnung** 722/2012, /50/, wenn Medizinprodukte unter Verwendung von Geweben oder Zellen tierischen Ursprungs hergestellt werden.

Die Erfüllung der „Grundlegenden Anforderungen" ist grundsätzlich für alle Produkte durch eine umfassende schriftliche Dokumentation nachzuweisen, die auch die Prüfergebnisse enthalten muss. Ja nach der produktspezifischen Risikoklasse kann der Hersteller die Prüfnachweise selbst dokumentieren oder muss eine Europaprüfstelle einbeziehen.

1.4   Wie kommen Medizinprodukte auf den Markt?

Vor der Umsetzung des im Jahr 1986 von der Europäischen Kommission beschlossenen „New Approach" und der damit verbundenen Einigung über europaweit einheitliche Regelungen, waren sowohl die Zulassungsbedingungen für Medizinprodukte als auch die anzuwendenden sicherheitstechnischen Normen und Vorschriften und deren Verbindlichkeit national unterschiedlich geregelt. Dies zwang Hersteller dazu, je nach den nationalen Anforderungen verschiedene zeit- und kostenintensive Zulassungsbedingungen zu erfüllen und Produkte mehrmals prüfen zu lassen.

Anmerkung: *So wurde z. B. in Deutschland die einzuhaltende Medizingerätevorschrift als „Regel der Technik" angesehen, von der in begründeten Fällen auch abgewichen werden durfte. Für Medizinprodukte mit erhöhtem Gefahrenpotenzial war für das Inverkehrbringen eine behördliche Bauartzulassung verpflichtend vorgeschrieben, für die der Hersteller Typprüfungsprotokolle von anerkannten Prüfstellen vorlegen musste. Auch in anderen Ländern wie der Schweiz und Frankreich bestanden nationale Prüfpflichten. In Österreich wiederum bestand zwar keine Prüfpflicht, doch war die Sicherheitsvorschrift für Medizingeräte in Verordnungen zum Elektrotechnikgesetz gelistet und somit gesetzlich verpflichtend gemacht worden, wodurch die freiwillig einzuhaltenden technischen „Regeln" zu unverhandelbaren gesetzlichen Anforderungen erhoben worden waren, die keinen Ermessensspielraum zuließen und daher unbedingt einzuhalten waren.*

In einem ersten Schritt der Harmonisierung wurden die nationalen Normen inhaltlich vereinheitlicht. Dazu wurden in einem europaweiten Normenabkommen das Recht auf Mitarbeit und (gewichtete) Abstimmung, aber auch die verpflichtende Übernahme von mehrheitlich beschlossenen Europanormen vereinbart, selbst wenn das nationale Votum negativ gewesen sein mochte.

Anmerkung: *Da das Recht zur Mitbestimmung auf europäischer Ebene gleichzeitig mit einer nationalen „Stillhalteverpflichtung" verbunden ist, dürfen seither individuelle nationale Normen nur mehr in jenen Themenbereichen erstellt werden, die nach einer* *entsprechenden Anfrage (New Work Item Proposal) von den europäischen Normungsorganisationen CENELEC oder CEN nicht als eigene Regelmaterie beansprucht werden.*

Darüber hinaus besteht die Verpflichtung, alle nationalen Bestimmungen zurückzuziehen, die den angenommenen Europanormen widersprechen auch für jene Länder, die ursprünglich gegen die Annahme einer Norm gestimmt hatten.

Anmerkung: *Die Zurückziehungsverpflichtung war z. B. der Grund, weshalb die national abweichenden Farbkennzeichnungen medizinischer Gase in den DACH Ländern Deutschland, Österreich, der Schweiz und Ungarn angepasst werden musste. Seit Ende der 10jährigen Übergangsfrist im Jahr 2006 ist daher z. B. Sauerstoff auch in den DACH-Ländern weiß statt wie davor blau gekennzeichnet. (Die blaue Farbe ist nun dem Lachgas N2O vorbehalten).*

Die Folge der Normenvereinbarung ist, dass in der Zwischenzeit die technischen Vorschriften für medizinische Geräte in Europa vereinheitlicht sind und ein Hersteller die Behebung eines Mangels nicht mehr mit dem Hinweis ablehnen kann, dass dies bloß der Sonderwunsch eines einzelnen Landes wäre.

Trotz der inhaltlichen Vereinheitlichung der Normen bestanden jedoch noch Handelshemmnisse aufgrund deren unterschiedlicher rechtlicher Verbindlichkeiten. Aus diesem Grund wurde 1986 in einem nächsten Schritt der europäische *„New Approach"* zum weiteren Abbau (europäischer) Handelshemmnisse beschlossen. Damit wurden sowohl die Verbindlichkeit der Normen und Vorschriften als auch die gesetzlichen Bedingungen zur Marktzulassung von Medizinprodukten neu geregelt und harmonisiert. In der Zwischenzeit haben die europäischen und internationalen Normungsgremien ihre Arbeit abgestimmt und werden europäische und internationale Normen weitgehend in parallelen Verfahren erarbeitet und beschlossen. Für Medizinprodukte gibt es daher bereits international vereinheitlichte Normen, wenngleich sie noch nicht überall die gleiche Verbindlichkeit besitzen. So bestehen z. B. in den USA neben den national anerkannten Medizingerätevorschriften der IEC 60601-Serie noch eigenständige FDA- bzw. ANSI-Bestimmungen.

In einem weiteren Schritt wurde 1996 im *„Global Approach"* mit Verhandlungen zur weltweiten Vereinheitlichung der Anforderungen und einer weltweit anzuerkennenden einmaligen Marktzulassung begonnen. Die Anerkennung des europäischen Marktzulassungsverfahrens und der CE-Kennzeichnung konnte bereits auf wichtige Märkte wie Australien, Kanada und USA ausgedehnt werden.

1.4.1   Vorschriften-Hierarchie

Die Erstellung von Gesetzen und Normen hat eines gemeinsam: Beides braucht Zeit, unter Umständen sogar viele Jahre, in denen sich jedoch auch die technischen Möglichkeiten weiter entwickeln. Es besteht daher die Gefahr, dass Regelungen bereits technisch überholt sind, wenn sie verbindlich werden.

Anmerkung: *Beispielsweise bestand bis 1988 für Medizingeräte die Forderung, dass Sicherungen in Geräten nicht gelötet werden durften. Dies ist durchaus sinnvoll, wenn es darum geht, ein leichtes und schnelles Auswechseln von Netzsicherungen zu ermöglichen. Im Lauf der technischen Entwicklung gingen jedoch immer mehr Hersteller dazu über, nicht nur das Gerät an sich, sondern auch teure elektronische Bauelemente durch billige Sicherungen zu schützen. Diese hatten nicht mehr die sicherheitstechnische Aufgabe, gefährliche Übererwärmungen zu verhindern, sondern lediglich, die Reparaturkosten zu senken. Dazu wurden diese wie ein Widerstand in die Schaltung eingelötet. Dort wo diese Vorschrift in den Rang einer Gesetzesbestimmung erhoben war, wie z. B. in Österreich, war jedoch diese an sich sinnvolle Maßnahme der Hersteller als nicht gesetzeskonform zu beanstanden. Gelötete Sicherungen mussten daher erst in einem für jeden Gerätetyp neuerlich zu beantragenden zeit- und kostenintensiven Ausnahmeverfahren durch das zuständige Ministerium bewilligt werden – oder es wurde zum Nachteil des Kunden die Sicherung durch einen Kurzschlussbügel ersetzt.*

Um den Herstellern die Flexibilität zu gewähren, schneller auf neue Entwicklungen reagieren zu können, sind in der Zwischenzeit die Anforderungen in einem hierarchischen System von Regelungen festgelegt worden.

Direktiven und Verordnungen

Als *Europäische Direktiven* werden europäische (Rahmen-) Gesetze bezeichnet. Sie enthalten unbedingt und wörtlich einzuhaltende „Grundlegende Anforderungen". Direktiven müssen innerhalb einer von der Europäischen Kommission einklagbaren Frist wortwörtlich von den nationalen Parlamenten in die Gesetzgebung der Mitgliedsstaaten übernommen werden.

Europäische Verordnungen enthalten ebenfalls gesetzlich verbindliche Anforderungen, besitzen jedoch eine Durchgriffswirkung, weil sie ohne die Zwischenschaltung nationaler Parlamente nach einer festgelegten Übergangsfrist in den Mitgliedsländern unmittelbar verbindlich werden. Abbildung 1.2 fasst zusammen, auf welche Weise die gesetzlichen und normativen Regelungen zustande kommen.

Europanormen

Da die „Grundlegenden Anforderungen" nur allgemein formulierte Schutzziele darstellen, ist es erforderlich, Konkretisierungen vorzunehmen. Dies geschieht durch Europanormen. Diese enthalten detaillierte technische Festlegungen, die einen anerkannten Lösungsweg zur Erfüllung der „Grundlegenden Anforderungen" beschreiben. Sie werden von den europäischen Normungsorganisationen CENELEC (Comité Européen de Normalisation Électrotechnique) und CEN (Comité Européen de Normalisation) nach den Regeln eines multilateralen Normungsabkommens in Form von Europanormen erarbeitet und beschlossen.

Europanormen haben den Status von anerkannten Regeln der Technik, die sinngemäß einzuhalten sind. Bei Einhaltung von Europanormen, die im Amtsblatt der Europäischen

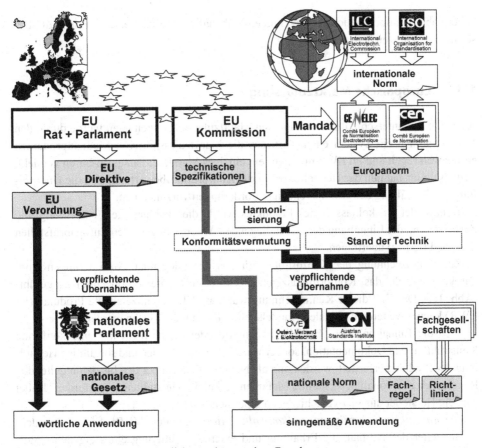

Abb. 1.2: Die Entstehung gesetzlicher und normativer Regelungen

Kommission als (mit der Direktive) „harmonisierte Norm" ausgewiesen werden, gilt darüber hinaus die Konformitätsvermutung über die Erfüllung der im Anhang Z der Norm gelisteten Grundlegenden Anforderungen der Direktive.

Um die Möglichkeiten des technischen Fortschritts nicht zu behindern, darf jedoch von Europanormen abgewichen werden, wenn das darin definierte Schutzziel auf andere, aber mindestens gleich wirksame Weise erreicht werden kann. In diesem Fall hat der Hersteller jedoch die Gleichwertigkeit der alternativen Lösung nachzuweisen.

Da die europäischen Normungsorganisationen CENELEC und CEN mit den Internationalen Spiegel-Organisationen IEC (International Electrotechnical Committee) und ISO (International Organisation for Standardisation) zusammenarbeiten, sind die technischen Anforderungen weltweit weitgehend harmonisiert, auch wenn die internationalen Normen selbst bei nationaler Zustimmung nicht verpflichtend in die jeweiligen nationalen Regelungen übernommen werden müssen. Dies erklärt, weshalb z. B. die USA zwar den IEC-Normen für elektrische medizinische Geräte (Normengruppe IEC 60601) zugestimmt haben, aber dennoch nationale Regelungen beibehalten, die teilweise von den IEC-Be-stimmungen abweichen.

1.4.2 Europäische Marktzulassung

An Stelle der unterschiedlichen nationalen Marktzulassungsregelungen wurde durch den New Approach ein System eingeführt, das die Marktzulassung von Medizinprodukten europaweit regelt und im EWR nur mehr ein einziges Marktzulassungsverfahren vorsieht. Grundsätzlich hat nun der Hersteller selbst die Konformitätsbewertung, also die Überprü-fung der Einhaltung der grundlegenden Anforderungen vorzunehmen.

Je nach der Risikoklasse eines Produktes wurde die unabhängige Überprüfung und Zertifizierung der Einhaltung der „Grundlegenden Anforderungen" den Europaprüfstellen (Notified Bodies) übertragen.

Zur Kennzeichnung der Konformität mit den Grundlegenden Anforderungen einer Direktive wurde das Konformitätszeichen CE (Conformité Européenne) eingeführt (Abb. 1.3). Das Ziel dieser Kennzeichnung war, dass CE-gekennzeichnete Produkte (im EWR) keinen weiteren nationalen Handelshemmnissen unterworfen werden.

Weil die Einhaltung der „Grundlegenden Anforderungen" nicht nur eine konforme Konstruktion und Dokumentation, sondern auch eine zuverlässige und sorgfältige Herstel-lung der Produkte erfordert, werden nun als Neuerung gegenüber den bis dahin geltenden Regelungen auch qualitätssichernde Maßnahmen bei der Herstellung eingefordert. Dabei darf ein Hersteller aus vier verschiedenen Optionen wählen:

- Die *ausgelagerte Fertigungsendkontrolle (Annex IV der MDD)*. Sie erspart dem Hersteller den Aufbau, die Erhaltung und externe Auditierung eines eigenen Quali-tätsmanagement-Systems, indem er die Qualitätssicherung auslagert und die Ferti-gungsendkontrolle an eine Europaprüfstelle überträgt. Diese Option stellt vor allem für Klein- und Mittelbetriebe oder Hersteller mit diskontinuierlicher Produktion eine zuverlässig kalkulierbare Variante dar, da sie nur Stück-bezogene Kosten verursacht und keine aufwändigen Maßnahmen erfordert, die unabhängig vom Verkaufserfolg als Fixkosten zu Buche schlagen würden.

Die ausgelagerte Fertigungsendkontrolle kann in Form der Prüfung und Zertifizie-rung jedes einzelnen gefertigten Produktes oder der Zertifizierung einer ca. 10%igen

Abb. 1.3: Europäisches
Konformitätszeichen

Zufallsstichproben erfolgen, die aus einem Batch, also einer Menge von Produkten gezogen wird, die unter gleichen Bedingungen gefertigt wurden.

- Die eigene *qualitätsgesicherte Endkontrolle (Annex VI der MDD)*. Sie erfordert den Aufbau und die Unterhaltung eines eigenen von einer Europaprüfstelle zertifizierten und regelmäßig auditierten Qualitätssicherungssystems, das sich jedoch lediglich auf die Durchführung der Fertigungsendkontrolle bezieht. Es erfordert vom Hersteller geschultes Personal, kalibrierte Prüfmittel, Arbeitsanweisungen, Schulungspläne und laufende Dokumentationen.
- Die *qualitätsgesicherte Herstellung (Annex V der MDD)*. Sie erfordert den Aufbau und die Unterhaltung eines eigenen von einer Europaprüfstelle zertifizierten und regelmäßig auditierten Qualitätssicherungssystems, das alle Abläufe der Herstellung einschließlich der Fertigungsendkontrolle umfasst.
- Das *vollständige Qualitätssicherungssystem (Annex II der MDD)*. Diese Option ist die aufwändigste. Sie erfordert, dass alle Tätigkeitsbereiche und Abläufe, von der Produktentwicklung, Konformitätsprüfung, Herstellung, Fertigungsendkontrolle und Marktüberwachung in ein von einer Europaprüfstelle zertifiziertes und regelmäßig auditiertes Qualitätssicherungssystem einbezogen werden.

1.4.3   Risikoklassen: Medizinprodukt ist nicht gleich Medizinprodukt

Medizinprodukte umfassen eine enorme Vielfalt an Erzeugnissen. Sie reicht z. B. von der unkritischen Lesebrille bis zur risikoreichen lebenserhaltenden Herz-Lungen-Maschine, vom einfachen Zungenspatel bis zum komplexen Magnetresonanz-Computertomografen. Angesichts dieser Vielfalt wurde der Aufwand zur Erlangung des CE-Zeichens und das Ausmaß der Überprüfungen durch Europaprüfstellen in Abhängigkeit des Produktrisikos gestaffelt. Dazu werden Medizinprodukte gemäß Anhang IX der Medizinproduktedirektive (MPD) je nach methodischem Risiko, Invasivitätsgrad, (ununterbrochener) Anwendungsdauer und Art der Wechselwirkung mit dem Patienten in vier Konformitäts- bzw. Risikoklassen I, IIa, IIb und III eingeteilt, die grob wie folgt charakterisiert werden können:

Risikoklasse **I**: kein oder vernachlässigbar kleines Risiko
Risikoklasse **IIa**: geringes Risiko
Risikoklasse **IIb**: erhöhtes Risiko
Risikoklasse **III**: hohes Risiko

Der Hersteller ist das Maß aller Dinge
Er entscheidet bei der Festlegung der Zweckbestimmung, Anwendungsbedingungen, Produkteigenschaften und Vermarktungsweise über die Konformitätsklasse seines Produktes und damit über den Aufwand für die Marktzulassung und Produktherstellung.

Die Einteilung in eine der Risikoklassen nimmt grundsätzlich der Hersteller selbst vor. Maßgeben dafür sind die Produktmerkmale, die vorgesehene Zweckbestimmung und die Auswirkungen des Produktes. Hersteller würden sich eine taxative Liste der Zuordnungen von Produkten zu den Risikoklassen wünschen. Da jedoch die Umstände der Anwendung auch bei gleichartigen Produkten sehr verschieden sein können, ist eine Einteilung in eine Risikoklasse aufgrund der Produktbezeichnung allein nicht möglich. Verschiedene gleichartige Produkte können nämlich durchaus in verschiedene Risikoklassen fallen. So können z. B. Absauggeräte in die Risikoklasse I, IIa oder IIb fallen, je nachdem, ob sie vom Hersteller für die Absaugung im Dentalbereich (Klasse I), für die intraoperative Absaugung aus der Wundhöhle (Klasse IIa) oder für die Bronchialabsaugung (Klasse IIb) vorgesehen werden. Patientenwärmesysteme fallen in die Klasse IIb, wenn sie (auch) für bewusstlose Patienten (z. B. intraoperativ) vorgesehen sind; wenn nicht, fallen sie in die Klasse IIa. EKG-Geräte gehören in die Klasse IIa, wenn sie das EKG-Signal lediglich aufzeichnen (z. B. EKG Schreiber, Holter-EKG Geräte); wenn sie jedoch das EKG überwachen und bei Anomalien Alarm auslösen, zählen sie zur Klasse IIb (EKG Monitor).

Für den Hersteller bedeutet dies, dass er die Möglichkeit hat, durch die Festlegung und Abgrenzung der bestimmungsgemäßen Verwendung seines Produktes in der Gebrauchsanweisung über die zutreffende Risikoklasse und damit auch über die Anforderungen zu entscheiden, die für die Marktzulassung zu erfüllen sind.

Klassifizierung

Die Einteilung eines Medizinproduktes in die zutreffende Risikoklasse geschieht aufgrund von ursprünglich 18 komplexen Einteilungsregeln, die im Anhang IX der Medizinproduktedirektive enthalten sind. Diese wurden in der Zwischenzeit für einige Produkte durch spezifische Sonderfestlegungen ergänzt (Abb. 1.8). Je nach betrachtetem Produktmerkmal können die Einteilungsregeln zu verschiedenen Klassen führen. Ein Produkt fällt grundsätzlich in die höchste der identifizierten Risikoklassen.

Die Klassifizierung ist nach folgenden Grundsätzen durchzuführen (hilfreiche Anleitungen gibt der Leitfaden MEDDEV 2.4/1):
1. für den vom Hersteller (z. B. in der Gebrauchsanweisung) festgelegten *bestimmungsgemäßen Gebrauch* – und nicht nach den darüber hinaus gehenden technischen Möglichkeiten oder den darüber hinaus gehenden etwaigen Einsatzmöglichkeiten die ein Anwender bestimmen könnte;
2. für die *ungünstigsten Bedingungen* des bestimmungsgemäßen Gebrauchs des eigenen Produktes – und nicht für Gebrauchsbedingungen, die bei anderen vergleichbaren Produkten vorgesehen sein könnten;
3. für *Normalbedingungen* – also nicht für Gefahrensituationen, die in einem Fehlerfall eintreten könnten. Wenn ein Fehler jedoch häufig anzunehmen ist, ist er nicht mehr als „erster Fehlerfall", sondern bereits als Normalfall anzusehen und daher sehr wohl zu berücksichtigen (siehe Kap. 2.3.3);

4. Es müssen *alle* vorgesehenen *Produkteigenschaften* bewertet werden, auch wenn sie zu getrennten Bewertungspfaden und unterschiedlichen Risikoklassen führen. Die Einstufung erfolgt dann in die höchste der identifizierten Risikoklassen.

Anmerkung: *Ist ein Hersteller über die Zuordnung seines Produktes in eine Risikoklasse unsicher, kann er eine Europaprüfstelle hinzuziehen. Im Fall weiterer Unklarheiten oder unterschiedlicher Interpretationen kann die zuständige nationale „Kompetente Stelle" (Competent Authority) kontaktiert werden. Lässt sich die Frage auch auf dieser Ebene nicht klären oder bestehen nationale Auffassungsunterschiede, kann die „Medical Expert Group" der Europäischen Kommission konsultiert werden, die je nach Fragestellung innerhalb weniger Monate oder Jahre zu einem Ergebnis kommt.*

5. für die *vermarktete Konfiguration*. Dies bedeutet, dass der Hersteller die Risikoklasse durch die Art, wie er sein Produkt vermarktet, beeinflussen kann. So kann er z. B. ein Absauggerät als vollständige Behandlungseinheit inklusive Schlauch, Kanüle und Auffangbehälter als medizinisches System vermarkten, das dann als Gesamtheit in die Risikoklasse der risikoreichsten Komponente fällt. Alternativ kann er die einzelnen Komponenten auch getrennt als Einzelprodukte auf den Markt bringen, die dann in ihre jeweilige Risikoklasse fallen. Der Vertrieb der einzeln CE-gekennzeichneten Komponenten in einer gemeinsamen Verpackung ist jedoch möglich.
6. eigenständig vermarktetes *Zubehör* wird gesondert vom Grundgerät aufgrund seiner spezifischen Eigenschaften klassifiziert.
7. *Software* wird als eigenständiges Produkt klassifiziert, sofern sie nicht in einem Medizinprodukt (z. B. auf einem EPROM) integriert ist, weil sie dann als Teil dieses Medizinproduktes angesehen wird. Wenn sie jedoch den Hauptzweck eines Medizinproduktes beeinflusst, indem sie z. B. seine Funktion steuert oder das Ergebnis verändert, zählt sie als dessen Zubehör und fällt in die gleichen Risikoklasse wie das zugehörige Produkt (Abb. 1.4).

So fällt z. B. die Bestrahlungsplanungs-Software für die Röntgentherapie in dieselbe Risikoklasse wie das Röntgen-Bestrahlungsgerät, nämlich in die Klasse IIb; eine EKG-Auswertungssoftware fällt je nach vorgesehener Anwendung des Gerätes in die Klasse IIa oder IIb (z. B. Aufzeichnung von Langzeit-EKGs oder zur EKG-Überwachung mit Identifizierung und Alarmierung bei kritischen Anomalien); Software, die die Funktion eines Medizinproduktes nicht beeinflusst, z. B. ein Modul zur Vermessung des biparietalen Schädeldurchmessers im Ultraschallbild eines Föten wird hingegen als eigenständige Software klassifiziert. Auch Software-Apps für mobile Endgeräte sind Medizinprodukte, wenn sie zur Diagnose, Therapie oder Empfängnisregelung verwendet werden (z. B. wenn sie telemetrisch Daten von Medizingeräten (z. B. von Herzschrittmachern) empfangen, speichern und/oder weiterleiten oder zu verabreichende Insulindosen berechnen. Andrerseits ist universelle Software, die (auch) für die Bearbeitung medizinischer Daten

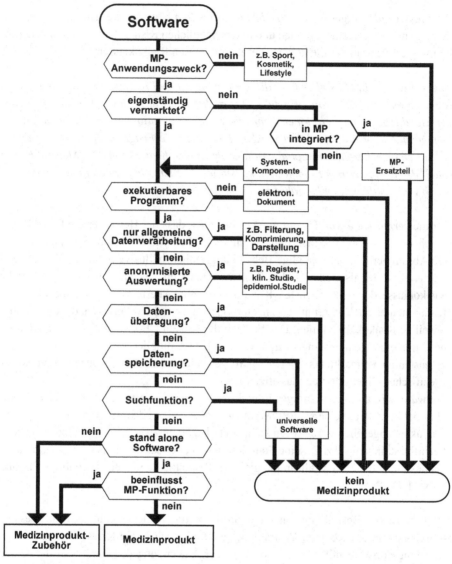

Abb. 1.4: Wege zur Klassifizierung von Software

eingesetzt wird (z. B. zur Übertragung, Komprimierung, Speicherung oder Filterung), nicht deshalb bereits als Medizinprodukt anzusehen. Keine Medizinprodukte sind auch unspezifische Apps wie z. B. zur Bestimmung des Body Mass Index, zur Erinnerung an Arzttermine oder Bereitstellung medizinischer Information (Abb. 1.5).

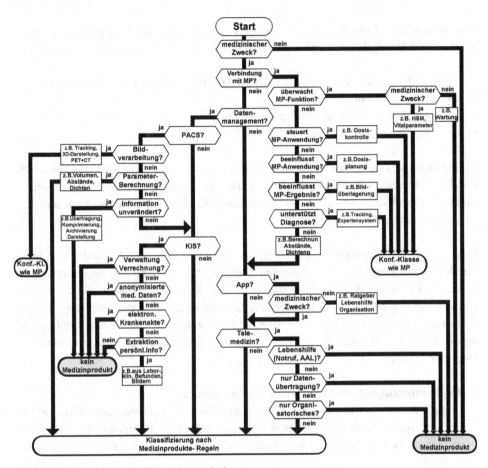

Abb. 1.5: Wege zur Klassifizierung von Software

Zur Beurteilung der Produkteigenschaften werden folgende Hauptkriterien herangezogen:

1. *das methodische Risiko* für den Patienten. Dieses ist z. B. bei einer Infrarotkamera, die
   kontaktlos aus der Distanz die vom Körper ausgesendete Strahlung aufnimmt, nicht
   vorhanden, bei einem Fahrrad-Ergometer vernachlässigbar gering, einem Ultraschall-
   Scanner oder EKG-Schreiber mäßig, einem Dialysegerät oder Röntgengerät erhöht und
   bei einem implantierten Herzschrittmacher oder einer implantierten Insulinpumpe kritisch hoch.

2. *die Kontaktdauer*, wobei hier – im Unterschied zur Beurteilung der Biokompatibilität
   – die ununterbrochene Anwendung gilt, das heißt, dass die „Bewertungsuhr" mit jedem
   Absetzen vom Patienten gestoppt und mit jedem neuerlichen Kontakt neu gestartet
   wird.

Anmerkung: *Eine Unterbrechung wird jedoch nicht gewertet, wenn sie erforderlich war,*
um das Produkt lediglich unverzüglich durch dasselbe oder ein identisches zu ersetzen.

Die Kontaktdauer wird zum Zweck der Risikoklassen-Einteilung wie folgt unterteilt:
*   *vorübergehend*: weniger als 1 h;
*   *kurzzeitig:* länger als 1 h und kürzer als 30 Tage;
*   *langzeitig:* länger als 30 Tage.

Da die Dauer des *ununterbrochenen* Kontaktes bewertet wird, wird z. B. für einen OP-
Handschuh nur eine *vorübergehende* Kontaktdauer (< 1 h) angenommen. Selbst bei mehr-
stündigen Operationen ist ja der ununterbrochene Kontakt mit dem Patienten auf weit
weniger als eine Stunde beschränkt.

Anmerkung: *Diese Kontaktdauer-Definition darf nicht verwechselt werden mit jener*
zur Beurteilung der Körperverträglichkeit (Biokompatibilität) von Anwendungsteilen. In
diesem Fall ist nämlich die insgesamt akkumulierte Kontaktdauer maßgebend, z. B. bei
wiederholter Anwendung summiert über die Gesamtzeit der Therapie oder über das ge-
samten (Berufs-)Leben. Die für die Biokompatibilität relevante Kontaktdauer von Opera-
tionshandschuhen ist daher für den Patienten als vorübergehend, für den Arzt jedoch als
langzeitig anzunehmen.

3. *der Invasivitätsgrad.* Hier wird unterschieden zwischen
*   *nicht invasiv,* bei Kontakt mit unverletzter Haut (z. B. Blutdruckmanschette).Ein
    Gerät, das von außen Energie an den Körper abgibt (z B. Röntgengerät), wird eben-
    falls als nicht invasiv angesehen, weil Energie für sich genommen nicht klassifizier-
    bar ist.
*   *natürlich invasiv,* bei ganzem oder teilweisem Eindringen in das Körperinnere über
    natürliche Körperöffnungen, z. B. Mundhöhle, Gehörgang, Speiseröhre, Luftröhre,
    Rektum, Ureter, Vagina (z. B. Bronchoskop, Rektoskop). Als natürlich invasiv gel-
    ten aber auch chirurgisch geschaffene dauernde künstliche Öffnungen wie Luftröh-
    ren-, Darm- oder Blasenausgänge (z. B. Trachealtubus).
*   *chirurgisch invasiv,* bei ganzem oder teilweisem Eindringen in das Körperinnere
    durch Verletzung der Haut im Rahmen einer klinischen Behandlung (z. B. Spritze,
    Kanüle, Arthroskop, aktive Elektrode eines Hochfrequenzchirurgiegerätes), bei
    Kontakt mit dem Blutkreislauf (z. B. intraarterieller Blutdruckkatheter) oder mit
    dem Zentralnervensystem (z. B. intrakranialer Drucksensor, Endoskop).
*   *implantiert,* wenn das Produkt nach dem chirurgischen Eingriff noch ganz oder
    teilweise mehr als 30 Tage lang im Körper verbleibt (z. B. Herzschrittmacher,
    Marknagel, Herzklappe, Stent), auch wenn es anschließend wieder entfernt wer-
    den sollte (z. B. Fraktur-Platte, Infusionsport, Fixateur externe). Als implantiert
    gelten auch Produkte, die die Epithel-oder Augenoberfläche ersetzen sollen (z. B.
    Keratoprothesen).

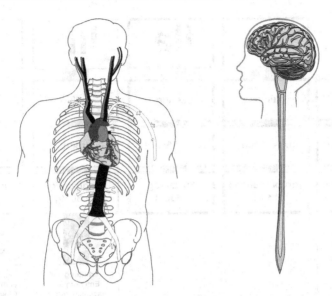

Abb. 1.6: Zentrales Kreislaufsystem (links) und Zentralnervensystem (rechts)

4. *der Kontakt* wird als *kritisch* angesehen
   - mit dem *Zentralnervensystem*, also Gehirn, Hirnhaut und Rückenmark (Abb. 1.6);
   - mit dem *zentralen Kreislaufsystem*. Es umfasst folgende Blutgefäße: Pulmonalarterie, Aorta (Aortenbogen, aufsteigende und absteigende Aorta bis zur Verzweigung), Koronararterien, Carotisarterien (communis, externa und interna), Cerebralarterie, Truncus brachiocephalica, Vena cordis, Pulmonalvene, Vena cava superior und inferior (Abb. 1.6).
5. *Sonderregelungen* legen die Risikoklasse einiger Produkte direkt fest, z. B. Klasse IIb für Produkte zur nicht-invasiven Empfängnisverhütung und Klasse III für Produkte zur natürlich-invasiven Empfängnisverhütung, aber auch für Brustimplantate, Gelenks-Endoprothesen und Produkte mit unterstützenden Arzneimitteln (z. B. heparinbeschichtete Katheter).

Zur groben Orientierung kann mit Hilfe dieser Produktmerkmale ein stark vereinfachtes Übersichtsschema zur Einteilung in eine Risikoklasse angegeben werden (Abb. 1.7).

Klassifizierungsregeln
Für eine verbindliche Risikoklasseneinteilung ist es erforderlich, alle relevanten Produkteigenschaften nach einem auf Klassifizierungsregeln basierenden Entscheidungsbaum durchzuarbeiten, der 18 Klassifizierungsregeln der MPD /32/ und einigen Sonderbestimmungen bzw. 21 Klassifizierungsregeln der MPV /53/ umfasst (Abb. 1.8). Hilfestellung gibt dabei die Leitlinie MEDDEV 2.4/1. Dabei werden insbesondere folgende Produkteigenschaften abgefragt:

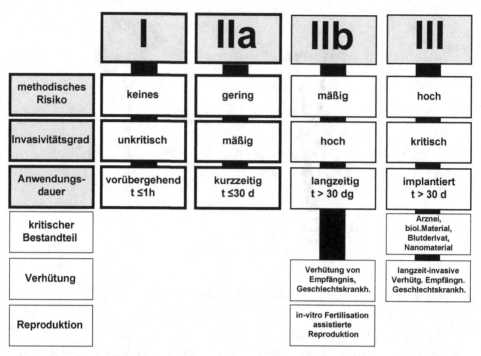

	I	**IIa**	**IIb**	**III**
methodisches Risiko	keines	gering	mäßig	hoch
Invasivitätsgrad	unkritisch	mäßig	hoch	kritisch
Anwendungsdauer	vorübergehend t ≤1h	kurzzeitig t ≤30 d	langzeitig t > 30 dg	implantiert t > 30 d
kritischer Bestandteil				Arznei, biol.Material, Blutderivat, Nanomaterial
Verhütung			Verhütung von Empfängnis, Geschlechtskrankh.	langzeit-invasive Verhütg. Empfängn. Geschlechtskrankh.
Reproduktion			in-vitro Fertilisation assistierte Reproduktion	

Abb. 1.7: Vereinfachtes Übersichtsschema zur Einteilung in die Risikoklasse eines Medizinproduktes

Aktivität: Aktiv ist ein Produkt, wenn es zur Erfüllung seines Hauptzwecks von einer externen Energiequelle abhängig ist und/oder Energie maßgeblich umwandelt.

Anmerkung: *Als externe Energiequelle zählen z. B. elektrische, pneumatische und hydraulische Energien oder radioaktive Quellen (z. B. Brachytherapie-Seeds zur inneren Bestrahlung von Tumoren). Gravitation oder unmittelbare Muskelkraft zählen jedoch nicht als externe Energiequellen.*

Daher ist z. B. eine Spritze, deren Kolben mit Muskelkraft betrieben wird, ein nicht-aktives Produkt. Ein über eine aufgezogene Feder, also mit gespeicherter mechanischer Energie betriebenes Medikamentendosiersystem gilt jedoch als aktives Produkt. Auch Software ist ein aktives Medizinprodukt, weil sie zur Anwendung auf eine externe Energiequelle angewiesen ist. Ein Elektrodenkabel eines HF-Chirurgiegerätes gilt als nicht aktiv, weil es die elektrische Energie nur passiv (auch unter Berücksichtigung des Leitungswiderstandes nicht maßgebend verändernd) weiterleitet, während die Schneide-Elektrode des HF-Chirurgiegerätes als aktives Produkt angesehen wird, weil sie die Stromdichte an der Spitze zur Erzielung der biologischen Wirkung erhöht und so die elektrische Energie maßgeblich (in hohe Energiedichte) umwandelt. Biosignalelektroden (z. B. EKG-, EEG-Elektroden) erfassen (möglichst unverändert) die elektrischen Körpersignale und gelten daher als

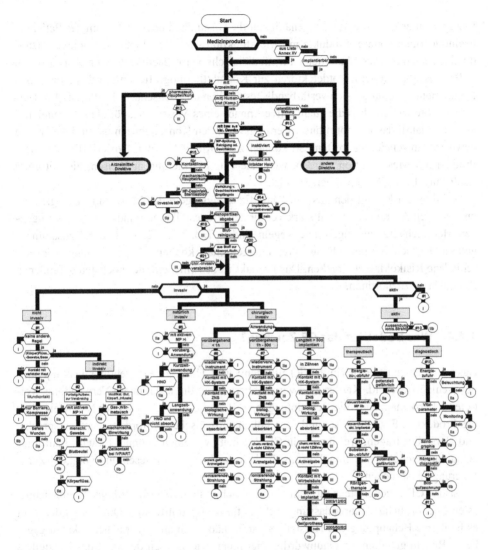

Abb. 1.8: Umsetzung der Klassifizierungsregeln der MPD und MPV in einen grafischen Abfrage-baum mit den daraus folgenden Mehrfachergebnissen. Es zählt die höchste gefundene Klasse; # ... Nummer der Klassifizierungsregel

nicht aktive Produkte. Produkte, die lediglich gespeicherte Energie (unverändert) abgeben (z. B. Wärmeflaschen) gelten als nicht aktiv, während Wärmeauflagen, die die Wärme durch chemische Reaktionen erzeugen, zu den aktiven Produkten zählen.

Messfunktion: Eine Messfunktion besitzen Medizinprodukte dann, wenn sie wenigstens einen Messwert in quantitativen (SI-)Einheiten angeben (oder auf einen quantitativen Wert

Bezug nehmen) und die Messungenauigkeit die Gesundheit oder Sicherheit des Patienten beeinträchtigen könnte. Produkte mit Messfunktion sind z. B. Fieberthermometer, Blutdruckmessgeräte oder Manometer für medizinische Gase. Keine Messfunktion besitzen z. B. Flüssigkristall-Infrarotdetektoren zur Kontaktthermografie, Infrarotkameras (ohne Isothermendarstellung), sich verfärbende Teststreifen und Sehschärfe-Prüftafeln. Ein Hersteller sollte wissen, dass die quantitative Angabe eines Messwertes für die Klasseneinteilung und damit das Konformitätsbewertungsverfahren Konsequenzen hat und daher eine bewusste Entscheidung treffen. So können z. B. Medikamenten-Dosierlöffel zu einem Produkt mit Messfunktion werden, wenn sie eine Markierung aufweisen, die mit einer Zahlenangabe (z. B. 50 ml) versehen ist.

Abbildung 1.8 zeigt den aus den Klassifizierungsregeln der MPD und MPV grafisch umgesetzten Abfragebaum mit stark verkürzten Fragestellungen und den daraus folgenden Mehrfachverzweigungen. Die Regeln sind in Tab. 1.1, 1.2, 1.3 und 1.4 zusammengefasst. Je nach der betrachteten Produkteigenschaft können sich Zuordnungen in verschiedene Risikoklassen ergeben. Das Produkt ist abschließend der höchsten gefundenen Risikoklasse zuzuordnen.

1.4.4   Was bedeutet das CE-Zeichen?

Das CE-Zeichen ist heute (im EWR) allgegenwärtig. Über seine Bedeutung wissen jedoch nur wenige Bescheid. Käufer sind verunsichert durch die inflationäre Verwendung, Vertreter äußern phantasievolle Behauptungen, z. B. das CE-Zeichen sei der Nachweis, dass das Produkt „CE-geprüft" sei und „den hohen europäischen Anforderungen" entspreche, und Hersteller fragen, wer ihnen ein CE-Zeichen „verleihen" könne. Es wird häufig als „Qualitätszeichen", manchmal als „Sicherheitszeichen" angepriesen und von „CE-Zertifizierung" gesprochen.

Ist das CE-Zeichen aber tatsächlich ein Zeichen geprüfter Sicherheit? Kennzeichnet es eine behördliche Bauartzulassung, steht es für nachgeprüfte hohe Qualität – oder stellt es bloß eine Behauptung des Herstellers dar, er hätte sich an (nicht näher bekannt gegebene) Regeln gehalten, so glaubwürdig oder nicht, wie es eben dem Ruf des Herstellers entspricht. Wenn aber die Einhaltung von Anforderungen (die Konformität) bescheinigt werden soll, so stellt sich die Frage, welche Anforderungen denn gemeint sind. Das CE-Zeichen befindet sich ja auf verschiedensten Produkten, von der Zahnbürste, dem Teddybären und Computer bis zur Herz-Lungen-Maschine? In der Gerüchteküche brodelt es, die Verwirrung ist groß (Abb. 1.9).

Die ursprüngliche Zweckbestimmung des CE-Zeichens bestand darin, Handelshemmnisse zu beseitigen. Dies ist der Grund, warum verschiedenste Produkte trotz unterschiedlichster Art, Funktion oder Zusammensetzung mit dem gleichen Zeichen versehen werden. Auch der Hinweis auf die Erfüllung der europäischen Grundlegenden Anforderungen hilft wenig, wenn man nicht weiß, auf welche der vielen bestehenden Direktiven (oder

Tab. 1.1: Klassifizierungsregeln für **nicht invasive** Medizinprodukte. Die grau unterlegten Felder geben die Risikoklasse an, die sich bei Zutreffen der Abfrage ergibt, nicht zutreffende Eigenschaften sind in Spalte „nz" anzukreuzen

Nr.	Regeln für nicht invasive Produkte	nz	I	I_M	I_S	IIa	IIb	III
1	Ist das Produkt **nicht-invasiv**? ((I) z.B. Bett, Gehhilfe, Rollstuhl, OP-Tisch, Dentalstuhl, Lederteile		■					
2	Ist es **nicht-invasiv** und zur **Durchleitung** oder **Aufbewahrung** von Blut, Körperflüssigkeiten oder –Geweben, Flüssigkeiten oder Gasen vorgesehen? ((I) z.B. Schwerkraftinfusionsbesteck, Medikamentenbehälter		■					
	Wird es dabei mit **aktiven MP** der Klasse ≥ IIa verbunden?(IIa) z.B. Infusionspumpen-Besteck, Beatmungsschläuche					■		
	Ist es **nicht-invasiv** und zur **Aufbewahrung** oder Durchleitung von Blut oder anderen Körperflüssigkeiten oder für die Aufbewahrung von Organen, Organteilen oder Körpergeweben vorgesehen? ((IIa) z.B. Transfusionsbesteck, extrakorporaler Kreislauf, Organ-Transport-, Kontaktlinsenbehälter, Blutkonservenkühlschrank					■		
	In allen anderen Fällen ((I)		■					
3	Ist es **nicht-invasiv** und vorgesehen zur **Veränderung** der biologischen und chemischen Zusammensetzung des Blutes, anderer Körperflüssigkeiten oder Flüssigkeiten, die in den Körper perfundiert werden sollen ... - auf **physikalische** Weise? ((IIa) z.B. Blutfilter, Oxygenator, Zentrifuge, Wärmetauscher					■		
	-durch andere (z.B. **chemische**) Vorgänge? ((IIb) z.B. Hämodialysatoren, Zellseparatoren						■	
	Bei in -vitro Fertilisation oder assistierter Reproduktion in Kontakt mit Zellen? ((IIb)						■	
4	Ist es ein **nicht-invasives** Produkt, das mit **verletzter Haut** in Berührung kommt? ((IIa) z.B. MP zur Beeinflussung der Mikroumgebung der Wunde					■		
	Ist es ein Produkt, das lediglich als **mechanische** Barriere, zur Kompression oder zur Absorption von Exsudaten dient? ((I) z.B. Heftpflaster, Bandagen		■					
	Wird es vorwiegend für **(schwere)** Wunden eingesetzt (wo die Dermis durchtrennt ist und sekundäre Wundheilung erforderlich ist)? ((IIb) z.B. Wundauflagen für Decubitus oder großflächige Verbrennungen, temporärer Hautersatz						■	

Verordnungen) es sich bezieht (Abb. 1.1) – und welche Bedingungen ein Hersteller erfüllen musste, um sein Produkt mit dem CE-Zeichen versehen zu können.

Selbst wenn geklärt wäre, dass sich das CE-Zeichen an einem Medizinprodukt tatsächlich auf die Medizinproduktedirektive bezieht und nicht auf die Niederspannungsdirektive für allgemeine Elektrogeräte, die Kosmetika-Direktive oder bloß auf die Erfüllung eines Teilaspektes wie z. B. die elektromagnetische Verträglichkeit (EMV- Direktive), selbst dann kann ein auf einem Medizinprodukt angebrachtes CE-Zeichen noch eine große Spannweite von möglichen Bedeutungen besitzen, nämlich jene

- einer ungeprüften Erklärung des Herstellers (bei Klasse I-Produkten);
- dass das Produkt lediglich mit identischen Eigenschaften – ob gut oder schlecht – hergestellt, wurde, weil „Qualitätssicherung" nur sicherstellt, dass möglichst alle Produkte

Tab. 1.2: Klassifizierungsregeln für **invasive** Medizinprodukte

Nr.	Regeln für Invasive Produkte	nz	I	I_M	I_S	IIa	IIb	III
5	Ist es ein **natürlich-invasives** Produkt ohne Anschluss an ein **aktives** MP oder nur an ein MP der Klasse Iund - zur **vorübergehenden** Anwendung? (I) z.B. Zahnspiegel, Magenschläuche, Untersuchungshandschuh		■					
	Ist es ein **natürlich-invasives** Produkt zum Anschluss an ein **aktives** MP der Klasse höher als I? (**(IIa)**, es sei denn …					■		
	- es ist zur **kurzzeitigen** Anwendung im HNO-Bereich ((I) z.B.entfernbare Zahnprothesen, Nasenfüllungen gegen Nasenblutungen		■					
	- es ist zur **kurzzeitige** Anwendung **außerhalb** des HNO-Bereichs (**(IIa)** z.B. Kontaktlinsen, Harnkatheter, Trachealtuben, Pessare					■		
	- es ist zur **langzeitigen** Anwendung **im** HNO-Bereich (ohne Resorption) (**(IIa)**z.B. Dental-Fixierdrähte, fixe Zahnprothesen					■		
	- es ist zur **langzeitigen** Anwendung **außerhalb** des HNO-Bereichs (**(IIb)** z.B. uretaler Stent						■	
6	Ist es ein **chirurgisch-invasives** Produkt - zur **vorübergehenden** Anwendung? (**(IIa)** z.B. OP-Handschuh, Nadel, Einmal-Skalpell, Tupfer, es sei denn …					■		
	- es ist ein **wiederverwendbares chirurgisches Instrument**? ((I) z.B. Skalpell, Bohrer, Säge, Zange, Pinzette, Meisel		■					
	- es ist speziell für den **direkten Kontakt**mit dem **zentralenNervensystem** (**(III)** z.B. Neuro-Endoskop, Hirnstimulationselektrode							■
	- es ist speziell für den **direkten Kontakt** für Diagnose, Kontrolle oder Korrektur eines Defektes am **Herzen** oder **zentralenKreislaufsystem** (**(III)**z.B. Ballonkatheter, Herzkatheter							■
	- es ist zur Abgabe **ionisierender Strahlung** (**(IIb)** z.B. Bachytherapie-Seed						■	
	- es ist zur Entfaltung einer **biologischen Wirkung** (d.h. aktive Induktion einer beabsichtigten Gewebsreaktion)? (**(IIb)**						■	
	- zur vollständigen oder bedeutsamen **Resorption** (**(IIb)**						■	
	- es ist zur Verabreichung eines **Arzneimittels** über ein **Dosiersystem** mit potentieller Gefährdung (**(IIb)**z.B. Insulin-Pen						■	
7	Ist es ein **chirurg.-invasiv.** Produkt - zur **kurzzeitigen** Anwendung? (**(IIa)** z.B. Klammern, Infusionskanüle, es sei denn …					■		
	- es ist speziell für den **direkten Kontakt** für Diagnose, Kontrolle oder Korrektur eines Defektes am**Herzen** oder **zentralenKreislaufsystem** (**(III)** (z.B. Herzkatheter, temporäre Schrittmacherelektrode)							■
	- es ist speziell für den direkten **Kontakt** mit dem **Zentralnervensystem** (**(III)** z.B. neurologische Katheter, Kortikalelektroden							■
	- es ist zur Abgabe **ionisierender Strahlung** (**(IIb)** z.B. Brachytherapiegerät						■	
	- es ist zur Entfaltung einer **biologischen Wirkung** (**(III)** z.B. Kleber							■
	- es ist zur vollständigen oder bedeutsamen **Resorption**? (**(III)** z.B. absorbierbares Nahtmaterial							■
	- es soll sich im Körper **chemisch verändern** (ausgenommen Zahnimplantat) (**(III)**							■
	- es soll Arzneien abgeben (**(III)**							■
8	Ist es ein **chirurg.invasives** Produkt zur **langzeitigen** Anwendung oder **Implantation**? (**(IIb)** z.B. Platten, Infusionsport, Intraokularlinse, es sei denn …						■	
	- es ist ein **Zahnimplantat** (**(IIa)**z.B. Brücke, Krone, Zahnfüllmaterial					■		
	- es ist für direkten **Kontakt** mit **Herz** oder**zentr. Kreislaufsystem** (**(III)** z.B. Herzklappe, Stent, Aneurismaclip, kardiales Nahtmaterial							■
	- es ist für direkten **Kontakt** mit dem **zentralenNervensystem** (**(III)**							■
	- es ist zur Entfaltung einer **biologischen Wirkung** (**(III)** z.B. Kleber							■
	- zur vollständigen oder bedeutsamen Resorption (**(III)** z.B. absorbierbares Nahtmaterial							■
	- es ist zur **langsamenchem. Veränderung** im Körper (aber kein Zahnimplantat) (**(III)**(Zahnzement verändert sich z.B. zu schnell)							■
	- es ist zur Abgabe von Arzneimitteln (**(III)** z.B. wieder befüllbare nicht-aktive Medikamentenabgabesysteme							■
	- Kontakt mit **Wirbelsäule**? (**(III)** z.B. Bandscheibenersatz, Fixateur							■
	- es ist ein **Brustimplantat** (**(III)**							■
	- es ist Teil oder ganze **Gelenks-Endoprothese**(außer Zubehör) (**(III)** z.B.Knie-, Hüft-, Schultergelenk							■

Tab. 1.3: Klassifizierungsregeln für **aktive** Medizinprodukte. Die grau unterlegten Felder geben die Kassen bei Zutreffen der Abfrage an, nicht zutreffende Eigenschaften sind in Spalte „nz" anzukreuzen

Nr.	Regel für aktive Produkte	nz	I	Im	Is	IIa	IIb	III
12	Ist es ein **aktives** Produkt?(I) z.B. Lichtquelle, Operationsmikroskope, elektr. Bett, Patientenlifter, Rollstuhl, Thermografiegerät, Zahnbehandlungsstuhl, diagnostisches Bildaufzeichnungs- und Bildbetrachtungsgerät, es sei denn ...		▪					
9	- es ist zur **therapeut.** Abgabe oder zum Austausch von **Energie**, wobei es a)**keine** potentielle Gefährdung darstellt? (**(IIa)** z.B. Elektroakupunktur, Kryochirurgiegerät, Zahnbohrer, Blaulichtquelle, Hörgerät					▪		
	b) eine **potentielle Gefährdung** darstellt? (**(IIb)** z.B. Inkubatoren, Blutwärmer, Beatmungs-, HF-Chirurgie-, Reizstromgerät, Elektrokauter, ext. Herzschrittmacher, ext. Defibrillator, Chirurgielaser, US-Lithotriptor, Zyklotron, Linearbeschleuniger, Röntgentherapiegerät						▪	
	- es ist **bestimmt**, die **Leistung** von akt.therapeut.Produkten der **Klasse IIb** zu steuern bzw. zu kontrollieren oder direkt zu **beeinflussen?** (**(IIb)** z.B. Afterloading-Steuergerät, Besrahlungsplanungssoftware						▪	
	- es ist bestimmt, die **Leistung** von akt. implantierbaren. Produkten der zu steuern bzw. zu kontrollieren oder direkt zu **beeinflussen?** (**(III)**							▪
10	Ist es ein aktives **diagnostisches** Produkt, das bestimmt ist, ... - **Energie abzugeben**, die vom Körper absorbiert wird (ausgenommen Beleuchtung)? (**(IIa)** z.B. MR-CT, Stimulator für evozierte Reaktionen, US-Scanner					▪		
1.4.11	- die **Verteilung** von **Radiopharmaka** darzustellen? (**(IIa)** z.B. Gamma-Kamera, SPECT, PET	1.4.4	1.4.5	1.4.6	1.4.7	1.4.8	1.4.9	1.4.10
	- für eine direkte Diagnose oder Kontrolle **vitaler Körperfunktionen**, deren Änderung für den Patienten ... a)**keine** direkte Gefahr anzeigen? (**(IIa)** z.B. EKG-, EEG-Aufzeichnung, Blutdruckmesser, Stethoskop, elektr. Thermometer					▪		
	b)Überwachung vitaler Körperfunktionen, die eine **direkte Gefahr** anzeigen? (**(IIb)** z.B. Herzfunktion, Atmung, Hirnaktivität, Blutgase, Blutdruck, Temperatur, während Narkose, Intensivpflege oder Notfall, Apnoe-Monitor (auch für Hausgebrauch)						▪	
	Ist es ein aktives Produkt, das **ionisierende Strahlung** für die **radiologische** Diagnostik aussendet? (**(IIb)**						▪	
	Ist es ein aktives Produkt, das **ionisierende Strahlung** aussendet? (**(IIb)** z.B. zur Überwachung eines operativen Eingriffes						▪	
	- oder das solche Produkte steuert, kontrolliert oder deren Leistung unmittelbar beeinflusst? (**(IIb)** z. B. Dosimeter						▪	
11	Ist es ein aktives Produkt, das **Stoffe** (Arzneimittel, Körperflüssigkeiten oder andere) an den Körper abgibt oder aus ihm entfernt? (**(IIa)** z.B. Absauggerät, Vernebler, Impf-Jet, es sei denn ...					▪		
	- es stellt dies (unter Berücksichtigung der Stoffart, des Körperteils und der Art der Anwendung) eine **potentielle Gefährdung** dar (**(IIb)** z.B. Infusionspumpe, Beatmungs-, Narkosegerät, Dialysegerät, Anästhesiemittelverdampfer, Blutpumpe, Überdruckkammer, Gasregulator						▪	

nach den Herstellerangaben gefertigt wurden. „Qualität" ist hier also nur im Sinne von Reproduzierbarkeit und nicht als Hochwertigkeit zu verstehen.

Bei Klasse IIa-Produkten wird dabei ja von unabhängiger Seite lediglich überprüft, ob der Hersteller über ein Qualitätsmanagementsystem verfügt, das gewährleisten soll, dass die Produkte in gleichbleibender Weise nach den eigenen Vorgaben hergestellt werden. Eine sicherheitstechnische Produktprüfung ist dabei gar nicht vorgesehen;

• dass das Produkt umfassend sicherheitstechnisch geprüft und qualitätsgesichert hergestellt wurde (bei Klasse IIb- und Klasse III-Produkten). Bei einem vollständigen Qualitätsmanagementsystem wird dabei stichprobenweise außer den Verfahren lediglich die Produktdokumentation und nicht das Produkt selbst geprüft. Eine externe sicher-

Tab. 1.4: Klassifizierungsregeln für **spezielle** Medizinprodukte. Die grau unterlegten Felder geben die Kassen bei Zutreffen der Abfrage an, nicht zutreffende Eigenschaften sind in Spalte „nz" anzukreuzen

	spezielle Regeln	n z	I	I_M	I_s	II a	II b	III
13	Gehört zu den **Bestandteilendes Produkts** - ein unterstützendes **Arzneimittel?** (III) *z.B. heparinisierter Katheter, antibiotischer Knochenzement, antibiotisches Zahnfüllmaterial, spermizidisiertes Kondom*							▩
	- ein Derivat aus menschlichem Blut? (III), *z. B. Humanserum-Albumin*							▩
14	Dient es zur **Empfängnisverhütung** oder zum Schutz vor sexuell übertragbaren Krankheiten? (IIb) *z.B. Kondome, Diaphragma,es sei denn ...*						▩	
	... es ist **implantierbar** oder *langzeit-invasiv*? (III) *z.B. Intrauterinspirale (auf Progesteronabgabe beruhende IU-Kontrazep-tiva sind Arzneimittel)*							▩
15	Dient es speziell zum **Desinfizieren** oder **Sterilisieren** von MP? (IIa) *z.B. Krankenhaus-MP-Sterilisatoren(ausgen. mechanische Reinigungsprodukte wie Bürsten oder Ultraschallbäder), es sei denn ...*					▩		
	- es dient speziell zum **Desinfizieren von invasiven** MP? (IIa) *z.B. Desinfektionsmittel für Endoskope, chirurgische Instrumente*					▩		
	Dient es zum Desinfizieren, Reinigen, Abspülen oder Hydratisieren v. **Kontaktlinsen?** (IIb)*z.B. Kontaktlinsen-Lösungen*						▩	
16	Dient es zur **Bildaufzeichnung?** (IIa) *z.B. Röntgen-, MR-CT-, US-, PET- Bilder (für primäre Aufzeichnung, nicht für weitere Abzüge)*					▩		
17	Ist es unter Verwendung von **abgetöteten biologischen Geweben**(Mensch oder Tier) oder Folgeerzeugnissen hergestellt*(ausgenommen für Kontakt mit intakterHaut)?* (III) *z.B. biolog. Herzklappen, Catgut-Nahtmaterial, Implantate und Beschichtungen aus Kollagen; Lederprodukte fallen in Klasse I (Regel 1) (Folgeerzeugnisse umfassen **nicht** Produkte aus Milch, Seide, Bienenwachs, Haaren und Lanolin)*							▩
18	Ist es ein **Blutbeutel***(zur **Aufbewahrung** von Blut)?* (IIb) *(Wenn Blutbeutel mehr als nur Aufbewahrungsfunktion haben und mit mehr als nur mit Antikoagulantien versehen sind, fallen sie unter eine andere Regel)*						▩	
19	Ist das Produkt mit/aus Nanomaterial, das an Körper abgegeben werden kann? (III)							▩
20	Dient eszur Blutreinigung? (III) *z.B. Dialysegerät, Anwendungspakete, Konnektoren, Lösungen*							▩
21	Besteht es aus Stoffen, die vom Körper aufgenommen bzw. im Körper verteilt werden und zur Einnahme, Inhalation, rektaler oder vaginaler Varabreichung vorgesehen sind? (III)							▩
	Besitzt es eine **Messfunktion**und fällt es in die Klasse I? (I_M)			▩				
	Wird es **steril in Verkehr gebracht** und fällt es in die Klasse I? (I_s)				▩			
Gesamtbeurteilung(es gilt die höchste gefundene Klasse):			I	I_M	I_s	II a	II b	III

heitstechnische Produktprüfung ist daher auch bei Hochrisikoprodukten nicht generell verpflichtend. Sie wäre jedoch im Sinne der Patientensicherheit und der Haftungsver-pflichtungen des Herstellers äußerst sinnvoll.

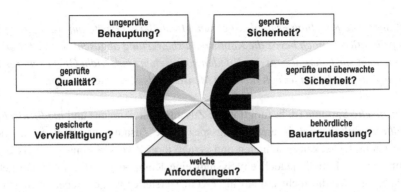

Abb. 1.9: Die Mehrdeutigkeit des CE-Kennzeichens

Anmerkung: *Die Anzahl der auftretenden Schadensereignisse lässt dies zwar aufgrund periodischer sicherheitstechnischer Überprüfungen durch den Betreiber nicht direkt vermuten, dennoch sind (auch) bei Medizinprodukten konstruktive Sicherheitsmängel die Regel und nicht die Ausnahme! Der Grund liegt darin, dass sich die Ausbildung von Technikern nach wie vor auf die Realisierung der Funktion konzentriert und auf Sicherheitsvorschriften und ihre Einhaltung weniger Wert gelegt wird und dass das firmeneigene Prüf-Know How im Vergleich zu Europaprüfstellen meist sehr eingeschränkt ist. Hersteller haben daher allzu oft weder das Know-How noch das Personal mit ausreichender Prüferfahrung, um umfassende und zuverlässige Konformitätsprüfungen durchführen zu können.*

Die Ausführungen erklären, weshalb bezüglich des CE Zeichens weiterhin große Verunsicherung herrscht. Verbesserung ist nicht in Sicht, weil ja erst mit zusätzlichem Wissen über die Anforderungen an Medizinprodukte, die Risikoklasse des Produktes und den vom Hersteller gewählten Konformitätsweg das CE-Zeichen eindeutig interpretiert werden könnte.

1.4.5   Wie bekommt ein Produkt das CE-Zeichen?

Gemäß seiner Zweckbestimmung ist ein CE-Zeichen erst dann anzubringen wenn ein Produkt „auf den Markt gebracht" wird. Ist dies nicht der Fall, entfallen zwar die administrativen Schritte zur CE-Kennzeichnung, wenn ein Produkt jedoch am Patienten angewendet wird, muss es die Grundlegenden Anforderungen trotzdem erfüllen. Nicht CE-kennzeichnungspflichtig sind:

- Produkte, die (noch) *nicht auf den Markt* gebracht worden sind. Als „auf den Markt gebracht" gelten Produkte jedoch bereits, wenn sie zur Übergabe an den Kunden lediglich bereitgehalten werden, z. B. wenn sie sich im Auslieferungslager des Herstellers oder in einem Konsignationslager beim Kunden befinden.

Anmerkung: *Die Regelung ermöglicht es den Herstellern, Geräte auf Ausstellungen bereits zu präsentieren, noch bevor die Konformitätsbewertung abgeschlossen ist, weil sie ja dort noch nicht zur Übergabe an den Kunden vorgesehen sind. Nicht CE-gekennzeichnete Ausstellungsstücke dürfen jedoch nicht am Menschen demonstriert werden.*

- **medizinische Systeme** (d. h. funktionelle Zusammenstellungen) und **medizinische Behandlungseinheiten** (d. h. anwendungsspezifische Zusammenstellungen) aus bereits eigenständig CE-gekennzeichneten und gemäß ihrer Zweckbestimmung verwendeten Komponenten. Enthält jedoch ein System eine Komponente, die nicht CE-gekennzeichnet ist oder die nicht gemäß ihrer vom Hersteller vorgesehenen Zweckbestimmung verwendet wird (z. B. einen Motor, der über seiner Nennleistung betrieben werden soll), ist die Konformität des Gesamtsystems zu bewerten und eine eigenständige CE-Kennzeichnung vorzunehmen.

- **Sonderanfertigungen,** die speziell für einen (namentlich genannten) Patienten hergestellt und daher nicht allgemein verfügbar gemacht („auf den Markt gebracht") werden. Beispiele sind individuell angepasste Zahnprothesen (nicht jedoch industriell gefertigte Einzelzähne), Beinprothesen, Brillen (nicht jedoch Brillenfassungen oder Glasrohlinge). Sonderanfertigungen nach Kundenwunsch von Produkten zur allgemeinen Verwendung fallen nicht unter diese Definition und müssen CE-gekennzeichnet werden.

- **In-Haus-Produkte**, also Produkte, die in einer einzigen Gesundheitseinrichtung für den Eigenbedarf hergestellt und verwendet werden. Sie gelten als nicht auf den Markt gebracht, wenn sie nicht an Dritte weiter gegeben werden. Sie müssen zwar nicht CE-gekennzeichnet und registriert werden, müssen jedoch die Grundlegenden Anforderungen erfüllen /53/.
  Der Begriff „In-Haus" bezieht sich dabei auf jeweils eine einzige eigenständige organisatorische Einheit, z. B. ein einzelnes Krankenhaus. Eigenanfertigungen eines Krankenhauses, die z. B. auch in anderen Krankenhäusern eines Krankenhausverbundes bzw. eines gemeinsamen Rechtsträgers eingesetzt werden sollen, müssen daher CE-gekennzeichnet werden.

- **Second-Hand** Produkte. Sie müssen (auch nach Reparatur) nicht neuerlich für den Markt zugelassen und daher auch nicht neuerlich CE-gekennzeichnet werden. Ausgenommen sind jedoch Produkte, die **wiederaufbereitet** worden sind (siehe unten).

- **Wiederaufbereitete** Produkte. Im Gegensatz zur Reparatur, wo bloß der Fehler behoben, jedoch das Produkt im altersgemäßen Zustand belassen wird, versteht man unter *Wiederaufbereitung* die Überarbeitung eines Produktes einschließlich der Erneuerung von abgenützten oder gealterten Teilen, um es wieder „wie neu" zu machen.
  Dies betrifft auch die Wiederaufbereitung von Einmalprodukten zur neuerlichen Wiederverwendung. Da dies entgegen der Zweckbestimmung des ursprünglichen Herstellers geschieht, wird dabei der Wiederaufbereiter zum neuen Hersteller mit allen Konsequenzen der Konformitätsbewertung seines Wiederaufbereitungsprozesses und der wiederaufbereiteten Produkte sowie der (neuerlichen) CE-Kennzeichnung.

- Produkte, die im Rahmen einer *klinischen Prüfung* eingesetzt werden, haben naturgemäß die Konformitätsbewertung noch nicht vollständig bestanden und dürfen daher kein CE-Zeichen tragen. Sie dürfen angewendet werden, müssen jedoch mit der Aufschrift „zur klinischen Prüfung" versehen werden.

Anmerkung: *Klinische Prüfungen bzw. klinische Studien sind gesetzlich geregelt (z. B. MPD § 15 und Annex X bzw. § 49 bis § 60 MPV) und müssen von einer Ethikkommission und der zuständigen „Kompetenten Stelle" genehmigt werden. Sie dürfen erst nach Bewilligung (bzw. Nichtuntersagung) durchgeführt werden (siehe auch Kap. 3.2).*

Voraussetzungen zur CE-Kennzeichnung: Das CE-Zeichen wird einem Hersteller von niemandem „erteilt" oder „verliehen". Er selbst bringt es vielmehr in Eigenverantwortung auf seinem Produkt an, nachdem er geprüft und dokumentiert hat, dass die Grundlegenden Anforderungen erfüllt sind.

Meldung: Tödliche Wiederverwendung
Silver Spring, USA: Insgesamt 179 Patienten wurden infiziert, mindestens sieben davon erkrankten und zwei starben an Bakterizid- resistenten Bakterien, mit denen wiederaufbereitete Einmal-Duodenoskope trotz Einhaltung der Vorgaben des Wiederaufbereitungsverfahrens kontaminiert blieben. Die FDA warnte vor dem Infektionsrisiko bei den ca. 500.000 jährlich in den USA vorgenommenen Wiederaufbereitungen dieser Produkte.

Ein sicheres Design allein reicht dabei jedoch noch nicht aus. Es ist auch erforderlich, das Produkt zuverlässig und mit gleichbleibender Qualität zu produzieren. Dazu ist ein Qualitätsmanagementsystem erforderlich, das für Produkte der Risikoklassen IIa, IIb und III von einer Europaprüfstelle zertifiziert und überwacht werden muss. Ein Hersteller kann dabei aus vier verschieden aufwändigen Optionen wählen. Wenn er ein eigenes QM-System aufbauen und unterhalten will, kann er sich auf die Fertigungsendkontrolle beschränken, das QM-System auf die gesamte Produktion aufweiten oder seine gesamte Tätigkeit einschließlich Entwicklung und Vermarktung einbeziehen (vollständiges QM-System). Es besteht jedoch auch die Möglichkeit, die Fertigungsendkontrolle auszulagern und sie in Form von Stück- oder Batch-Prüfungen von einer Europaprüfstelle vornehmen zu lassen.

Die Voraussetzung für die Anbringung des CE-Zeichens ist daher nicht nur die Überprüfung und Bewertung der Konformität an sich. Es kann auch erforderlich sein, eine unabhängige Europaprüfstelle einzubinden. Das Ausmaß dieser externen Einbindung ist je nach Risikoklasse verschieden (Abb. 1.10):

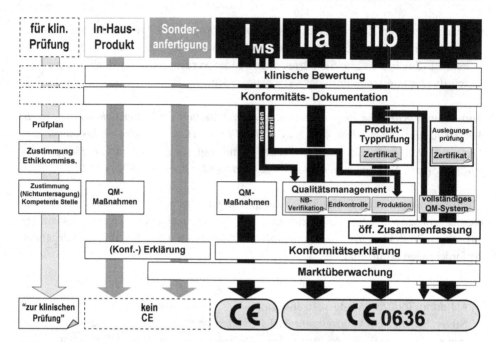

Abb. 1.10: Wege zum CE-Kennzeichen mit der Einbindung von Europaprüfstellen zur Ausstellung von Zertifikaten. Die 4-stellige Nummer gibt die verantwortliche Europaprüfstelle an (z. B. 0636 der PMG/TU Graz)

Risikoklasse I

Produkte mit keinem oder nur geringem Risikopotenzial erfordern keine Überprüfung durch eine Europaprüfstelle. In der Klasse I darf daher der Hersteller die Überprüfung des Produktes auf Konformität und die Erstellung der Prüfdokumentation selbst vornehmen. Er stellt anschließend die geforderte rechtsverbindliche Konformitätserklärung aus und bringt das CE-Zeichen (ohne Kenn-Nummer einer Europaprüfstelle) auf dem Produkt und dessen Verpackung an.

Hinweis: *Ein CE-Zeichen ohne Kenn-Nummer lässt daher auf dem ersten Blick erkennen, dass das Medizinprodukt der Risikoklasse I zugeordnet (oder auf rechtswidrige Weise auf den Markt gebracht) worden ist.*

Produkte, die eine gesundheitlich relevante *Messfunktion* besitzen oder *steril* auf den Markt gebracht werden, erfordern mindestens die zertifizierte Qualitätssicherung dieser Eigenschaften, selbst wenn die Produkte der Risikoklasse I zugeordnet sind. Man unterteilt daher die Risikoklasse I in die Unterklassen I_M (Produkt mit Messfunktion) und I_S (Sterilprodukt). Für Sterilisationsverfahren wäre jedoch die Qualitätssicherung durch Endkontrollen nicht ausreichend. Es ist daher ein zertifiziertes Qualitätssicherungssystem (gemäß Annex V MDD) für den Sterilisationsvorgang erforderlich.

Risikoklasse IIa

Produkte mit relevantem Risikopotenzial erfordern eine zertifizierte qualitätsgesicherte Herstellung (nach den vom Hersteller erstellten technischen Vorgaben). Die Erstellung der Produktdokumentation und die Überprüfung des Produktes auf Konformität darf der Hersteller jedoch in eigener Verantwortung selbst vornehmen. Die Qualitätssicherungsmaßnahmen müssen aber durch eine Europaprüfstelle überprüft, zertifiziert und durch regelmäßige Audits überwacht werden. Das Zertifikat über die Qualitätssicherungsmaßnahmen ist Voraussetzung dafür, dass der Hersteller die rechtsverbindliche Konformitätserklärung abgeben kann (siehe Kap. 1.5.4) und das CE-Zeichen auf dem Produkt und dessen Verpackung anbringen darf. Die Einbindung der Europaprüfstelle wird durch die Ergänzung des CE-Zeichens mit der 4-stelligen Kenn-Nummer der Europaprüfstelle angezeigt (z. B. CE 0636 für die Europaprüfstelle PMG der Technischen Universität Graz).

Risikoklasse IIb

Produkte mit erhöhtem Risikopotenzial erfordern erstmals auch die Konformitätsprüfung des Produktes in Hinblick auf die Erfüllung aller sicherheitsrelevanten technischen und funktionellen Aspekte durch eine Europaprüfstelle (EG-Baumusterprüfung) oder ein vollständiges QM-System (ohne externe Baumusterprüfung). Grundsätzlich bedeutet eine EG-Baumusterprüfung nicht, dass ein Hersteller an seinem Produkt keine Änderungen oder Weiterentwicklungen mehr vornehmen darf. Dies ist durchaus möglich und in der Regel auch der Fall. Es ist jedoch erforderlich, dass Änderungen von der Europaprüfstelle bewertet und vor Umsetzung in der Produktion freigegeben werden müssen.

Nach erfolgter Ausstellung des Baumusterprüfzertifikats ist zusätzlich noch die qualitätsgesicherte Herstellung nach der baumustergeprüften technischen Dokumentation erforderlich. Der Hersteller kann auch in der Klasse IIb unter den vier Qualitätssicherungsoptionen wählen. Das gewählte Qualitätsmanagementsystem muss jedoch durch eine Europaprüfstelle überprüft, zertifiziert und regelmäßig auditiert werden. In dieser Risikoklasse sind daher Zertifikate über die EG-Baumusterprüfung und das Qualitätsmanagementsystem oder – alternativ – über das vollständige QM-System erforderlich. Dies ist die Voraussetzung dafür, dass der Hersteller die rechtsverbindliche Konformitätserklärung abgeben kann und das CE-Zeichen mit der 4-stelligen Kenn-Nummer der Europaprüfstelle anbringen darf.

Anmerkung: *Die Zertifikate über die EG-Baumusterprüfung und das QM-System können von verschiedenen Europaprüfstellen stammen. Das CE-Zeichen erhält als Ergänzung jedoch nur eine Kennnummer, nämlich jene der für die Qualitätssicherung zuständigen Europaprüfstelle.*

Risikoklasse III

Produkte mit hohem Risikopotenzial dürfen nur mit einem vollständigen Qualitätsmanagementsystem entwickelt, hergestellt und vertrieben werden. Das vollständige Qualitätsmanagementsystem wird von einer Europaprüfstelle überprüft, zertifiziert und regelmäßig auditiert. Der Hersteller darf in diesem Fall die Konformitätsprüfung seines Produktes in Eigenverantwortung durchführen, wenn er über eine in sein QM-System eingebundene Ressourcen verfügt, die die organisatorischen, fachlichen und apparativen Voraussetzungen an eine Prüfstelle erfüllt. Wenn dies nicht der Fall ist, ist die EG-Baumusterprüfung an eine externe Europaprüfstelle zu übertragen. Führt er die EG-Baumusterprüfung mit den eigenen Ressourcen durch, so wird lediglich die Auslegung des Produktes (die Design-Dokumentation) von einer Europaprüfstelle überprüft und zertifiziert. In der Risikoklasse III sind also zwei Zertifikate (über die EG-Baumusterprüfung bzw. die Auslegungsprüfung und über das vollständige Qualitätsmanagementsystem) Voraussetzung dafür, dass der Hersteller die rechtsverbindliche Konformitätserklärung abgeben kann und das CE-Zeichen mit der 4-stelligen Kenn-Nummer der Europaprüfstelle anbringen darf.

Zertifikate werden für eine Laufzeit von maximal 5 Jahren ausgestellt, können danach jedoch nach entsprechender Überprüfung des Produktes und/oder des QM-Systems (Re-Akkreditierungsaudit) wieder für jeweils maximal 5 weitere Jahre verlängert werden.

1.5   Der Hersteller und seine Pflichten

Bereits die bisherigen Ausführungen zeigen, dass der Hersteller als das Maß aller Dinge angesehen wird. Er allein entscheidet über die Zweckbestimmung und die Zusammenstellung seines Produktes, muss aber auch die administrativen gesetzlichen Verpflichtungen erfüllen. Doch wann ist jemand ein Hersteller?

Nicht immer ist nämlich die Firma, die ein Gerät auf den Markt bringt, auch jene, die es entwickelt und/oder tatsächlich produziert hat. Es ist nicht mehr ungewöhnlich, dass die Entwicklung und/oder Produktion eines Medizinproduktes durch einen Subauftragnehmer und die Vermarktung durch eine oder mehrere andere Firmen erfolgen.

Für die Verantwortlichkeit ist es jedoch allein entscheidend, wer sich in dieser Kette als Hersteller deklariert. Die Regelung ist eindeutig: Als „Hersteller" mit allen gesetzlichen Verpflichtungen ist nämlich ausschließlich jene (natürliche oder juristische) Person anzusehen, die sich auf dem Produkt als solcher bezeichnet. Dies ist unabhängig davon, wer die Auslegung, Herstellung, Verpackung oder Etikettierung tatsächlich vorgenommen hat /32/,/53/. Ein Händler darf sich jedoch (als solcher) am Produkt auch deklarieren.

Anmerkung: *Das Umpacken oder die Änderung der Packungsgröße durch einen Händler ist zulässig, ohne dass er dadurch zum Hersteller wird, vorausgesetzt, dass das Produkt dadurch nicht beeinträchtigt wird. Der Händler muss diese Tätigkeit jedoch der Behörde melden und über ein entsprechendes QM-System verfügen /53/.*

Importiert jedoch z. B. eine Firma ein Gerät, klebt lediglich ihr eigenes Firmenschild darauf und bezeichnet es so als ihr eigenes Produkt, so ist dies grundsätzlich zulässig. Es muss der Firma jedoch bewusst sein, dass sie damit zum alleinigen (!) „Hersteller" wird und *alle* Verpflichtungen (einschließlich der Produkthaftung) uneingeschränkt zu erfüllen hat (siehe auch Kap. 1.5.2 und 1.5.3).

Auch ein Wiederaufbereiter eines bereits auf dem Markt befindlichen Produktes oder Einmal-Produktes wird zu dessen (neuem) Hersteller mit allen daraus resultierenden Verantwortlichkeiten /32/,/53/.

Zum Hersteller wird also nicht nur jeder, der ein Medizinprodukt unter seinem eigenen Namen auf den Markt bringt, sondern auch jeder, der ein bereits auf dem Markt befindliches oder in Betrieb genommenes Produkt auf eine Weise ändert, die Auswirkungen auf die Erfüllung der Grundlegenden Anforderungen haben könnte, z. B. durch Änderung der Zweckbestimmung, Lebensdauer oder der Anwendungsregeln.

1.5.1 Administrative Pflichten

Ein Hersteller von Medizinprodukten muss seinen Sitz in einem Mitgliedsland der Europäischen Union haben. Ist dies nicht der Fall, muss er einen Bevollmächtigten ernennen, für den dies zutrifft. Er oder sein Bevollmächtigter müssen folgende Bedingungen erfüllen:
- Der Hersteller von Medizinprodukten oder sein Bevollmächtigter muss sich und die von ihm in Verkehr gebrachten Medizinprodukte in jenem Land des EWR registrieren lassen, in dem sie ihren Sitz haben.

Anmerkung: *Die Registrierpflicht gilt für alle (natürlichen oder juristischen) Personen, die im EWR Medizinprodukte verantwortlich erstmalig in Verkehr bringen.*

Die Registrierung geschieht unbürokratisch über eine Homepage. Im Verlauf der interaktiven Anmeldung muss das Medizinprodukt durch einen Zahlencode[1] einer Produktkategorie zugeordnet werden. Dies geschieht online und menügeführt an der für den Betriebsstandort zuständigen Registrierungsstelle[2]. Im Gegenzug erhalten der Hersteller (bzw. dessen Bevollmächtigter) und die gemeldeten Medizinprodukte jeweils eine UID-Nummer (Unique Device Identification). Die UID-Nummer ist ein wesentliches Identifizierungsmerkmal im Europäischen Medizinprodukte-Register (EUDAMED) und auf dem Produkt, den Zertifikaten der Europaprüfstellen und ggf. auch bei Meldungen meldepflichtiger Vorfällen anzugeben (siehe unten).

---

[1] **Anmerkung:** *Das Europäische Medizinprodukteregister verwendet derzeit zur Kodierung der Produkte den Code des Universal Medical Device Nomenclature Systems (UMDNS). Künftig ist die Verwendung des Global Medical Device Nomenclature (GMDN) – Systems vorgesehen, das 12 Hauptkategorien mit ca. 7.000 Begriffen und über 10.000 Synonyme enthält.*

[2] In Österreich über http://medizinprodukteregister.at
In Deutschland über http://www.dimdi.de

- Der Hersteller muss nach Fertigstellung der entsprechenden Produktdokumentation eine schriftliche Konformitätserklärung verfassen und bereithalten.
- Der Hersteller bzw. sein Bevollmächtigter muss in der Lage sein, der zuständigen Stelle auf Verlangen die Produktdokumentation vorzulegen.

Hinweis: *Da die Produktdokumentation auch sensibles Firmen-Know-How enthalten kann, die der Hersteller seinem Bevollmächtigten nicht unbedingt offenlegen will, ist es zulässig, dass die Vorlage nach Weiterleitung der Anforderung durch den Bevollmächtigten auch direkt vom Hersteller an die (zur Verschwiegenheit verpflichtete) „Kompetente Stelle" erfolgt. Da die Bringschuld jedoch beim Bevollmächtigten liegt, ist dringend zu empfehlen, dass dieser mit dem Hersteller eine rechtlich bindende Vereinbarung vertraglich festlegt.*

- Der Hersteller ist verpflichtet, die Produkt-Dokumentation bis wenigstens 5 Jahre nach der Herstellung des letzten Produktes aufzubewahren und auf Verlangen der kompetenten Stelle vorzulegen. Für medizinische Implantate verlängert sich die Archivierungsdauer auf wenigstens 15 Jahre.
- Der Hersteller bzw. sein Bevollmächtigter ist verpflichtet, der zuständigen „Kompetenten Stelle" (competent authority) schwerwiegende Vorfälle zu melden. Die Meldepflicht umfasst:
  - *systematische Rückrufe* von Produkten, die aus technischen oder medizinischen Gründen erfolgten.
  - *tatsächlich* oder *beinahe* eingetretene *schwere Zwischenfälle*, die auf das Produkt zurückzuführen sind (z. B. wegen Fehlfunktion, Nebenwirkungen, kritisch fehlerhafter Gebrauchsanweisung oder Qualitätsmängel).

Ein schwerer Zwischenfall ist ein unerwartetes Ereignis, das zu einer wesentlichen Verschlechterung des Gesundheitszustandes (z. B. zu einem Krankenhausaufenthalt) oder zum Tod von Personen geführt hat. So ist z. B. eine schwere Verbrennung bei Reizstromtherapie meldepflichtig, der Tod des Patienten bei bestimmungsgemäßer Anwendung eines Defibrillators jedoch nicht, da die Defibrillation keine 100 %ige Erfolgsquote aufweist.

Meldung: Infektionen frei Haus
Massachusetts: Der Hersteller von HF-Chirurgie- Elektroden musste mehrere Chargen seiner Elektroden zurückrufen, weil die unsterilen Produkte irrtümlich als steril gekennzeichnet und verpackt worden waren. Der Fehler hätte zu Infektionen mit schweren gesundheitlichen Risiken bis zum Organversagen oder Tod führen können.

Die Meldefrist beträgt ab dem Vorfall
- bei bereits eingetretenen Ereignissen 10 Tage und
- bei Beinahe-Zwischenfällen 30 Tage.

Da die Meldepflicht auch andere Gruppen, z. B. Ärzte, Betreiber und Sicherheitstechniker betrifft, besteht für die zuständige Stelle die Möglichkeit, zu überprüfen, ob alle betroffenen Gruppen ihrer Meldepflicht nachgekommen sind.

1.5.2 Organisatorische Pflichten

Der Hersteller bzw. sein Bevollmächtigter ist verpflichtet, einen Risikomanagement-Prozess zu betreiben, mit dem er die Risiken seines Produktes überwacht und die im Rahmen der Risikobewertung getroffenen Annahmen kontrolliert (siehe Kap. 2.2). Dies schließt ein aktives Marküberwachungssystems ein, das es ermöglicht, das Eintreten von unerwünschten Ereignissen und Fehlerfällen zu registrieren und, wenn nötig, die Annahmen in der Risikoanalyse z. B. über die Fehlereintrittswahrscheinlichkeit zu korrigieren und geeignete Abhilfemaßnahmen einzuleiten (siehe Kap. 2.2.4). Darüber hinaus muss ein Hersteller Folgendes umsetzen:
- Jeder Hersteller muss ein der Risikoklasse seiner Produkte angemessenes Qualitätsmanagementsystem unterhalten. Das bedeutet jedoch, dass das QM System auch bei Klasse I-Produkten wenigstens die Managementverantwortung, das Ressourcenmanagement, die Produktrealisierung und Produktüberwachung mit Ergebnisüberprüfung, Datenanalyse und Produktverbesserung umfassen muss /53/.
  Um die Rückverfolgbarkeit zu gewährleisten, muss jeder Hersteller eine Dokumentation führen, die es ihm erlaubt, seine Zulieferer und Abnehmer eindeutig zu identifizieren.
- Der Hersteller bzw. der Vertreiber muss über wenigstens eine ausreichend qualifizierte Person mit Fachwissen auf dem Gebiet der Medizinprodukte verfügen.

Anmerkung: *Als ausreichende Qualifikation gilt ein dem Abschluss eines Hochschulstudiums gleichwertiger einschlägiger Ausbildungsgang und eine mindestens zweijährige Berufserfahrung in Regulierungsfragen oder Qualitätsmanagement von Medizinprodukten oder – alternativ – eine mindestens fünfjährige Berufserfahrung in Regulierungsfragen oder Qualitätsmanagement von Medizinprodukten /53/.*

Hersteller von Sonderanfertigungen, ausgenommen Kleinstunternehmen mit weniger als 10 Beschäftigten bzw. mit einem Jahresumsatz unter 2 Mio. € /30/, müssen über eine qualifizierte Person mit wenigstens zweijähriger einschlägiger Berufserfahrung verfügen.

- Die qualifizierte Person muss mindestens dafür verantwortlich sein, dass die Konformität der Produkte in angemessener Weise bewertet wird, dass technische Dokumentation und Konformitätserklärung erstellt und laufend aktualisiert werden und den Meldepflichten nachgekommen wird.
- Der Hersteller bzw. der Vertreiber ist verpflichtet, ein Marktüberwachungssystem zu betreiben und aktiv Daten zu miterheben, um Anwendungserfahrungen einschließlich Zwischenfälle und Fehlerfälle erfassen zu können. Dazu muss er über ausreichend qualifiziertes Personal verfügen, um im Rahmen der Marktüberwachung erfasste Daten bewerten und im Rahmen des Risikomanagementsystems über erforderliche Korrekturmaßnahmen zur Risikoverringerung entscheiden zu können.

Darüber hinaus kann der Hersteller von der Behörde verpflichtet werden,
- je nach Art des Produktes Aufzeichnungen zur Rückverfolgbarkeit zu führen, die im Fall von Produktfehlern Rückholaktionen und geeignete Patientenversorgungen ermöglichen sollen;
- zusätzliche Qualitätssicherungsmaßnahmen zu ergreifen.

1.5.3   Rechtliche Verpflichtungen

Die Regelungen des Europäischen „New Approach" gestehen dem Hersteller weitgehende Entscheidungsvollmachten zu: Er ist es, der sein Produkt in die Risikoklasse einteilt, er ist es, der in weitere Folge den Weg auswählt, der zum CE-Zeichen führt und er ist es, der über die Akzeptierbarkeit des (Rest-) Risikos seines Produktes entscheidet. Er nimmt die Konformitätsbewertung vor und bringt das CE-Zeichen in alleiniger Verantwortung an seinem Produkt an.

Da eine wirkungsvolle behördliche Marktüberwachungerst im Aufbau begriffen ist, stellt sich die Frage, was den Hersteller motivieren sollte, die Regeln einzuhalten und den steinigen Weg zur regelkonformen CE-Kennzeichnung einzuschlagen, wenn die Nichtbefolgung und die damit verbundene Ersparnis von Zeit, Kosten und Mühen so verlockend sind? Die gesetzliche Strafandrohung ist nicht abschreckend und ein möglicher Imageverlust könnte durch den zwischenzeitlichen Gewinn versüßt werden.

Doch es gibt eine stärkere Motivation.

Eine wesentliche Motivation zur Einhaltung der Regeln stellen die Produkthaftungsbestimmungen dar (Kap. 1.5.8). Die Konsequenzen eines fehlerhaften Produktes, von aufwändigen Rückrufaktionen bis zur Haftung auch für Folgeschäden könnten zu Kosten führen, die die wirtschaftliche Existenz ernstlich gefährden könnten. Die Erfahrung zeigt, dass häufig vor allem bei vermeintlich unkritischen Produkten die Vorsicht außer Acht gelassen wird, während bei Hochrisiko-Produkten im Bewusstsein ihres Gefahrenpotenzials das Risikomanagement ernster genommen wird. So wurden z. B. zahlreiche schwere und tödliche Zwischenfälle von Krankenhausbetten verursacht, weil deren Gefahren unterschätzt worden sind, z. B. durch Brände, Kurzschluss, Stromschläge, Quetschungen, Strangulationen oder Stürze.

Meldung: Brustimplantate-Skandal
Paris: Der Chef der französischen Firma gab zu, dass er billiges Industrie- Silikon zur Füllung von Brustimplantaten verwendet und die Behörden vorsätzlich getäuscht hatte. Das Gericht verurteilte ihn zu 4 Jahren Haft und € 75.000 Strafe. Vier Mitarbeiter erhielten Haftstrafen zwischen 18 Monaten und 3 Jahren. Allen in Frankreich wurden von 7.113 Patientinnen Klagen mit Schadenersatzsummen bis zu je € 13.000 eingereicht. Die Forderungen belaufen sich also nur in Frankreich auf ca. 9 Mio €. Der Firmenchef ist pleite, die Firma bankrott.

Ein Hersteller sollte daher schon aufgrund seines wirtschaftlichen Selbsterhaltungstriebes bestrebt sein, die Regeln einzuhalten und zuverlässige Produkte herzustellen, die den gesetzlichen Anforderungen entsprechen.

1.5.4 Konformitätserklärung

Der Hersteller ist verpflichtet, nach entsprechender Konformitätsbewertung und Dokumentation eine juristisch eindeutige und bindende Erklärung abzugeben, dass sein Produkt die gesetzlichen Anforderungen erfüllt. Diese Konformitätserklärung ist in die Sprachen aller Länder zu übersetzen, in denen das Produkt auf den Markt gebracht wird und ist zur Vorlage bei der zuständigen Stelle bereitzuhalten. Meist wird sie jedoch (freiwillig) in die Gebrauchsanweisung aufgenommen.

In dem im Kasten angeführten Beispiel, in dem der Hersteller die Übereinstimmung mit „allen nationalen und internationalen" Vorschriften erklärt wird, belegt er ungewollt sein Unwissen: Er vermeidet die Festlegung auf spezifische Regelungen, erwähnt „CE-Vorschriften", die es als Begriff so nicht gibt (die CE-Kennzeichnung ist gesetzlich geregelt); er bezieht sich auf eine Medizin „geräte" verordnung, die eine Klasseneinteilung „Klasse 2" vorsieht, die es so nicht gibt und nennt eine „Schutzklasse 3b", die gar nicht existiert.

Beispiel einer Konformitätserklärung:
Wir erklären hiermit, dass unser Produkt samt Zubehör allen nationalen und internationalen CE- Vorschriften, gemäß Medizingeräteverordnung Klasse 2, Schutzklasse 3b entspricht.

Der Mindest-Inhalt einer Konformitätserklärung ist festgelegt. Während die Form dem Hersteller überlassen bleibt, muss der Inhalt folgende Kernelemente enthalten:

- *Der Hersteller (und ggf. Bevollmächtigter)*
  (Name und Adresse des tatsächlichen Firmensitzes, nicht bloß Zweigstelle)
- *erklärt in alleiniger Verantwortung,*
  (ohne Einschränkungen oder Verweis auf Mitverantwortung anderer, z. B. von Subauftragnehmern oder Lieferanten),
- *dass sein Produkt*
  (identifiziert durch UID-Produktnummer und eindeutige Typen- oder Familienbezeichnung zur eindeutigen Rückverfolgbarkeit);
- *die grundlegenden Anforderungen der europäischen Medizinproduktedirektive bzw. -verordnung (bzw. des nationalen Medizinproduktegesetzes) und ggf. weiterer anzuwendenden europäischen Rechtsvorschriften (z. B. Maschinen-Richtlinie) erfüllt,*
- *dass es der Risikoklasse (I, IIa, IIb oder III) angehört*
- *und gemäß folgender Anforderungen hergestellt wurde:*
  Es folgt die Angabe der angewendeten Normen oder Sonderlösungen. (Dies zwingt dazu, bezüglich der Erfüllung der konkreten Anforderungen Farbe zu bekennen);
- *und gemäß folgender Konformitätsmodule auf den Markt gebracht wurde:*
  Es folgt die Angabe des gewählten Konformitätsweges, z. B. EG-Baumusterprüfung und Qualitätsmanagementsystem für die Produktion (gemäß MPD, Annex V);
- *was durch folgende Zertifikate bescheinigt wird:*
  Es folgt die Angabe der Zertifikatsnummer(n) und die Angabe der Europaprüfstellen einschließlich deren Kenn-Nummer;
- *Ort und Datum*
- *Rechtsverbindliche Unterschrift (mit Angabe der Funktion des* Unterzeichners*).*

1.5.5 Vertrauen

Auch wenn es nach einem Blick in die Zeitung oder Nachrichten im Fernsehen schwer zu glauben ist: Eine fundamentale Säule unseres (Zusammen-) Lebens ist das gegenseitige Vertrauen. Wir bringen es auf Schritt und Tritt, bewusst oder unbewusst, entgegen: Wir vertrauen auf die sichere Konstruktion und Wartung des Liftes, den wir benutzen, auf die Unbedenklichkeit der Zusammensetzung, Herstellung und Lagerung der Lebensmittel, die wir essen, wir vertrauen auf das richtige Verhalten der anderen Teilnehmer im Straßenverkehr und bringen auch ganz besonders im medizinischen Bereich Vertrauen entgegen: Vertrauen auf die fachgerechte und zielgerichtete Diagnose und Therapie – und auf die Sicherheit und Zuverlässigkeit der medizinischen Produkte und Anlagen.

1.5.6   Sorgfalt

Der Gesetzgeber hat dem Grundsatz, dass wir der Tätigkeit anderer Vertrauen entgegenbringen dürfen, die Verpflichtung entgegengesetzt, dass jeder seine eigene Tätigkeit mit einem zumutbaren Maß an Sorgfalt[3] zu verrichten hat. Eine Putzfrau, die nach entsprechender Einschulung den sündteuren leitfähigen Fußboden im Operationssaal dennoch mit isolierendem Bodenwachs einlässt – und damit die Maßnahme gegen gefährliche elektrostatische Aufladungen wirkungslos macht, verletzt ihre Sorgfaltspflicht ebenso, wie ein Techniker, der nach der periodischen Überprüfung eines Gerätes keinen abschließenden Funktionstest macht und deshalb nicht erkennt, dass er das Gerät während der Isolationswiderstandsmessung beschädigt hat. Die Sorgfaltspflicht wird auch verletzt, wenn bei der Hochfrequenzchirurgie einem Patienten wegen einer nachlässig angelegten Neutralelektrode oder einer zu hoch eingestellten Ausgangsleistung schwere Gewebsverbrennungen zufügt werden.

Der Vertrauensgrundsatz verpflichtet jeden zur Sorgfalt!

Unter Sorgfalt versteht der Gesetzgeber jedoch nicht nur die Gewissenhaftigkeit der Ausführung einer Tätigkeit: Ein Servicetechniker, der die Spiegel im Strahlengang eines Therapielasers gewissenhaft justiert, aber dabei Fingerabdrücke hinterlässt, deren Fett beim Auftreffen der intensiven Laserstrahlung entzündet wird und wegen der dadurch entstandenen lokalen Wärmeausdehnung zur Zerstörung des Spiegels führt, darf sich nicht mit mangelndem Wissen ausreden. Ebenso gilt das für einen Elektroinstallateur, der Installationen in einer Arztpraxis gleich ausführt wie in einer Wohnung, ohne zu berücksichtigen, dass es im medizinischen Bereich besondere Installationsvorschriften gibt oder einen Techniker, der geklemmte Litzenleiter noch immer lötverzinnt, wie er es vor Jahrzehnten gelernt hat, obwohl dies längst verboten ist (Abb. 1.11).

> **Meldung: Teurer Mitarbeiter**
> **Servicetechniker schlampte**
> **Illinois:** Baxter musste Sechskanal-Infusionspumpen zurückrufen, die im Zeitraum 22. Mai bis 7. August 2007 gewartet worden waren, weil der Servicetechniker die vorgesehenen Software-Upgrades zwar behauptet, aber nicht durchgeführt hatte.

Die Sorgfaltspflicht schließt auch die Verpflichtung mit ein, sich fachlich auf den aktuellen Stand zu halten. Wie bei allen anderen gesetzlichen Regelungen auch, ist dies jedoch

---

[3] *Allgemeines Bürgerliches Gesetzbuch*

Abb. 1.11: Elemente der geforderten
Sorgfalt

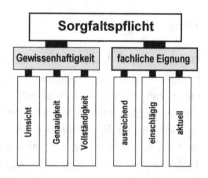

eine Holschuld: Die Ausrede ist nicht zulässig, dass einem niemand gesagt hätte, dass es in der Zwischenzeit neue Regelungen gibt. Jeder ist verpflichtet, sich selbst aktiv um seine Fortbildung zu kümmern. Die Verpflichtung zur fachlichen Eignung hat auch zur Folge, dass man nur jene Tätigkeiten ausführen darf, für die man die erforderlichen Kenntnisse und Fähigkeiten besitzt. Wer dies nicht beherzigt, begeht das Delikt der Übernahmefahrlässigkeit. In unserer Zeit der raschen Wissensvermehrung ist daher die ständige Fortbildung eine wesentliche Aufgabe.

> **Meldung: Tödliche Dialyse**
> **Schlauch locker: Patient verblutet**
> **Graz:** Ein Dialyse-Patient verlor mehr als 1 Liter Blut, weil der Schlauch aus dem Dauerkatheter gerutscht war. Drei Tage später verstarb er. Zwei Wochen danach erstattete das Spital Anzeige. Der Diplompfleger (55) hatte den Schlauch wie immer angeschlossen. Zwei Ärzte zeigten sich ahnungslos. Das Anschließen sei Aufgabe der Schwestern und Pfleger. Angaben zur Funktionsweise der Geräte konnten sie kaum machen. Der Pfleger wurde zu einer hohen Geldstrafe verurteilt, Ärzte und Krankenhausbetreiber getadelt.

Obwohl es an Werkstätten nicht mangelt, wird von Autofahrern (zumindest bei der Führerscheinprüfung) ein Mindestmaß an technischem Wissen gefordert. In gleicher Weise wird auch verlangt, dass das medizinische Personal Grundkenntnisse und Wissen über die sichere Anwendung und die Risiken eines medizintechnischen Gerätes besitzt.

> **Sorgfalt umfasst Gewissenhaftigkeit und fachliche Eignung.**

In den USA hat ein Arzt für eine Beschneidung eines jüdischen Buben statt eines Skalpells ein Hochfrequenzchirurgiegerät verwendet und dabei schwerste Verbrennungen am Penisschaft verursacht. In dem darauf folgenden Prozess wurde dem Patienten eine hohe Schadenersatzsumme zugesprochen. Doch wer hatte diese zu zahlen? Es war nicht der Arzt, sondern der Hersteller des Chirurgiegerätes! Die Begründung lautete, dass in der

Bedienungsanleitung des Gerätes nicht darauf hingewiesen worden war, dass die Methode für eine derartige Indikation nicht geeignet ist.

In Europa ist die rechtliche Situation anders. Die Forderung nach fachlicher Eignung hat nämlich weitreichende Konsequenzen. Hier wäre derselbe Fall nämlich als ärztlicher Kunstfehler eingestuft worden, da hier vom Anwender gefordert wird, über den *bestimmungsgemäßen Gebrauch* eines Medizinproduktes Bescheid zu wissen. Durch die Festlegung des bestimmungsgemäßen Gebrauchs schränkt der Hersteller nämlich seine Produkthaftung ein. Wer daher seinen nassen Lieblingskater im Mikrowellenherd trocknet oder mit dem Rasenmäher Hecken schneidet, tut dies (in Europa) auf eigenes Risiko und eigene Verantwortung. Auch wenn der Hersteller dies in der Gebrauchsanweisung nicht explizit ausgeschlossen hat, darf er im Schadensfall nicht nur keine Forderungen stellen, sondern muss selbst mit dem Vorwurf der Fahrlässigkeit rechnen.

Anmerkung: *Was unter „bestimmungsgemäßem Gebrauch" zu verstehen ist, definiert der Hersteller in der Gebrauchsanweisung seines Produktes. Er selbst legt damit fest, ob z. B. ein Infrarot-Bestrahlungsgerät außer für die Anwendung durch geschultes Personal im medizinischen Bereich (und damit bei Anschluss an eine zuverlässige Elektroinstallation) auch für die Anwendung durch ungeschulte Laien im Hausgebrauch (mit fragwürdiger Elektroinstallation) vorgesehen ist oder ob ein Gerät auch dafür geeignet ist, in explosionsfähiger Atmosphäre verwendet zu werden.*

1.5.7 Gewährleistung

Die Gewährleistung sichert die Ansprüche eines Kunden auf ein mängelfreies Produkt /42/. Im Gegensatz dazu bezieht sich die Produkthaftung auf Folgeschäden aus einem fehlerhaften Produkt /48/. Demnach hat ein Kunde, der ein Produkt entgeltlich, also durch Geld oder Geldeswert erwirbt, Anspruch darauf, dass es sich in einem allgemein erwartbaren mängelfreien Zustand befindet und die (z. B. im Werbematerial) behaupteten Eigenschaften auch tatsächlich besitzt. Ist dies nicht der Fall, so ist der Verkäufer (nicht der Hersteller oder der Zwischenhändler) zur Gewährleistung verpflichtet.

Wenn trotz eines Mangels der bestimmungsgemäße Gebrauch noch möglich ist, besteht der Anspruch des Käufers darin, den Mangel beheben zu lassen. Der *Anspruch* auf Austausch gegen ein anderes mängelfreies Produkt besteht jedoch nicht. Erst wenn die Mängelbehebung nicht möglich und das Produkt dadurch unbenutzbar ist, darf gefordert werden, den Kauf rückgängig zu machen.

Die Ansprüche auf Gewährleistung gelten ab dem Datum des Kaufs. Sie können für bewegliche Güter innerhalb einer Frist von 2 Jahren und für unbewegliche Güter innerhalb von 3 Jahren geltend gemacht werden. Innerhalb der ersten 6 Monate herrscht Beweislastumkehr /42/. Innerhalb dieser Frist muss nämlich der Verkäufer nachweisen, dass das Produkt zum Zeitpunkt des Verkaufes mängelfrei war. Danach geht die Beweislast auf den Käufer über. Eine Einschränkung der Gewährleistungsverpflichtung unter die gesetzlichen Festlegungen ist bei Neuprodukten nicht zulässig. Lediglich im privaten Geschäftsverkehr (privat zu privat) ist bei Gebrauchtprodukten eine Einschränkung oder der Ausschluss der Gewährleistung möglich.

Anmerkung: *Im Gegensatz zur gesetzlich geregelten Gewährleistung ist eine gewährte „Garantie" ein freiwilliges Leistungsversprechen, das auch an weitere Zusatzbedingungen geknüpft werden kann. Sie darf jedoch nicht weniger als die gesetzliche Gewährleistungsverpflichtung umfassen.*

1.5.8 Produkthaftung

Die Haftung für ein fehlerhaftes Produkt regelt die Europäische Produkthaftungs-Direktive 85/374/EG, /48/ bzw. die auf ihr aufbauenden nationalen Gesetze /80/. Demnach haftet der Hersteller bzw. der Bevollmächtigte (oder, wenn diese nicht feststellbar sind, der Händler) für Folgeschäden, die durch ein entgeltlich in Verkehr gebrachtes fehlerhaftes bewegliches Produkt (dazu zählt auch Software oder die vom Stromversorger bereitgestellte Energie) bei bestimmungsgemäßer oder erwartbarer Verwendung verursacht wurden, ausgenommen, der Schaden betrifft einen Unternehmer, der das Produkt überwiegend in seinem Unternehmen verwendet hat.

> **Meldung: Explosive Bestrahlung**
> **Berlin:** Zwölf Minuten nach dem Einschalten explodierte eine Infrarot- Bestrahlungslampe und verursachte schwere Gesichtsverletzungen. Aufgrund der Produkthaftung wurde der Hersteller zur Zahlung von Schadenersatz und Schmerzensgeld verurteilt. Seinem Einspruch, wonach die Explosion einer Lampe am Betriebsende nicht ungewöhnlich und daher kein Fehler sei, wurde nicht stattgegeben.

Die Haftung betrifft Folgeschäden an gesetzlich geschützten Rechtsgütern wie Eigentum, Leben und Gesundheit, nicht jedoch Vermögensschäden wie z. B. Umsatzeinbußen. Die Produkthaftung verjährt erst 10 Jahre nach der Inverkehrbringung. Unter fehlerhaft wird ein Produkt verstanden, das zum Zeitpunkt der Übergabe an den Kunden (nicht erst beim Eintreten des Schadensereignisses) die erwartbare Sicherheit nicht aufgewiesen hat.

Abgesehen von einem Selbstbehalt von € 500 ist die Haftung in der Höhe nicht begrenzt. Sie umfasst

- Sachschäden;
- Personenschäden (in unbegrenzter Höhe, ohne Selbstbehalt);
  - Heilungs- und Pflegekosten;
  - Schmerzensgeld;

- entfallener Unterhalt (bei Tod des Unterhaltspflichtigen)
- Verdienstentgang;
- Einbußen wegen einer das Fortkommen verhindernden Verunstaltung;

Meldung: MoM Hüftimplantate-Skandal
Paris: Hüftimplantate eines amerikanischen Herstellers mussten vom Markt zurück-gerufen werden, weil sich an den Metall- Metall- Gleitflächen Abrieb gebildet und Chrom- und Kobalt- Partikel zu lokalen und systemischen Gesundheitsschäden geführt hatten. Die Firma musste 3 Mrd. $ bereitstellen, da bereits in den USA den ca. 10.000 Betroffenen eine Entschädigung von je ca. $ 300.000 zugesprochen wer-den könnte.

Die Haftungspflicht besteht auch dann, wenn den Hersteller kein Verschulden trifft. Sie besteht jedoch nicht, wenn *der Hersteller* nachweisen kann (Beweislastumkehr), dass

- der Schaden nicht ursächlich auf den Produktfehler zurückzuführen ist;
- das Produkt nicht in Verkehr gebracht worden ist, z. B. weil es ein Vorführmuster war, das vom Arzt vor dessen Freigabe verwendet worden ist;
- das Produkt nicht fehlerhaft war, also dem seinerzeitigen (!) Stand der Wissenschaft und Technik entsprochen hat, selbst wenn in der Zwischenzeit Fehler der Normung oder der wissenschaftlichen Annahmen erkannt worden sein sollten.
- das Produkt nicht bestimmungsgemäß verwendet worden ist.

Der Nachweis der Fehlerfreiheit (bei Übergabe an den Kunden!) muss die Konstruktion, Herstellung Vertrieb und die Lagerung umfassen. Er kann z. B. durch Bauart-Prüfzeug-nisse, Zertifikate über die qualitätsgesicherte Herstellung, und durch Belege über sach-gemäße Verpackung und abgeschlossene Vereinbarungen über Transport und Lagerung erfolgen.

1.6 Chancen und Fallstricke

Ein Hersteller kann auf vielfältige Weise bestimmen, wie aufwändig oder einfach der Weg ist, auf dem sein Produkt die Marktzulassung erreicht. Die strategischen Entscheidungen, die er zu treffen hat, um die Risikoklasse und den Konformitätsweg zur CE-Kennzeich-nung seines Produktes festzulegen, eröffnen ihm Chancen, können aber auch zu Fallstri-cken werden (Abb. 1.12).

Die wichtigsten Entscheidungen, mit denen die Zuordnung eines Produktes in die Ri-sikoklasse und damit auch der erforderliche Zertifizierungsaufwand beeinflusst werden kann, betreffen folgende Aspekte:

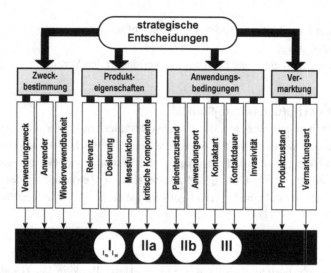

Abb. 1.12: Strategische Entscheidungsmöglichkeiten mit Auswirkungen auf die Zuordnung des Medizinproduktes in eine der Risikoklassen

- die **Zweckbestimmung**. Sie hat zur Folge, dass ein Produkt als Medizinprodukt oder als nicht-medizinisches Produkt (z. B. ein Wellness-Produkt oder universelles Produkt) oder als sicherheitskritisch unkritisch (z. B. bei bloßer Aufzeichung einer Vitalfunktion im Gegensatz zu deren Überwachung) anzusehen ist, womit es in unterschiedliche Risikoklassen fällt. Dies betrifft daher z. B.
  - *Verwendungszweck* z. B. Therapie (Medizinprodukt), Steigerung des Wohlbefindens (Wellness-Produkt), Veränderung des Aussehens (kosmetisches Produkt). So kann z. B. eine UV-Bestrahlungslampe zur Behandlung von Dermatosen (Medizinprodukt), zur Bräunung (kosmetisches Produkt), für Beleuchtungseffekte in Discos oder zur Aushärtung von Klebeverbindungen (allgemeines elektrotechnisches Produkt) bestimmt werden.
  - *Anwender*, z. B. Fachpersonal im medizinischen Bereich oder Heimanwendung durch Laien;
  - *Wiederverwendbarkeit*, z. B. einmal oder wiederverwendbar;
- die **Produkteigenschaften**
  - *Funktionsrelevanz*, z. B. relative oder quantitative Messwerte, unkritische EKG-Aufzeichnung oder lebensrettende EKG-Überwachung, lebenserhaltend (z. B. Atemstimulator für gelähmte Patienten) oder nicht lebenserhaltend (z. B. Reizstromtherapie);
  - *Dosierung* (Abgabe von unkritischen oder gefährlichen Mengen von Strom, Spannung, Strahlung, Substanzen, Druck oder Wärme);
  - *Messfunktion*, z. B. quantitative oder bloß qualitative Anzeige;
  - *kritische Komponenten*, z. B. unterstützende Arzneimittel, Nanomaterial, Gewebe biologischen Ursprungs
  - *Lebensdauer*, z. B. unbegrenzt oder mit Ablaufdatum.

- die *Anwendungsbedingungen*
  - *Patientenzustand*, z. B. wach oder bewusstlos, zurechnungsfähig oder nicht zurechnungsfähig, geräteabhängig oder nicht;
  - *Anwendungsort*, z. B. an der Haut, in der Mundhöhle, im zentralen Kreislaufsystem, im Herzen oder im ZNS. So kann z. B. ein Absauggerät für den Dentalbereich (Klasse I), für die intraoperative Absaugung von Wundsekreten (Klasse IIa) oder für die Bronchialabsaugung (Klasse IIb) vorgesehen werden;
  - *Kontaktart*, z. B. kontaktlos, Verwendung auf der Kleidung, Kontakt mit intakter Haut, mit verletzter Haut, mit tiefen Wunden oder mit dem Blutkreislauf;
  - *Kontaktdauer*, z. B. vorübergehend, kurzzeitig, langzeitig;
  - *Invasivität*, z. B. kontaktlos, nicht-invasive Hautberührung, natürlich-invasiv, chirurgisch-invasiv;
- die *Vermarktung*,
  - *Produktzustand*, z. B. unsteril oder steril;
  - *Vermarktungsweise*, z. B. als Gesamtsystem (mit der Risikoklasse der risikoreichsten Komponente) oder einzeln CE-gekennzeichneter Produkte

Aus den strategischen Produktentscheidungen folgen die Risikoklassenzuordnung und damit auch der Zertifizierungsaufwand. Für den Hersteller ergibt sich jedoch darüber hinaus noch die Möglichkeit, zwischen den vorgesehenen Modulen zur CE-Kennzeichnung zu wählen (siehe Kap. 1.4.5).

Bei der Wahl des Qualitätsmanagement-Moduls geht es unter anderem auch darum, zu entscheiden, ob Zertifizierungskosten variabel, also von der Produktion bzw. dem Verkauf abhängig oder fix, also von der Produktion unabhängig sein sollen:

- leicht kalkulierbare Stück-bezogene Kosten ergeben sich bei der Auslagerung der Fertigungsendkontrolle an eine Europaprüfstelle. Sie fallen daher nur dann an, wenn Geräte tatsächlich produziert und verkauft werden;
- weitgehend von der Produktion unabhängige Fixkosten ergeben sich bei der Einrichtung und Unterhaltung eines eigenen Qualitätssicherungssystems. Außer für Klasse III-Produkte, für die ein vollständiges Qualitätsmanagementsystem vorgeschrieben ist, kann dabei zwischen dem Umfang der Qualitätssicherung gewählt werden kann. Dieser reicht von dem am wenigsten aufwändigen Modul, der sich auf die Qualitätssicherung der Fertigungsendkontrolle beschränkt, der Qualitätssicherung des gesamten Herstellungsprozesses bis zum vollständigen Qualitätsmanagementsystem, das alle Tätigkeiten im Produktlebenszyklus umfasst.

Nach diesen strategischen Entscheidungen kann der Hersteller den Weg zur Vermarktung einschlagen. Die erforderlichen Schritte umfassen die Registrierung des Herstellers und der Produkte bei der zuständigen Stelle, die Risikoklasseneinteilung, die Auswahl der Konformitätsbewertungsmodule, den Aufbau des Risikomanagementprozesses, das Design und die Konformitätsbewertung des Produktes, die klinische Bewertung, die beglei-

Abb. 1.13: Der Weg des Herstellers zur Produkt-Vermarktung

tende Erstellung der Dokumentation, die qualitätsgesicherte Herstellung (falls erforderlich mit einem zertifizierten Qualitätsmanagementsystem), die Verfassung der Konformitätserklärung, die Anbringung der CE-Kennzeichnung, die Vermarktung,die anschließende auf einem Überwachungsplan basierende aktive Marktüberwachung und die klinische Anwendungsbeobachtung mit sicherheitstechnischer und klinischer Bewertung im Rahmen des Risikomanagementprozesses (Abb. 1.13).

Wie sicher ist sicher genug?

Ist Ihnen heute schon etwas schief gelaufen? Haben Sie etwas vergessen? Haben Sie einen Termin versäumt, weil Sie im Stau gesteckt sind? Ist Ihnen der Bus vor der Nase weggefahren? Ist Ihnen das Schuhband gerissen – und noch dazu ausgerechnet dann, als Sie es ohnehin schon eilig hatten? Unsere alltäglichen Pannen zeigen, dass wir ständig Risiken ausgesetzt sind. Wir werden glücklicherweise meist mit ihnen fertig, natürlich auch deshalb, weil jeder von uns persönliche Strategien entwickelt hat, um Pannen zu vermeiden oder ihre Auswirkungen zu minimieren.

2.1 Risiko

Sicherheit (lateinisch: sine cure) bedeutete ursprünglich, frei von Sorge sein, sich jemandem ohne Sorge anvertrauen können. Etwas wäre demnach „sicher", wenn es mit keinerlei Risiken verbunden wäre.

Unter *Risiko* versteht man dabei das Produkt aus Eintrittswahrscheinlichkeit und Höhe des Schadens. Eine *Gefahr* ist hingegen (lediglich) ein Umstand, der möglicher Weise zu einem Schaden führen könnte. Die Größe der bestehenden *Gefährdung* durch eine Gefahrenquelle hängt von der Wahrscheinlichkeit ab, mit der eine bestimmte *Gefahrensituation* auftritt. Sie bedeutet allerdings noch nicht, dass zwangsläufig auch ein Schaden eintreten muss. Dieser steht vielmehr erst am Ende einer Ereigniskette, die lediglich ihren Ursprung in einer Gefahr durch eine Gefahrenquelle besitzt (Abb. 2.1).

Die Gegenwart einer Gefahrenquelle bedeutet also lediglich, dass die Möglichkeit besteht, dass in weiterer Folge eine Gefahrensituation auftreten könnte, die wiederum in weiterer Folge beim Eintreten eines auslösenden Ereignisses mit einer gewissen Eintrittswahrscheinlichkeit einen Schaden verursachen könnte.

© Springer 2015
N. Leitgeb, *Sicherheit von Medizingeräten*, DOI 10.1007/978-3-662-44657-7_2

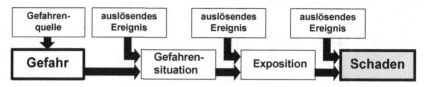

Abb. 2.1: Unterschied zwischen Gefahr, Gefahrensituationen und Schaden

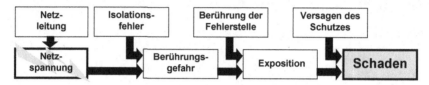

Abb. 2.2: Ereigniskette am Beispiel der Netzspannung

So stellt z. B. die elektrische Anschlussleitung eine Gefahrenquelle und die Netzspannung die *Gefahr* dar (Abb. 2.2). Wir schützen uns vor ihr z. B. durch die Isolierung der Spannung führenden Teile. Eine *Gefahrensituation* tritt dann ein, wenn die Isolation defekt ist. Dies verursacht jedoch noch nicht zwangsläufig einen Schaden. Dieser könnte erst entstehen, wenn wir dieser Gefahrensituation auch ausgesetzt sind, also wenn zusätzlich ein weiteres Ereignis eintritt, z. B. indem wir ausgerechnet die schadhafte Stelle berühren. Selbst dies muss jedoch noch nicht zum Schaden führen, wenn wir z. B. durch Gummisohlen gut isoliert sind. Auch wenn dies nicht der Fall wäre, muss dies noch nicht zum Schaden führen, wenn der Fehlerstromschutzschalter den Stromkreis rechtzeitig unterbricht (siehe Kap. 6.1.2). Erst wenn alle diese Schutzmaßnahmen versagen, tritt der Schaden ein.

Schäden entstehen daher in der Regel nicht durch ein einziges Gefahrenereignis. Meist existieren noch eine Reihe weiterer Gefahrensituationen und Verkettungen von ungünstigen Umständen. Ein Schaden tritt daher meist erst dann ein, wenn weitere Umstände eintreten (Dominotheorie, Abb. 2.3).

Sicherheit im Sinne von „Freiheit von jeglichem Risiko" ist selbst theoretisch unerfüllbar. Die Wahrscheinlichkeit eines Schadens würde nämlich nur dann unendlich klein,

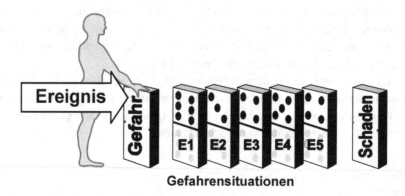

Abb. 2.3: Ereigniskette, die zu einem Schaden führt

wenn die getroffenen Schutzmaßnahmen unendlich gut wären. Wir alle wissen jedoch, dass es leider nichts gibt, das unendlich gut ist, schon gar nicht auf unbegrenzte Dauer: keine Isolation für elektrische Spannungen, keine Dichtung für Flüssigkeiten oder Gase und keine mechanische Aufhängung.

Dies bedeutet, dass wir uns damit abfinden müssen, dass es absolute Sicherheit im ursprünglichen Wortsinn nicht gibt. In der Praxis ist es daher nötig, sich mit weniger Sicherheit zufrieden zu geben und akzeptierbare Kompromisse zu schließen.

Absolute Sicherheit gibt es nicht.

Dass es trotz der allgegenwärtigen vielen Risikofaktoren und Gefahrensituationen. nicht zu täglichen Katastrophen kommt, liegt daran, dass wir es gelernt haben, Vorsicht walten zu lassen. Wenn es für uns äußerst wichtig ist, rechtzeitig aufzustehen, weil wir z. B. sonst das Flugzeug auf die Urlaubsinsel versäumen würden, werden wir vermutlich nicht nur auf den eigenen Wecker vertrauen, sondern auch einen zweiten aufstellen (redundante Sicherheitsmaßnahme) oder uns vorsichtshalber sogar zusätzlich durch eine weitere Person anrufen lassen (zweite redundante Sicherheitsmaßnahme). Manchmal aber kann es vorkommen, dass es „wie verhext" zugeht und trotz aller Vorsicht doch ein Unglück bzw. ein Schaden eintritt. Dies soll an einem Beispiel erläutert werden (modifiziert und erweitert nach Perrow /80/):

Ein Beispiel aus dem Alltag:
Zunächst die Vorgeschichte: Stellen sie sich vor, sie hätten am Abend Besuch von ihren zukünftigen Schwiegereltern, um mit ihnen die Betreuung ihrer Wohnung während ihres Urlaubs zu besprechen. Das Fernsehen berichtet über das Scheitern der Lohnverhandlungen der Busfahrer der Verkehrsbetriebe. Mit ihrem Nachbarn hätten sie Streit gehabt, weil dessen Hund ständig bellt und weil sie durch den Lärm der nahe gelegenen Baustelle ohnehin bereits genervt waren. Weil sie vom Streit noch aufgewühlt sind, hatten sie beschlossen, etwas länger aufzubleiben und gemeinsam mit ihrer Freundin den Nachtkrimi anzusehen, der von einem spektakulären Gefängnisausbruch handelte. Für den nächsten Tag haben sie sich frei genommen, weil sie ein wichtiges Vorstellungsgespräch haben, von dem sie sich einen wesentlich besseren Job erwarten. Um dafür ausgeruht und fit zu sein, wollen sie etwas länger schlafen und geben daher ihren Wecker der Freundin mit der Bitte, sie in der Früh zu wecken.

Da die Freundin jedoch wegen des Nachtfilms später als üblich schlafen gegangen war (1. Risikofaktor) und außerdem nicht gewohnt ist, vom Wecker geweckt zu werden (2. Risikofaktor), verschläft sie am nächsten Morgen. Als vorsichtiger Mensch haben sie jedoch ihren besten Freund gebeten, sie in der Früh anzurufen, was dieser auch tut (diese redundante Sicherheitsmaßnahme hat sich also bewährt). Sie stehen daher gerade noch rechtzeitig auf. Doch da ihre Freundin keine Zeit mehr gehabt hatte, für sie das Frühstück zu richten und für sie Kaffee am Morgen sehr wichtig ist, beschließen sie, sich wenigstens Löskaffee zuzubereiten. Schon etwas verärgert stellen Kaffeewasser auf. Als sie jedoch zur Kaffeedose greifen, stellen sie frustriert fest, dass der Löskaffee beim Besuch ihrer zukünftigen Schwiegereltern am Vorabend aufgebraucht worden war (damit ergibt sich eine unerwartete *Kopplung* mit dem an sich unabhängigen Ereignis des Besuches). Bereits nervös wegen des Zeitverlustes und des fehlenden Kaffees ziehen sie sich schnell an. Dabei reißt das Schuhband (eine weitere Kopplung mit der Nervosität – aus sicherheitstechnischer Sicht ein „Folgefehler"). Ihre Nervosität steigt weiter (eine Kopplung mit dem Zeitverlust). Sie eilen außer Haus und werfen die Haustüre zu. Beim Auto müssen sie jedoch feststellen, dass der Schlüssel fehlt. Erschrocken fällt ihnen ein, dass sie ihn im Anzug hatten, den sie gestern trugen, doch dass sie jetzt das neue Sakko anhaben, das sie extra zur Vorstellung ausgewählt hatten (3. Risikofaktor: Kleidungswechsel). Zwar haben sie für solche Fälle einen Reserveschlüssel im Blumenkasten am Fenster versteckt (redundante Sicherheitsmaßnahme), doch haben sie diesen ja leider am Vortag ihren zukünftigen Schwiegereltern für die bevorstehende Urlaubsbetreuung der Wohnung mitgegeben (somit ist eine weitere unerwartete Kopplung zu einem an sich unabhängigen Ereignis, nämlich dem Urlaub, entstanden, die eine Sicherheitsmaßnahme außer Kraft gesetzt hat). Sie können nun zwar ihr Auto nicht benützen, doch fällt ihnen ein, dass sie ja noch das Auto ihres Nachbarn ausborgen könnten (4. redundante Sicherheitsmaßnahme), doch ausgerechnet heute hat dieses ja bereits ihre Freundin in Anspruch nehmen müssen (hier treffen wir auf ein Ereignis, das mit dem Verschlafen der Freundin eng gekoppelt ist: ein weiterer „Folgefehler"). Zwar stünde noch das Auto des zweiten Nachbarn zur Verfügung, der es als Pensionist nur selten braucht (5. redundante Sicherheitsmaßnahme). Er würde es ihnen ja auch borgen, doch können sie ihn nach dem Streit vom Vortag ausgerechnet diesmal nicht darum bitten (weitere unerwartete Kopplung). Kurz entschlossen und schon ziemlich aufgeregt, eilen sie daher zur Bushaltestelle (6. redundante Sicherheitsmaßnahme), doch warten sie vergebens. Erst nach einiger Zeit teilt ihnen ein Passant mit, dass die öffentlichen Verkehrsmittel an diesem Tag wegen der gescheiterten Gehaltsverhandlungen von den Busfahrern bestreikt werden (weitere unerwartete Kopplung). Als sie in ihrer Not von einer Telefonzelle aus ein Taxi rufen wollen (7. Redundanz), teilt ihnen die Zentrale mit, dass der Streik der Busfahrer zu einer Überlastung der Taxis geführt habe (ein weiterer „Folgefehler"). Sie erkennen nun, dass die Wartezeit auf ein Taxi unkalkulierbar lang wäre. Als letzten Ausweg entschließen sie sich verzweifelt, per Anhalter ihr Ziel zu erreichen (8. redundante Maßnahme), doch müssen sie feststellen, dass sie ausgerechnet heute kein Auto mitnimmt. Erst später erfahren sie, dass der Nachtkrimi im nahe gelegenen Gefängnis Nachahmungstäter zu einem erfolgreichen Ausbruchsversuch verleitet hat und daher die Bevölkerung über das Radio aufgerufen worden war, keine fremden Personen mitzunehmen (weitere nicht vorhersehbare Kopplung). Als sie erkennen müssen, dass sie ihren Termin nicht mehr pünktlich wahrnehmen können, beschließen sie, sich wenigstens telefonisch zu entschuldigen und um einen Ersatztermin zu bitten (9. redundante Maßnahme). Zu ihrer Bestürzung müssen sie jedoch feststellen, dass in der Zwischenzeit an der nahe gelegenen Baustelle eine Baumaschine das Telefonkabel beschädigt hat und die Telefonverbindung unterbrochen ist (weitere Kopplung mit einem unabhängigen Ereignis). Damit ist ihre persönliche Katastrophe unvermeidlich: Der Vertrauensverlust in ihre Zuverlässigkeit bedeutet einen im Vergleich zu ihren Mitbewerbern unaufholbaren Nachteil. Diese Stelle können sie vergessen!

Das Beispiel belegt, dass Unfälle meist nicht nur eine einzige Ursache haben, sondern am Ende einer Kette von Ereignissen stehen. Tatsächlich wäre ja das Vergessen der Autoschlüssel ohne Folgen geblieben, wenn die Freundin nicht verschlafen hätte, der Streit mit dem Nachbarn oder der Streik nicht stattgefunden hätten, ja selbst das Versagen aller dieser Sicherheitsmaßnahmen wäre an jedem anderen Tag von geringer Bedeutung geblieben, wenn nicht ausgerechnet an diesem Tag das pünktliche Einhalten des Termins so wichtig gewesen wäre.

Das Beispiel zeigt aber auch, dass es stets eine Vielzahl von an sich unabhängigen, Konstellationen gibt, die erst im Ablauf eines Geschehens plötzlich verkoppelt und für den weiteren Ablauf unmittelbar bedeutsam werden können, sodass sie schließlich zum fatalen Ausgang entscheidend beitragen können.

Auch in der Medizintechnik ist es nicht möglich, alle Gefahrensituationen und möglichen dauerhaften oder spontanen Verkettungen von ungünstigen Umständen zu erkennen oder vorauszusehen. Die sicherheitstechnischen Bemühungen bestehen daher darin, grundsätzlich wenigstens die erkannten Gefahrensituationen zu beseitigen oder zu entschärfen. Es bleiben meist noch genügend andere, die nicht unbewusst vorhanden sind. Dies führt daher zum entscheidenden sicherheitstechnischen Grundsatz, nämlich, dass erkannte Gefahrensituationen grundsätzlich zu entschärfen oder beseitigen sind.

> **Erkannte Gefahrensituationen sind grundsätzlich zu entschärfen!**

2.1.1 Risikowahrnehmung

Bereits der Risikobegriff an sich und erst recht die individuelle Wahrnehmung eines Risikos sind vielschichtig. In der Umgangssprache wird der Begriff „Risiko", z. B. „Das Risiko beim Falschparken erwischt zu werden", häufig mit der Bedeutung von „Wahrscheinlichkeit des Eintreffens eines Ereignisses" verwendet.

> **Risiko**Umgangssprache **= Eintrittswahrscheinlichkeit**

Darüber hinaus werden Risiken von uns jedoch auch mit sehr persönlichen Gewichtungen wahrgenommen. Diese können von Person zu Person äußerst unterschiedlich sein und oft zu den rational- wissenschaftlichen Ergebnissen im Widerspruch stehen. So lässt Johann Nestroy in seiner Zauberposse „Lumpazivagabundus" den Schuster Knieriem seinen Verzicht auf ein geregeltes häusliches Leben mit der Angst vor dem Kometen erklären und

singen (*ins Hochdeutsche übersetzt:*) „Die Welt steht auf keinen Fall mehr lang!" Obwohl
so ein Ereignis objektiv extrem unwahrscheinlich ist, hat es für Knieriem eine alles über-
schattende Bedrohlichkeit.

Trotz aller Bemühungen der Wissenschaftler, das Risiko in einen Zahlenwert zu fassen,
wird die subjektive Einschätzung eines Risikofaktors durch wissenschaftliche Daten nur ge-
ringfügig beeinflusst – oder fahren Sie bewusst deshalb mit der Bahn, weil Sie wissen, dass
das Unfallrisiko dort wesentlich geringer ist als bei der Fahrt mit dem Auto? Der Grund für
unsere verzerrte Sicht der Risiken liegt darin, dass unsere subjektive Risikowahrnehmung
ständig von einer Reihe weiterer individueller Bewertungsfaktoren (BWF) abhängt.

$$\text{Risiko}_{\text{Wahrnehmung}} = \text{Eintrittswahrscheinlichkeit} \times \text{BWF1} \times \text{BWF2} \times \text{BWF3} \times …$$

Risiken können dabei sowohl überschätzt werden (z. B. das Risiko, durch den Gebrauch
eines Handys an Hirntumor zu erkranken) als auch verniedlicht werden (z. B. das Risiko,
durch Rauchen an Lungenkrebs zu sterben oder durch Sonnenbestrahlung Hautkrebs zu
bekommen).

Gleich mehrere Faktoren sind daran schuld, weshalb wir Risiken, z. B. das Risiko des
Autofahrens, nicht im objektiven Ausmaß, sondern z. T. wesentlich verzerrt wahrnehmen.

Risiko verkleinernd wirken die *Vertrautheit* des Umgangs, die eingebauten Sicher-
heitseinrichtungen, das Gefühl, das Risiko durch richtiges Verhalten oder schnelle Re-
aktion *selbst beherrschen* zu können, der unmittelbar erfahrbare *persönliche Nutzen*, die
Gewöhnung durch die Alltäglichkeit von Unfällen in Verbindung mit dem kleineren *Ka-
tastrophenpotenzial* – im Gegensatz zu der großen *Medienaufmerksamkeit* und der großen
Anzahl betroffener Personen z. B. bei einem Flugzeugunglück.

Entgegengesetzt verhält es sich mit der weit verbreiteten Angst vor Magnetfeldern von
Hochspannungsleitungen oder den Mikrowellen von Mobilfunkstationen /72/: Obwohl
oder gerade weil bisher kein konkreter Nachweis eines Schadens möglich war und Risikoschätzungen nur auf vagen hypothetischen Annahmen beruhen, werden deren hypotheti-
sche Risiken in der Bevölkerung häufig überschätzt.

Risiko vergrößernd wirken *geringes Wissen z. B.* über die physikalischen Zusammenhänge, die wiederkehrende *hohe Medienbeachtung* in Verbindung mit der Werbung für
den Kauf von echten oder vermeintlichen Schutzmaßnahmen, das *geringe Vertrauen* in
die Stellen, die beruhigende Risikoschätzungen abgeben, der Umstand, dass Einflussfaktoren *nicht wahrnehmbar* sind, die geringe Möglichkeit, die Einwirkung durch eigene Maßnahmen *beeinflussen* oder *vermeiden* zu können, der meist *unklare persönliche
Nutzen* („wozu Hochspannungsleitungen, bei mir kommt der Strom aus der Steckdose!")
und schließlich der Umstand, dass das Risiko „gemacht", also *technischen Ursprungs* ist,
im Gegensatz zu Naturereignissen, die hingenommen werden (müssen?). Völlig unbe-
einflussbar ist die Ablehnung eines Risikos, wenn es bereits stigmatisiert ist. In diesem
Fall können keine Gegenargumente mehr überzeugen, wie dies z. B. in Österreich für das
Risiko durch Kernkraftwerke der Fall ist.

Es ist daher auch nur scheinbar ein Widerspruch, dass die gleichen Risikofaktoren,
z. B. magnetische Felder der Elektrogeräte im eigenen Haushalt meist völlig anders, näm-

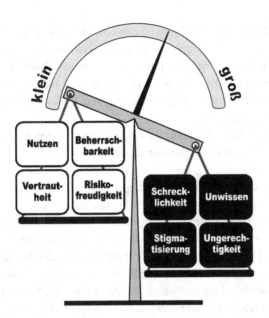

Abb. 2.4: Risikowaage mit Faktoren, die das wahrgenommene Risiko erhöhen (schwarze Blöcke) und erniedrigen (weiße Blöcke)

lich als unbedeutend, eingeschätzt werden, obwohl sie um ein Vielfaches stärker sein können als jene von nahe gelegenen Hochspannungsleitungen. Bei Elektrogeräten färben die Risikowahrnehmung nämlich der unmittelbar erkennbare persönliche Nutzen und das Gefühl der Beherrschbarkeit, denn schließlich könnte man ein Gerät ja jederzeit abschalten. Da beeindruckt auch nicht, dass wir gar kein Sensorium besitzen, das uns die Notwendigkeit einer Abschaltung erkennen lassen würde.

Die Risiko erhöhenden (Schrecklichkeit, Unwissen, Ungerechtigkeit, Stigmatisierung) und Risiko erniedrigenden Faktoren (persönlicher Nutzen, Beherrschbarkeit, Vertrautheit, Risikofreudigkeit) sind in Form einer Risikowaage in Abb. 2.4 zusammengefasst.

Anmerkung: *Ähnliche Unterschiede bestehen auch zwischen der objektiven und subjektiven Bewertung eines Nutzens (siehe auch Kap. 2.2.3)*

Sicherheitstechnische Konsequenzen

In Hinblick auf die Medizingerätesicherheit haben der Unterschied zwischen einem objektiv abgeschätzten und subjektiv wahrgenommenen Risiko und der Unterschied zwischen einem objektiven und einem subjektiv wahrgenommenen Nutzen für den Risiko/Nutzen-Vergleich zur Feststellung der Akzeptierbarkeit eines Risikos drei wichtige Konsequenzen:

- Er ist einer der Gründe, weshalb die Analyse und Bewertung von Risiken und Nutzen eines Medizingerätes nicht von einer Einzelperson, sondern von einem Team vorgenommen werden sollte. Damit soll (unter anderem) gewährleistet werden, dass in der Gruppe Personen mit verschiedenen Risikowahrnehmungen vertreten sind.
- Er ist auch ein Grund, weshalb bei der Risikobewertung von Medizingeräten in den Vorschriften nun vielfach keine konkreten Vorgaben zur Einhaltung von Grenzwerten

mehr gemacht werden. Selbst die gesetzliche Grundlegende Anforderung überlässt es dem Hersteller ohne weitere Vorgaben, durch seine Risikoanalyse und die anschließende subjektive Bewertung zu entscheiden, ob das von seinem Produkt ausgehende Risiko vertretbar ist oder nicht. Dies gilt erst recht, wenn dem Hersteller zugestanden wird, zu entscheiden, ob das abgeschätzte Verhältnis von Risiko zum erwartbaren Nutzen akzeptierbar ist oder nicht.

- Die Risikobewertung und -akzeptanz kann somit nicht nur von Hersteller zu Hersteller, sondern auch von Region zu Region verschieden sein.

In den Sicherheitsvorschriften und den Grundlegenden Anforderungen wird (leider) hingenommen, dass das Ergebnis der Risikoanalyse sehr verschieden ausfallen kann /13/,/45/,/52/. Damit ergibt sich jedoch ein sicherheitstechnisches Problem. Da keine Vorgaben existieren, welches Risiko oder welches Nutzen/Risiko-Verhältnis akzeptierbar ist, ist es der subjektiven Bewertung des Herstellers überlassen, mit welchen (Rest-) Risiken ein Produkt verbunden ist. Dies kann zu erheblich unterschiedlichen Sicherheitsniveaus führen.

Zu den interpersonellen Unterschieden, die bereits innerhalb einer Gesellschaft bestehen, kommen nämlich noch die Unterschiede zwischen Ländern und Kulturen, die bereits innerhalb Europas zwischen Norden und Süden sowie Westen und Osten bestehen. Weiter verschärft wird dies, wenn durch die Globalisierung Produkte nach der großzügigeren Risikobewertung in einem Kulturkreis in einen anderen Bereich importiert werden, in dem eine vorsichtigere Risikobewertung vorherrscht.

So führte z. B. der Skandal um Silikon-Brustimplantate nicht deshalb zur Aufregung, weil deren Hülle bei ca. 20 % aller am Markt befindlichen Implantate innerhalb von ca. 10 Jahren reißt und Silikon in das Brustgewebe austritt, das nur mit einer sehr belastenden Operation und dann auch nur unvollständig entfernt werden kann, auch nicht deshalb, weil bei diesen Silikonimplantaten der vorhersehbare ersten Fehlerfall, nämlich das Reißen der Hülle nicht beherrscht wird und entgegen der allgemeinen Sicherheitsstrategie keine redundante Sicherheitsmaßnahme vorgesehen ist. Nein, es wurde ein Skandal, weil eine Firma in betrügerischer Weise ein billiges aber nicht gesundheitsgefährliches Industriesilikon verwendet hatte /85/. Es erstaunt, dass die konstruktiven Unzulänglichkeiten und das hohe Lebenszeit-Risiko schwerwiegender Operationen weiterhin unwidersprochen hingenommen werden, noch dazu im Vergleich zum fragwürdigen Nutzen einer bloß ästhetischen Verbesserung: In der Abwägung von Körbchengröße gegen Gesundheitsschäden durch Rupturen und mehrfachen Reimplantations-Operationen siegt (derzeit noch) die Optik über die Gesundheit.

2.1.2 objektives Risiko

In der Technik ist der Risikobegriff klar definiert. Er berücksichtigt nicht nur die Wahrscheinlichkeit, mit dem ein unerwünschtes Ereignis eintritt, sondern auch die Schadensfolgen, die es nach sich zieht. Man versteht daher unter „Risiko" das Produkt aus der Wahrscheinlichkeit, mit der ein Ereignis eintritt und dem Ausmaß des daraus resultierenden Schadens /25/.

$$\text{Risiko}_{\text{objektiv}} = \textbf{Eintrittswahrscheinlichkeit} \times \textbf{Schadenshöhe}$$

So ist der Geräteausfall eines EKG-Schreibers lediglich mit einer Unannehmlichkeit verbunden, nämlich, dass der Patient neuerlich zur Untersuchung kommen muss, während das gleiche Ereignis bei einem EKG-Monitor zur Folge haben könnte, dass z. B. ein Herzstillstand nicht erkannt und daher der Alarm unterbleiben würde, was für den Patienten Lebensgefahr bedeuten würde.

Um Risiken mit der angegebenen Formel objektiv bestimmen zu können, ist es erforderlich, die zwei entscheidenden Parameter, nämlich Eintrittswahrscheinlichkeit und Schadenshöhe quantitativ zu bestimmen. Allerdings ist dies schwieriger, als es scheint. Je sicherer ein Produkt ist, desto seltener werden nämlich Schadensfälle eintreten, und je neuartiger eine Lösung ist, desto weniger Erfahrungen über mögliche Schadensereignisse werden vorliegen. Dazu kommt noch, dass es umso schwieriger wird, alle Fehlermöglichkeiten, von den Einzelbauteilen, Baugruppen, Komponenten bis zum Gesamtgerät überblicken, analysieren und deren Wechselbeziehungen vollständig zu erfassen und zu bewerten, je komplexer ein Produkt ist. Es liegt daher in der Natur der Sache, dass die „objektive" Risikoermittlung nur eine Schätzung sein kann. Diese ist umso ungenauer, je seltener ein Ereignis eintritt, also je weniger konkrete Erfahrung vorliegt.

Ein anschauliches Beispiel bieten Kernkraftwerke: Zu Beginn ihrer Nutzung wurde das Risiko des größten anzunehmenden Unfalls, eines GAUs, abgeschätzt. Wie die Erfahrung gezeigt hatte, waren jedoch noch schwerwiegendere Unfälle möglich, als ursprünglich angenommen, sodass in weiterer Folge eine weitere Schätzung für einen noch größeren Unfall, einen Super-GAU, notwendig wurde. Dies demonstriert unter anderem auch den für einen Sprachforscher interessanten Umstand, dass sich „groß- größer- am größten" offensichtlich noch weiter zum „super-größten" steigern lässt. Wie der Kernkraftwerksunfall in Fukoshima im Jahr 2011 gezeigt hat, kann sogar ein Super-GAU noch übertroffen werden.

2.2 Risikomanagementprozess

Die dritte Ausgabe der Medizingeräte-Grundnorm EN 60601-1 /13/ unterscheidet sich von den Vorläufern dadurch, dass die konkreten Vorgaben für anerkannte technische Lösungen häufig nur mehr durch die Beschreibung von Schutzzielen ersetzt werden. Es wird nun dem Hersteller überlassen, unter Berücksichtigung der individuellen Eigenschaften seines Produktes die Risiken zu analysieren, zu bewerten und die erforderlichen Maßnahmen zu deren Beherrschung festzulegen. Durch das Medizinproduktegesetz wird er verpflichtet, einen strukturierten und dokumentierten Risikomanagementprozess nach EN ISO 14971 /25/ umzusetzen und laufend zu unterhalten.

Meldung: Todesfalle Krankenbett
Bonn: Experten warnen vor unterschätzten Gefahren. In Spitälern, Heimen und Wohnungen gab es Tote und Verletzte durch medizinische Betten. Die Ursache waren Stromschläge und Brände durch beschädigte Kabel, Rauchgasvergiftungen durch Schwelbrände, Quetschungen durch Seitengitter und unbeabsichtigte Motorbetätigung sowie Strangulierungen und Fallverletzungen.

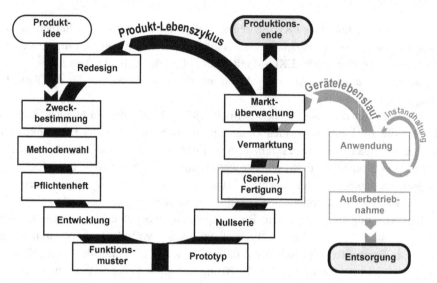

Abb. 2.5: Produkt-Lebenszyklus und Geräte-Lebenslauf

Für Medizinprodukte reicht es daher nicht mehr aus, sie nur eben nach bestem Wissen und Gewissen zu entwickeln und herzustellen. Es wird auch gefordert, dass alle Risiken systematisch analysiert, bewertet, beherrscht und kontrolliert werden, mit dem Ziel, dass ein ausreichender Schutz gegenüber *allen vernünftiger Weise vorhersehbaren Gefahren* einschließlich menschlicher Fehler, Irrtümer und vorhersehbarem Missbrauch gegeben ist.

Dies führt zunächst zur Frage, was unter „vernünftiger Weise vorhersehbar" zu verstehen ist und auf welche Weise sichergestellt werden kann, dass tatsächlich alle derartigen Gefahren erkannt und in weiterer Folge die damit verbundenen Risiken zuverlässig beherrscht werden können. Es ist dabei bemerkenswert, dass es im Alltag nicht immer die Hochrisiko-Geräte sind, die Unfälle verursachen. Während nämlich bei Geräten, die durch ihre Art, Methodik und Anwendung ein hohes Risikopotenzial besitzen, ein entsprechendes Problembewusstsein vorhanden ist, werden Risiken vermeintlich unkritischer Geräte meist unterschätzt. Nur so ist es zu erklären, dass z. B. jährlich einige Personen durch Krankenbetten getötet oder schwer verletzt werden oder z. B. an sich triviale Nachttischlampen zu tödlichen Zeitbomben werden können.

Im Gegensatz zum „Verfahren" der Risikoanalyse, im Sinne von festgelegten Handlungsanweisungen wird unter dem Risikomanagement-„Prozess" ein Netzwerk ineinander greifender, teilweise rückgekoppelter und andauernder Aktivitäten verstanden. Der Unterschied der Begriffe gleicht dem Unterschied zwischen einem Regler (Verfahren) und einem Regelkreis (Prozess).

Die Aktivitäten des Risikomanagementprozesses müssen sich über den gesamten *Lebenszyklus* einer Produkttype erstrecken. Dieser umfasst alle Produktstadien, von der Methodenwahl, Konzeption, Realisierung, Fertigung, Vermarktung bis zur Anwendungsbeobachtung (Marktüberwachung), den Weiterentwicklungen und dem Redesign der Gerätetype bis zur Beendigung der Produktion.

Im Risikomanagementprozess sind daher grundsätzlich alle Phasen eines *Geräte-Lebenslaufs* zu berücksichtigen, von der Produktion, dem Vertrieb und der Anwendung und Instandhaltung bis zur Außerbetriebnahme und Entsorgung (Abb. 2.5).

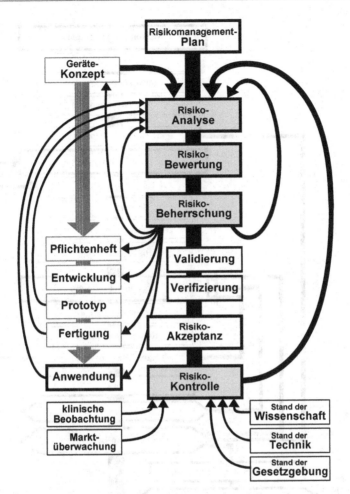

Abb. 2.6: Risikomanagementprozess mit den Kernelementen Risikoanalyse, -bewertung, -beherr-schung, -akzeptanz und -kontrolle

Den Risikomanagementprozess muss der Hersteller festlegen, dokumentieren und um-setzen (Abb. 2.6). Dabei müssen die Risiken identifiziert und bewertet werden, die sich im bestimmungsgemäßen Gebrauch, im ersten Fehlerfall und bei vorhersehbaren mensch-lichen Fehlern, also bei Irrtum, Missgeschick oder vorsätzlichem Missbrauch ergeben könnten. Anschließend sind Maßnahmen zu veranlassen, um die Risiken zu beherrschen. Es ist dabei auch zu überprüfen, ob die vorgeschlagenen Sicherheitsmaßnahmen zur Ri-sikoreduzierung tatsächlich umgesetzt wurden (Verifizierung) und in weiterer Folge zu klären, ob die Maßnahmen auch ausreichend und effizient genug waren, um die „Grund-legenden Anforderungen" zu erfüllen und das erforderlich niedrige Risikoniveau zu er-reichen (Validierung).

Ein Risikomanagementprozess (Abb. 2.7) ist daher weit mehr als bloß eine Risiko-analyse. Er umfasst:

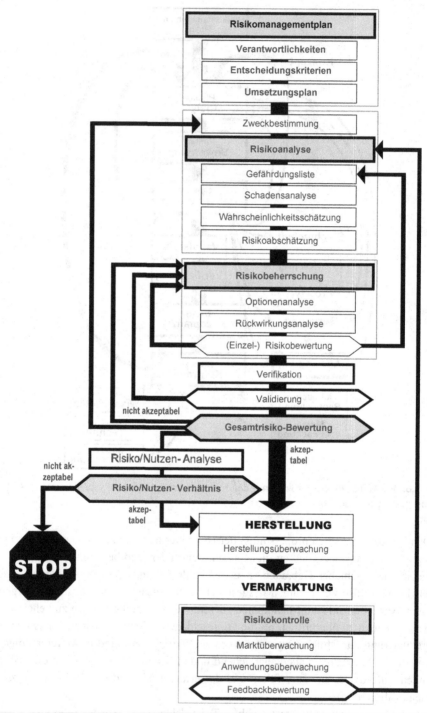

Abb. 2.7: Elemente des Risikomanagementprozesses

- die Erstellung eines *Risikomanagement-Planes* mit Vorgaben von Sicherheitszielen und der Kriterien zur Akzeptanz von Einzelrisiken und des Gesamtrisikos sowie der Entscheidungskriterien zur Ergreifung von Korrekturmaßnahmen, die Festlegung von Verantwortlichkeiten und Befugnisse und die Bereitstellung von ausreichenden personellen und materiellen Ressourcen. Die Erstellung von Vorgaben zur Festlegung von Umfang, Methodik und Zeitpunkten der Risikoanalyse im gesamten Produkt-Lebenszyklus, Risikobewertung, Risikoverringerung und Risikokontrolle, sowie die Planung der zur Verifizierung und Validierung erforderlichen Maßnahmen und Zeitpunkte. Es sind darüber hinaus auch die Herstellungsüberwachung und die an die Herstellung anschließenden Aktivitäten zur Marktüberwachung und klinischen Anwendungsbeobachtung festzulegen;
- die Durchführung der *Risikoanalyse* mit systematischer Gefahrenidentifizierung und Risikoabschätzung;
- die *Bewertung* aller vernünftiger Weise vorhersehbaren Einzelrisiken;
- die Bewertung des verbleibenden *Gesamtrisikos* aufgrund der vorgegebenen Akzeptanz- bzw. Ablehnungskriterien;
- die *Risikobeherrschung* durch Analyse der Handlungsoptionen, Entscheidung über Abhilfemaßnahmen und die Analyse ihrer möglichen Rückwirkungen;
- die *Verifizierung* der Umsetzung der im Pflichtenheft vorgesehenen Maßnahmen;
- die *Validierung* der Effizienz der vorgesehenen Maßnahmen zur Einhaltung der gesetzlichen Anforderungen;
- die *Risikokontrolle* und *–überwachung* durch aktive Erhebung von internen und externen Daten über praktische und klinische Anwendungserfahrungen, sowie deren Analyse und Bewertung in Hinblick auf die Auswirkungen dieser Erfahrungen auf die Risikoanalyse und Risikobeherrschung.

Eine schematische Zusammenfassung der Aktivitäten ist in Abb. 2.7 dargestellt.

2.2.1 Risikoanalyse

Die Durchführung und Dokumentation einer systematischen Risikoanalyse sollte heute ebenso zu den selbstverständlichen Tätigkeiten der Produktentwicklung zählen, wie die Erstellung eines Schaltplanes oder Platinen-Layouts zur elektronischen Umsetzung eines Schaltungskonzeptes. Die Risikoanalyse begleitet den gesamten Produkt-Lebenszyklus: Sie beginnt bereits im Stadium der Produktidee bei der Beurteilung der Machbarkeit und kann z. B. zu konstruktiven Vorgaben oder zu Einschränkungen der Zweckbestimmung, der Anwendungsbedingungen und des vorgesehenen Patientengutes führen. Im nachfolgenden Konzeptionsstadium ergeben sich aus der Risikoanalyse weitere Vorgaben für das Pflichtenheft. Nach der Realisierung werden die hard- und softwaremäßige Umsetzung und die sicherheitstechnischen Auswirkungen des Fertigungsprozesses einer Risikoanalyse unterzogen (Abb. 2.8). Nach der Herstellung werden die Risiken des Vertriebsweges

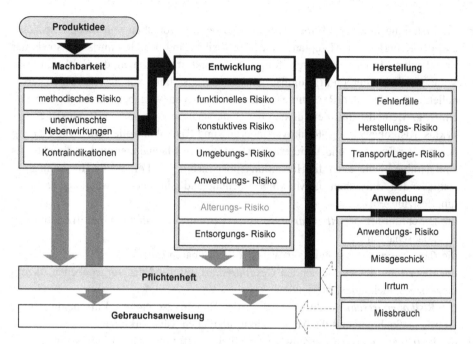

Abb. 2.8: Durchführung der Risikoanalyse während der Geräteentwicklung

und nach Vermarktung die Erfahrungen bei Anwendung des Produktes überwacht und
bewertet. Diese Daten sind in Hinblick darauf zu analysieren, ob die im Rahmen der Risikoanalyse getroffenen Schätzungen über Eintrittswahrscheinlichkeiten und Schadenshöhen zutreffend waren oder angepasst werden müssen (Abb. 2.7).

Der erste Schritt der Risikoanalyse besteht in der Identifizierung *aller* vernünftiger
Weise *vorhersehbaren* Gefährdungen. Dies ist ein sehr ambitioniertes Ziel und sollte
nicht unterschätzt werden. Gefährdungs- und Risikoanalyse sind nämlich kein „One-Man-
Job", der schnell erledigt werden kann, sondern erfordern einen intensiven Brainstorming-
Prozess, der im Team durchgeführt werden sollte. Dies ermöglicht stimulierende grup-
pendynamische Prozesse und sich gegenseitig ergänzenden Risikobewertungen durch die
unterschiedlichen Risikowahrnehmungen und –einschätzungen der beteiligten Personen.

Gefährdungs- und Risikoanalyse sind kein One-Man-Job

Es ist dabei entscheidend, dass das Brainstorming nicht zu früh abgebrochen wird, noch
bevor der Assoziations- und Indeenvorrat ausgeschöpft ist. Brain „storming" heißt ja,
den Assoziationen und Eingebungen freien Lauf zu lassen. Es ist daher wichtig, sich
nicht vorschnell selbst zu zensurieren. Es sollte auch grundsätzlich keine der spontan
genannten Gefährdungen ignoriert werden, selbst wenn sie zunächst noch so kurios erscheinen mag. Alles was schiefgehen kann, geht auch einmal schief, alles was denkbar
ist, kann auch einmal eintreten. Die Ermittlung des Risikos sieht ohnedies vor, dass

Schäden aus Gefahrensituationen noch mit ihrer Eintrittswahrscheinlichkeit bewertet werden und geringe Risiken ohne weitere Maßnahme akzeptiert werden können, wenn das Produkt aus Eintrittwahrscheinlichkeit und Schadenshöhe (in Relation zum Nutzen) tolerierbar klein ist.

Der Begriff „vernünftiger Weise vorhersehbar" ist zwar dehnbar. Seine Bedeutung erschließt sich jedoch (hoffentlich nicht erst) dann, wenn eine Mutter eines ums Leben gekommenen Kindes oder der Richter im Strafprozess die Frage stellt, ob die Umstände, die zum Unfall geführt haben, nicht vorhersehbar gewesen wären. Ob es denn z. B. nicht vorhersehbar gewesen wäre, dass ein Kind ersticken könnte, wenn es seinen Kopf zwischen den Stäben des Seitengitters eines Krankenhausbettes hindurch steckt und dabei hängen bleibt? Oder ob es denn nicht vorhersehbar gewesen wäre, dass ein Patient den Elektrotod erleiden könnte, weil die Bananenstecker des Anwendungsteils nicht nur in das Gerät, sondern auch in die benachbarte Netzsteckdose passen. Oder ob es nicht vorhersehbar gewesen sei, dass ein Patient sterben kann, wenn sich Darmgase durch einen Funken an der HF-Chirurgieelektrode explosionsförmig entzünden?

Durch die Risikoanalyse sind Gefährdungen zu erfassen und zu bewerten, die unter folgenden Umständen auftreten könnten:
- im bestimmungsgemäßen Normalbetrieb;
- beim Auftreten einer anormalen Bedingung (erster Fehlerfall);
- bei Unachtsamkeit, Irrtum, Vergessen und Unkenntnis;
- bei einer durch unzureichendes Design begünstigten (vorhersehbaren) Fehlhandlung;
- bei vorhersehbarem Missbrauch z. B. wegen einer entnervend aufwändigen Handlungsanweisung.

Die Unterschiede zwischen Gefährdung, Schaden und Risiko sind in Kap. 2.1 erläutert. Im Speziellen sind folgende Aspekte von Gefährdungen bzw. Gefahrenquellen zu analysieren:
- die **Methode**, z. B. ununterbrochene und akkumulierte Kontaktdauer, galvanische Verbindung des Patienten mit dem Stromkreis, Verabreichung bzw. Einwirkung von kritischen Substanzen, Energien, Drücken, Temperaturen oder gefährlicher Strahlung;
- die **Funktion**, z. B. lebensrettend, lebenserhaltend, lebensüberwachend, zustandsbewertend, messend, steuernd, therapierend;
- die **technische Realisierung**, z. B. der Ausfall von Bauteilen, Auftreten von Leckagen, Kombination von Risiken wie Elektrizität mit Sauerstoff und brennbaren Gasen, Zustandsverschlechterung durch Alterung oder Abnützung, Abhängigkeiten wie von der Elektroinstallation, der Versorgung mit (Druck-)Gasen oder Kühlmittel;
- der **Patient**, z. B. Alter, Allgemeinverfassung, Verwirrtheit, eingeschränktes Reaktionsvermögen wegen Bewusstlosigkeit oder Medikation, Bewegungsunfähigkeit, Schmerzunempfindlichkeit, Geräteabhängigkeit oder Kontraindikationen;
- **unerwünschte Nebenwirkungen**, z. B. Elektrisierung, Gewebsverbrennung, Gefäßruptur, Vergiftung, Quetschung, Bruch, Feuer, Explosion, elektromagnetische Störbeeinflussung;

- **Zubehör**, z. B. Funktionsrelevanz, Eignung, Genauigkeit, Zuverlässigkeit, Dauerhaftigkeit, Desinfizier- bzw. Sterilisierbarkeit;
- Umgebung, z. B. Emissionen, Immissionen, Feuchtigkeit, Temperatur, elektromagnetischer Störfelder, Drücke, Lasten;
- **Umwelt**, z. B. Abgabe von Gefahrenstoffen wie Narkosegase beim bestimmungsgemäßen Betrieb, unbeabsichtigte Abgabe durch Leckagen oder Diffusion, z. B. bei Gasverbindungen, durch Weichplastik, Abgabe in die Umwelt nach der Entsorgung;
- **Anwender**, z. B. erforderliches Verhalten, (Vor-)Kenntnisse, Aufmerksamkeit, Stress, Unachtsamkeit, Irrtum, vorhersehbarer Missbrauch;
- **Betreiber**, z. B. Aufstellung und Installation, Inspektion, Wartung, periodische Überprüfung.

Um wirklich alle relevanten Aspekte erfassen zu können, sollte die Identifizierung der Gefahren für die Risikoanalyse möglichst strukturiert vorgenommen werden. Um wirksame Abhilfemaßnahmen gegen das Auftreten von Schadensereignissen festlegen zu können, ist es erforderlich, die identifizierten Schadensereignisketten so lange weiter zu verfolgen, bis alle möglichen kausalen Zusammenhänge erhoben sind. Dabei ist zu beachten, dass für das Design und die Abhilfemaßnahmen meist verschiedene Handlungsoptionen bestehen, die sich hinsichtlich ihrer Effizienz unterscheiden können.

Zur Risikoanalyse gibt es zwei wesentliche methodisch unterschiedliche Ansätze (Abb. 2.9):
- die *Fehlerbaumanalyse* (FBA): Sie geht vom Schadensereignis aus und analysiert, was alles zum Schaden führen könnte (Top-Down Ansatz);
- die *Fehlermöglichkeits- und Einflussanalyse* (FMEA): Sie geht von den möglichen Fehlerfällen aus und verfolgt deren Auswirkungen über die Wirkungskette bis zum endgültigen Schadensereignis (Bottom-Up Ansatz).

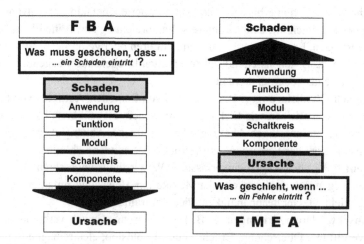

Abb. 2.9: Risikoanalysestrategien: Top-Down (Fehlerbaumanalyse) und Bottom-Up (Fehlermöglichkeits- und –Einflussanalyse)

2.2.1.1 Fehlerbaumanalyse (FBA)

Am Beginn des Produkt- Lebenszyklus, im Stadium der Methodenanalyse, stellt sich zur Entscheidung über die Machbarkeit einer Produktidee und zur Erstellung eines ersten Pflichtenheftes die Frage, welche Gefährdungen durch die anzuwendende Methode und/ oder die Funktion des Medizinproduktes zu erwarten sind. In diesem Fall bietet sich die Fehlerbaumanalyse an. Ausgehend von einer Liste von Gefahrenquellen und zugeordneten Gefährdungen wird dabei jeweils die Frage gestellt, was passieren muss, dass ein Schadensereignis eintritt:

> **Was muss geschehen, dass der Schaden eintritt?**

Dazu wird zunächst eine Liste der möglichen Gefahrenquellen erstellt, die dann Gefährdung für Gefährdung abgearbeitet wird. Für die einzelnen Gefahrenquellen werden die Schadensfolgen für Patient, Anwender und Umgebung im Normalfall, aber auch bei Auftreten von ersten Fehlerfällen (siehe Kap. 2.3.3) überlegt und Eintrittswahrscheinlichkeiten abgeschätzt. Anschließend werden die resultierenden Einzel-Risiken ermittelt und bewertet (siehe Kap. 2.2.2.1). Danach werden mögliche Abhilfemaßnahmen zur Vermeidung oder Verringerung des Risikos überlegt. Die Entscheidung, ob und welche Abhilfemaßnahmen zu Risikovermeidung und/oder Verringerung zu treffen sind, bleibt dem Hersteller überlassen. Dabei ist jedoch zu beachten, dass grundsätzlich verschiedene Optionen bestehen können, die sich jedoch hinsichtlich ihrer Effizienz (Sicherheitsstufe) unterscheiden.

Nach der Ermittlung der Einzelrisiken erfolgt daher die

Optionenanalyse

Grundsätzlich kann entschieden werden zwischen *direktem* Schutz durch konstruktiven Maßnahmen, also Hardware- oder Software-Lösungen, *indirektem* Schutz durch sekundäre Maßnahmen und *Warnhinweisen*.

Im Reizstromgeräte-Beispiel ergäben sich z. B. folgende möglichen Abhilfemaßnahmen

- *unmittelbare* Sicherheit durch konstruktive Maßnahme (Sicherheitsstufe 1) durch Begrenzung des Ausgangsstroms auf einen sicheren Wert, der Herzkammerflimmern grundsätzlich ausschließt oder
- *mittelbare Sicherheit* (Sicherheitsstufe 2) z. B. durch Abgabe eines Warntones zur Steigerung der Aufmerksamkeit und Erhöhung der Vorsicht bei Überschreitung sicherer Ausgangswerte und
- *hinweisende Sicherheit* (Sicherheitsstufe 3) durch Anbringung von Warnhinweisen am Gerät und in der Gebrauchsanweisung, die auf die bestehenden Risiken aufmerksam machen.

Da es sich bei der Risikoanalyse um einen Brainstorming-Prozess handelt, wird erst in einem getrennten Schritt über die tatsächliche Durchführung einer Abhilfemaßnahme entschieden. Da diese jedoch ihrerseits zu neuen Gefährdungen führen könnte, sind auch die potenziellen Rückwirkungen zu analysieren.

Beispiel:

Das Schneiden von Gewebe wäre mit hohen elektrischen Stromdichten mit 50 Hz-Netzstrom technisch einfach zu realisieren. Eine wesentliche Gefährdung ergäbe sich jedoch in diesem Fall aus der unerwünschten Nebenwirkung, dass der Schneidestrom auch Nerven- und Muskelzellen stimuliert würde, sodass der bewusstlose Patient am Operationstisch unkontrolliert zucken würde. Eine Abhilfemaßnahme bestünde daher darin, zwar das Prinzip des Schneidens mit hohen Stromdichten beizubehalten, jedoch die Frequenz über 100 kHz zu erhöhen, weil dann keine Zellerregung mehr stattfinden kann (siehe Kap. 8.1.2). Aus diesem Grund wird ja auch Hochfrequenz- und nicht Netzfrequenz-Chirurgie betrieben. Diese Abhilfemaßnahme führt jedoch zu Rückwirkungen in Form neuer Gefährdungen. Sie bestehen darin, dass nun vom Patientenstromkreis hochfrequente elektromagnetische Störfelder ausgehen, die direkte Wirkungen zur Folge haben könnten, z. B. gesundheitlich relevante Überexpositionen des Personals, aber auch indirekte Wirkungen, z. B. Funktionsstörungen von Patientenmonitoren oder des implantierten Herzschrittmachers eines Patienten.

Abschließend wird die Effizienz der Maßnahmen zur Risikobeherrschung bewertet, indem das verbleibende Einzel-Restrisiko abgeschätzt wird. Das Gesamtrisiko ergibt sich durch eine zusammenfassende Bewertung aller Einzelrisiken (siehe Kap. 2.2.2.2). Tabelle 2.1 zeigt das Vorgehen am Beispiel eines FBA-Protokolls. Es sollte systematisch von links nach rechts bearbeitet werden.

Beispiel:

Bei einem Reizstromgerät mit einem vorgesehenen Ausgangsstrom bis 80 mA wäre z. B. Folgendes zu berücksichtigen:

- die direkte Durchströmung des Patienten mit elektrischem Strom ist eine Gefahrenquelle;
- sie ist bereits im Normalfall und erst recht im ersten Fehlerfall gegeben,
- bei dem vorgesehenen Ausgangsstrom von 80 mA kann eine Gefährdung durch Herzklammerflimmern entstehen;
- die Folge der Gefährdung kann der Tod des Patienten sein;
- die Eintrittswahrscheinlichkeit, dass der Stromweg über das Herz führt, muss (vor entsprechenden Abhilfemaßnahmen) mit „manchmal" oder „häufig" angenommen werden;
- mit Hilfe der Risikomatrix (Abb. 2.10) ergäbe sich dann eine Bewertung, die das Risiko als „nicht akzeptierbar" (Risikostufe 1) anzusehen ist.

Tab. 2.1: Beispiel eines komprimierten Risikoanalyse-Protokolls

	Risikoanalyse													Version
Produkt														Datum
Zweck														Bearbeiter
														Genehmiger
Gefahrenquelle	Gefährdung	NC	SFC	Folgen für das Schutzgut	E	S	R	Abhilfe	RW	SS	DM	E	S	RR
Methode														
Funktion														
techn. Lösung														
Patient														
Nebenwirkungen														
Zubehör														
Umgebung														
Umwelt														
Anwender														
Betreiber														

NC Normalbedingung, *SFC* Erster Fehlerfall, *R* Einzel-Risikostufe, *E* Eintrittswahrscheinlichkeit, *S* Schadenshöhe *SS* Sicherheitsstufe, *DM* durchzuführende Maßnahme, *RW* Rückwirkung, *RR* Einzel-Restrisikostufe

2.2.1.2 Fehlermöglichkeits-und Einfluss-Analyse (FMEA)

Im Stadium der praktischen Umsetzung eines Gerätes, z. B. des Baus des Funktionsmusters, eines Prototypen oder des Seriengerätes hat die Risikoanalyse zum Ziel, systematisch zu untersuchen, welche Gefährdungen von der hard- und softwaremäßigen Realisierung im Fall eines anormalen Zustandes (erster Fehlerfall) ausgehen könnten, ob und welche Konsequenzen dies auf übergeordnete Strukturen haben und ob dies letztlich zu einem relevanten Schadensereignis führen könnte. Für diese Art von Fragestellung bietet sich die Fehlermöglichkeits- und Einfluss-Analyse an. Ausgehend von der Realisierung des Produktes wird dabei für die sicherheitsrelevanten (Bau-)Teile jeweils die Frage gestellt:

Was geschieht, wenn der Fehler eintritt?

Um geeignete Abhilfemaßnahmen erkennen zu können, ist es erforderlich, die Ereignis-kette weiter zu verfolgen, bis alle möglichen Konsequenzen des Fehlers identifiziert sind, und zwar (bottom-up) von den einzelnen Bauteilen, über Schaltkreise, Module und die Funktion bis zum Anwender und der Umgebung.

2.2.1.3 Kombinierte Fehleranalyse

Insbesondere bei komplexeren Geräten kann es bei der Fehlermöglichkeits-und -einfluss-analyse einen enormen oder sogar nicht mehr akzeptierbaren Aufwand bedeuten, alle Bau-elemente zu erfassen, zu analysieren, Fehlerauswirkungen zu bewerten und Risiken (Ein-trittswahrscheinlichkeiten und Schadensfolgen) abzuschätzen. Einen Ausweg bietet hier die kombinierte Fehleranalyse.

Um den Aufwand für die FMEA in praktikablen Grenzen zu halten, wird der Ana-lyseumfang eingeschränkt, indem FBA und FMEA kombiniert werden. Dazu hat es sich bewährt, zunächst mit Hilfe der FBA die Relevanz von Baugruppen bzw. Bauteilen für das Eintreten von Schäden zu bestimmen und anschließend die FMEA nur mehr auf die sicherheitsrelevanten Elemente zu beschränken.

2.2.2 Risikobewertung

2.2.2.1 Einzelbewertung

Risikoklassifizierung
Das Risiko von Medizinprodukten lässt sich im Allgemeinen quantitativ nicht ermitteln. Es kann jedoch qualitativ abgeschätzt werden, indem die Eintrittswahrscheinlichkeit und das Schadensausmaß in sprachlich umschriebene Kategorien eingeteilt werden. Daraus ergibt sich eine begrenzte Anzahl möglicher Kombinationen der beiden Parameter, die in Form einer Risikomatrix dargestellt werden können.

So kann z. B. die Eintrittswahrscheinlichkeit klassifiziert werden in
häufig/manchmal/gelegentlich/selten/unwahrscheinlich/unglaublich.
Selbst eine unglaublich niedrige Eintrittswahrscheinlichkeit bedeutet dabei noch nicht, dass ein Schadensfall grundsätzlich ausgeschlossen werden kann. Der Grund liegt im Murphy'schen Erfahrungsgesetz. Es lautet:

> **Alles, was schief gehen kann, geht auch tatsächlich einmal schief!**

Wenn daher von Herstellern argumentiert wird, ein Mangel sei tolerierbar, weil ja bisher noch nie etwas passiert sei, so ist dieses Argument kein Gegenbeweis für dieses Gesetz.

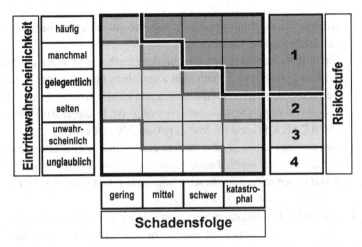

Abb. 2.10: Risikomatrix mit Risikostufen 1 bis 4 in Abhängigkeit von Eintrittswahrscheinlichkeit und Schadensfolge

Selbst wenn die Firma tatsächlich über ein lückenloses Rückmeldesystem verfügen würde und mit keiner Dunkelziffer zu rechnen wäre, bedeutet dieses trügerische Argument lediglich, dass die Eintrittswahrscheinlichkeit des durch den Mangel zu erwartenden Schadens kleiner ist, als sie aus der Beobachtungsdauer der vermarkteten Geräte abgeleitet werden kann – und dies ist gerade bei neu entwickelten oder in geringen Stückzahlen verkauften und/oder selten angewendeten Geräten nicht imponierend viel.

Auch die Schadensfolge lässt sich meist nicht quantitativ beziffern. In der Praxis ist jedoch eine qualitative Einstufung durchaus möglich, z. B. in

gering/mittel/schwer/katastrophal.

Mit diesen qualitativen Kategorien ergibt sich eine überschaubare Anzahl möglicher Kombinationen der beiden Parameter, die in Form einer Risikomatrix dargestellt werden können (Abb. 2.10).

Risikobewertung

Aufgrund der Vielfältigkeit der Medizinprodukte und der unterschiedlichen Größe ihres Nutzens lässt sich keine universelle Regel für die Akzeptierbarkeit eines Risikos ableiten. Sie hängt ja vom Verhältnis zum Nutzen, aber auch von den Risiken von bestehenden Alternativen ab (siehe Kap. 2.2.3). Es besteht jedoch grundsätzliche Einigkeit darüber, dass die Bemühungen, das Risiko zu verringern oder zu minimieren, umso intensiver sein müssen, je häufiger und schwerer die möglichen Schäden durch ein Produkt sein können. Grundsätzlich lassen sich vier Risikostufen ableiten:

Risikostufe 1: Sie umfasst nicht akzeptierbar große Risiken. In Ausnahmefällen könnten sehr große Risiken lediglich dann gerechtfertigt werden, wenn keine oder keine schonenderen Handlungsalternativen zur Verfügung stehen und die

Risiko/Nutzen-Analyse einen das Risiko ausreichend übersteigenden Nutzen ergäbe (siehe Kap. 2.2.3).

Risikostufe 2: Sie umfasst hohe Risiken, die nur akzeptierbar sind, wenn der Nutzen ausreichend groß ist und wenn alles Zumutbare unternommen wurde, um das verbleibende Risiko zu minimieren, um es also so weit zu erniedrigen, wie es *mit vernünftigem Aufwand erreichbar* ist. In dieser Risikostufe gilt also das **ALARA**-Prinzip (as low as reasonably achievable).

Risikostufe 3: Sie umfasst Risiken, die akzeptierbar sind, wenn alles unternommen wurde, um das verbleibende Risiko mit *wirtschaftlich vertretbarem Aufwand* zu reduzieren. In dieser Risikostufe gilt also das **ALARP**-Prinzip (as low as reasonably practicable).

Risikostufe 4: Sie umfasst allgemein akzeptierbar niedrige Risiken, wobei aber dennoch eine weitere Reduzierung angestrebt werden sollte, wenn dies mit einfachen und kostengünstigen Maßnahmen möglich ist.

2.2.2.2 Gesamtbewertung

Die Risikoanalyse führt zu einer Reihe von bewerteten Einzelrisiken. Auch wenn die Einzelrisiken akzeptierbar sind, muss dies jedoch noch nicht bedeuten, dass auch das kumulative Gesamtrisiko akzeptierbar ist. So wie ein einziger Bienenstich zwar unangenehm, aber meist akzeptierbar ist, während viele Bienenstiche sogar tödlich sein können, wenn sie in kurzer Zeit erfolgen, so kann auch das Auftreten vieler für sich allein akzeptierbarer Einzelrisiken zu einem nicht akzeptierbaren Gesamtrisiko führen.

Es ist daher auch eine Gesamtbewertung der erkannten Risiken vorzunehmen. Dabei ist zu beachten, dass die gesamte Lebensdauer eines Gerätes in die Betrachtung einbezogen werden muss. Dabei ist zu analysieren,

- wie sehr sich durch *die Menge* der Einzelrisiken die Wahrscheinlich des Auftretens eines Risikos verändert hat. So wie mit der Anzahl der gekauften Lose die Gewinnwahrscheinlichkeit steigt, so steigt auch die Wahrscheinlichkeit, dass eines der Einzelrisiken auftritt, mit ihrer Anzahl. Sind Risiken daher von einander *unabhängig*, ergibt sich die Gesamt-Eintrittswahrscheinlichkeit durch Addition der Einzel-Eintrittswahrscheinlichkeiten, sodass also die Menge von Einzel-Schadensereignissen eine höhere Einstufung bezüglich der Wahrscheinlichkeit des Auftretens eines Einzelrisikos zur Folge haben könnte. In diesem Fall würde sich der Schweregrad der Schadensfolgen nicht ändern und in der Risikomatrix (lediglich) eine höhere Stufe der Eintrittswahrscheinlich innerhalb derselben Schadens-Spalte ergeben.

- ob Einzelrisiken *einander verstärken* könnten. Kann aufgrund der Menge an Einzelrisiken das gleichzeitige Auftreten zweier oder mehrerer Einzelrisiken nicht mehr ausgeschlossen werden, so ist zu beurteilen, ob es zu schwereren Auswirkungen führen könnte, wenn zwei oder mehrere Einzelrisiken gleichzeitig auftreten. Dadurch könnte sich in der Risikomatrix sogar eine Verschiebung in eine höhere Schadens-Spalte ergeben (Abb. 2.11). Die Wahrscheinlichkeit des *gleichzeitigen* Auftretens von einander un-

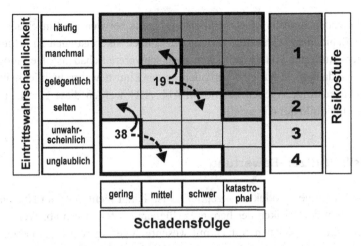

Abb. 2.11: Eingetragene Anzahlen von Einzelrisiken in die Gesamtrisiko-Matrix zur Gesamtbewertung unter Berücksichtigung von einander unabhängiger Einzelrisiken und erhöhten Schadensfolgen aufgrund einander verstärkender Einzelrisiken

abhängiger Einzelrisiken ergibt sich durch Multiplikation ihrer Einzel-Eintrittswahrscheinlichkeiten und ist daher niedriger als die Einzel-Eintrittswahrscheinlichkeit.

Anmerkung: *Eine verstärkende Wirkung könnte sich z. B. bei der HF-Chirurgie durch die Erhöhung der Stromdichte bei Ablösung der Neutralelektrode (erstes Einzelrisiko) in Verbindung mit einer verminderten Gewebsdurchblutung z. B. wegen des Auflagedruckes oder des Alters des Patienten (zweites Einzelrisiko) ergeben. Die verminderte Wärmeabfuhr würde dann zu einer wesentlichen Erhöhung des Schweregrades einer Verbrennung führen.*

Gesamtrisiko-Matrix

Das Ergebnis der Gesamtbewertung hängt von der Gesamtzahl und den gegenseitigen Beziehungen der Einzelrisiken ab, aber auch von der Art des Gerätes und der Dauer und Häufigkeit seiner Anwendung. Als Konsequenz könnte sich durchaus die Notwendigkeit der weiteren Reduzierung von an sich bereits tolerierten Einzelrisiken ergeben.

Eine allgemeine Regel zur Ermittlung des Gesamtrisikos lässt sich nicht angeben. Es empfiehlt sich jedoch, eine Gesamtrisiko-Matrix zu erstellen, in die zunächst die gefundenen Summen der Einzelrisiken in die jeweils zutreffenden Matrixelemente eingetragen werden (Abb. 2.11). Die Schwelle zur Höherstufung der Klasse der Eintrittswahrscheinlichkeit ist bei unterschiedlichen Eintrittswahrscheinlichkeiten und Schadenshöhen verschieden. Das Kriterium, wie viele Einzelrisiken erforderlich sind, um z. B. ein noch tolerierbar kleines Risiko (z. B. „unwahrscheinlich niedrige" Eintrittswahrscheinlichkeit und „geringe" Schadensfolge) zu einem ALARP-Risiko werden zu lassen, kann z. B. bei geringen Schadensfolge großzügiger sein als bei Risiken mit schweren oder katastrophalen Folgen. Dort wäre ein strengerer Maßstab anzulegen und eine Höherreihung

der anzunehmenden Eintrittswahrscheinlichkeit bereits bei weniger Einzelrisiken vorzunehmen. Im Rahmen der Gesamtbewertung der Einzelrisiken ist auch zu prüfen, ob bei
gleichzeitigem Auftreten von Einzelrisiken auch schwerere Schadensfolgen möglich wären, wobei sich dann nicht nur eine Veränderung der Eintrittswahrscheinlichkeit, sondern
auch der Schadensfolge ergeben könnte. In Abb. 2.11 werden diese Überlegungen zur
Gesamtbewertung bildhaft dargestellt.

2.2.3 Risiko/Nutzen-Bewertung

Ob das Restrisiko eines Produktes akzeptierbar ist, hängt nicht nur vom Nutzen an sich,
sondern auch von den Risiken der bereits verfügbaren Alternativen ab. Wenn es bereits
Produkte gibt, die den gleichen Nutzen mit wesentlich geringerem Risiko erzielen, kann
die Entscheidung, ob das Risiko/Nutzen-Verhältnis akzeptierbar ist, negativ ausfallen.

Die Analyse und Bewertung des Risiko/Nutzen-Verhältnisses ist vor allem dann erforderlich, wenn trotz aller Bemühungen um Reduzierung der Risiken die Gesamtbewertung
des Restrisikos zu einem zunächst nicht akzeptierbar hohen Risiko führt. Dies müsste im
Allgemeinen zum Abbruch des Entwicklungsprojektes führen. Es könnte aber dennoch
gerechtfertigt sein, auch Produkte mit sehr hohem Risiko zu realisieren, wenn andere Alternativen fehlen oder mit noch größerem Risiko verbunden wären.

> **Beispiel:**
> So war es vertretbar, Herztransplantations-Anwärter mit einem künstlichen Herzen
> zu versorgen, um die Wartezeit auf einen geeigneten Organspender zu überbrücken,
> auch wenn dies mit einem lebensbedrohlich hohen Infarktrisiko verbunden war,
> weil die damaligen Handlungsalternative der Nicht-Anwendung den sicheren Tod
> des Patienten innerhalb noch kürzerer Zeit bedeutet hätte.

Nutzen
Der Nutzen einer Behandlung ist jedoch häufig nicht leicht zu objektivieren, besonders in
jenen Fällen, wo die Gesundung des Patienten nicht (mehr) erreicht werden kann. Hier sind
die Verbesserung seines Allgemeinbefindens und seiner Selbständigkeit, die Schmerzre-
duzierung, die Verbesserung Lebensqualität und Lebensverlängerung zu bewerten. Dies
wirft besonders in jenen Fällen ethische Fragen auf, wo ein Parameter nur auf Kosten
eines oder mehrerer anderer verbessert werden kann, z. B. die Verlängerung des Lebens
auf Kosten der Lebensqualität. Die Nutzen/Risiko Analyse hat daher zu berücksichtigen:
- den Nutzen für den Patienten;
- die Wahrscheinlichkeit, mit der der Nutzen erreicht werden kann. Diese kann insbesondere bei neuartigen innovativen Produkten schwer abschätzbar sein;
- das Nutzen/Risiko-Verhältnis bestehender alternativer klinischer Optionen;

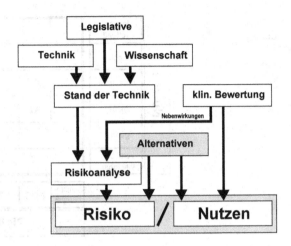

Abb. 2.12: Einflussfaktoren auf die Risiko/ Nutzen-Bewertung

- das Nutzen/Risiko-Verhältnis bestehender alternativer Produkte;
- die Verfügbarkeit von Alternativen, denn nicht immer sind an sich bestehende Alternativen auch verfügbar. Die Gründe können verschieden sein, z. B. die Lieferbarkeit, Finanzierbarkeit, Anwendbarkeit etc.
- das Risiko der Nicht-Anwendung und damit der Nicht-Behandlung;

Das Ergebnis der Nutzen/Risiko-Analyse ist jedoch nicht auf Dauer unverrückbar gültig. Da sich Wissenschaft und technische Möglichkeiten ständig weiterentwickeln, könnten sich auch neue schonendere und/oder effizientere Alternativen ergeben, sodass die Nutzen/Risiko-Analyse regelmäßig zu aktualisieren ist (Abb. 2.12).

Die Dokumentation der Risiko/Nutzen-Gesamtbewertung kann wieder durch eine Matrix qualitativer Einstufungen erfolgen (Abb. 2.13), in der das Risiko und der Nutzen des Produktes, gemeinsam mit jenen von Alternativprodukten und der Nicht-Behandlung eingetragen werden. Dabei lässt sich auch der Nutzen qualitativ einstufen z. B. in

vernachlässigbar/gering/mäßig/erheblich/hoch/lebensrettend

das Risiko in

vernachlässigbar/gering/mittel/hoch/lebensgefährlich.

Das in Abb. 2.13 dargestellte Beispiel zeigt, dass bei Nichtbehandlung (N) ein hohes Risiko besteht und der Nutzen, der auf den Selbstheilungskräften der Patienten beruhen würde, vernachlässigbar gering wäre. Das würde zunächst dafür sprechen, dass der erhebliche Nutzen der Produktvariante P2 das hohe Risiko rechtfertigen könnte. Allerdings gibt es bereits zwei Alternativprodukte A1 und A2 am Markt, die bei geringerem Risiko einen größeren Nutzen als die Nichtbehandlung erreichen. Das Nutzen/Risiko-Verhältnis der Produktvariante P1 wäre daher nicht vertretbar, da ein geringer Nutzen mit

Abb. 2.13: Risiko/Nutzen-
Bewertung. P1,2...Produkt-
variante 1 und 2, A1,2...
bereits am Markt vorhandene
Alternativen 1 und 2, N...
Nichtbehandlung

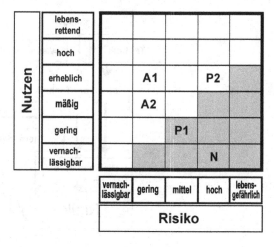

einem mittelhohen Risiko erkauft werden müsste und es im Vergleich zu den bestehenden
Alternativen deutlich schlechter abschneidet. Die Produktvariante P2 brächte hingegen
einen erheblichen Nutzen, die bestehende Alternative A1 kann jedoch den gleich hohen
Nutzen mit wesentlich weniger Risiko erreichen. Es wäre daher auch die Variante P2 mit
einem nicht vertretbaren Risiko/Nutzen Verhältnis verbunden.

2.2.4   Risikokontrolle

Das Risiko eines Medizingerätes hängt nicht nur von der Konzeption, der konstruktiven
Umsetzung und der Ausfallswahrscheinlichkeit der verwendeten Bauteile und Komponenten ab. Es wird auch vom Herstellungsvorgang selbst, dem Vertrieb, der Anwendung
und der Instandhaltung beeinflusst.
Da sich die Risikoanalyse sowohl bezüglich der Eintrittswahrscheinlichkeit als auch
des Schadens auf Schätzungen stützen muss, besteht ein wesentliches Element des Ri-

---

Meldung: Brandheiße Heizmatten
Kurzschlüsse erzwingen Rückruf
Michigan: Die Verwendung von Heizmatten führte zu Verbrennungen und Bränden. Wie sich herausstellte, waren die Anschlusskabel nicht ausreichend befestigt,
sodass es zu Kurzschlüssen und in weiterer Folge zu Brandwunden und zu Bränden
kam. Die Herstellerfirma musste 5 Modelle vom Markt zurückrufen, deren Herstel-
lungscode mit „01" endet.

---

sikomanagements darin, zu kontrollieren, ob die Schätzungen zutreffend waren. In der
praktischen Anwendung könnte es sich ja erweisen, dass sich Schadensereignisse häufiger ereignen und/oder schwerer verlaufen, als angenommen oder dass Schadensereignisse

auftreten, die in der Risikoanalyse nicht bedacht worden sind. Der Hersteller ist daher dazu verpflichtet, ein Verfahren einzurichten, mit dem Informationen aus den der Fertigung nachgelagerten Phasen und der Anwendung des eigenen, aber auch von vergleichbaren Produkte laufend gesammelt, überprüft und bewertet werden können /32/,/53/. Ziel ist es nicht nur, produkt- oder produktionsspezifische Schwachstellen zu erkennen, sondern die vorgenommene Risikobewertung am Prüfstand der praktischen Anwendung und im Licht des technisch-wissenschaftlichen Fortschritts, vor allem aber auch die klinischen Leistungen laufend zu überprüfen.

Marktüberwachung

Das Argument, das Produkt sei in Ordnung, da keinerlei Beanstandungen eingelangt sind, ist keineswegs überzeugend. Es reicht für einen Hersteller heute nämlich nicht, passiv auf Schadensmeldungen zu warten. Er ist nämlich verpflichtet, aktiv laufend Informationen einzuholen und zu bewerten. Dazu muss ein Hersteller einen ständigen Prozess zur Aktualisierung seiner Daten unterhalten, der auf einen dokumentierten Plan zur Überwachung nach dem Inverkehrbringen beruht und die laufende Aktualität der Risikobewertung und die Sicherheit und medizinische Leistung des Produktes sicherstellen soll /53/. Der Überwachungsplan muss die vorgesehenen Methoden und Verfahren enthalten für die Erfassung der Erfahrungen mit dem eigenen, aber auch von äquivalenten oder vergleichbaren anderen Produkten hinsichtlich der Anwendung und der erbrachten klinischen Leistung. Der Plan muss aber auch die Erfassung der aktuellen wissenschaftlichen Literatur und andrer Quellen klinischer Daten festlegen und das Zusammenführen und Bewerten der eingeholten Daten regeln.

Ein Hersteller hat viele Möglichkeiten, zu auswertbaren Marküberwachungsdaten zu kommen. Dazu gibt es interne und externe Quellen. Der Aufwand, den er dabei treiben muss, steigt mit der Risikoklasse seines Produktes. Dabei sind nicht nur konstruktive Mängel oder Mängel der Herstellung zu beachten. Gefahrensituationen können auch aus subtileren Gründen entstehen wie z. B. wegen ungeeigneter Verpackung, falscher Beschriftung bzw. Kennzeichnung, fehlerhafter Gebrauchsinformationen oder mangelhafter Gebrauchstauglichkeit. So mussten z. B. mit falschen Volumenangaben versehene Insulinspritzen vom Markt zurückgerufen werden, weil dies zu gefährlichen Überdosierungen geführt hatte. Ein Marktrückruf war auch für unsterile HF-Chirurgie-Denervierungselektroden erforderlich, die irrtümlich als steril gekennzeichnet auf den Markt gebracht worden waren.

Meldung: Tot wegen Verpackung
Insulinspritzen zurückgerufen
Massachusetts: Spritzen, die mit 100 ml Insulin gefüllt waren, wurden irrtümlich in Verpackungen für 40 ml Insulin ausgeliefert. Da die dadurch verursachte Überdosierung zu gefährlichen Gesundheitsschäden bis zum Tod führen konnte, musste die betroffene Charge vom Hersteller vom Markt zurückgerufen werden.

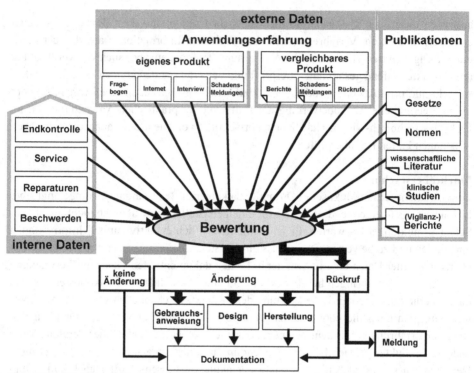

Abb. 2.14: Risikokontrolle durch Aktivitäten nach der Fertigung durch Erfassung und Auswertung interner und externer Daten

Die für einen Hersteller am leichtesten verfügbaren und kostengünstigsten Informationen zur Anwendungsbeobachtung sind seine eigenen internen Daten, die er ohnehin zur Verfügung hat – sofern er den Datenschatz auch hebt und der Erfassung und systematischen Auswertung zur Risikokontrolle zugänglich macht, sowie externe Daten, deren Erfassung aufwändiger ist (Abb. 2.14).

- *Interne* Daten fallen im Geschäftsbetrieb zwangsläufig an und wären daher grundsätzlich leicht verfügbar. Ihre Auswertung kann daher in jedem Fall vorgenommen werden, unabhängig davon, welches inhärente Risiko ein Medizinprodukt besitzt. Sie ermöglicht ja nicht nur die Überprüfung der Risikoschätzung. Die Aufbereitung in Form von Trendkurven erlaubt es auch, ökonomisch relevante Informationen zu erhalten, z. B. um Verschlechterungen am Produkt aufgrund aufgetretener Mängel in der Herstellung, bei Lieferanten usw. feststellen zu können. Interne Daten sind z. B.
    - bei Endkontrollen festgestellte Rückweisungsraten und –ursachen. Sie erlauben Rückschlüsse auf Schwachstellen im Fertigungsprozess und/oder der verwendeten bzw. zugekauften Komponenten;
    - Service-Reparatur- und Reklamationsaufzeichnungen;
    - Ergebnisse der wiederkehrenden Prüfungen und Inspektionen beim Anwender. Sie ermöglichen Rückschlüsse auf Risiken aufgrund der Konstruktion, Anwendung und Wartung;

- Zwischenfall-Meldungen, einschließlich solcher, die der Meldepflicht nicht unterliegen. Sie können auf bisher nicht erkannte schwerwiegende Mängel hinweisen.
- **Externe** Daten über die Anwendungserfahrungen sind meist nur mit größerem Aufwand und Kosten zu erheben. Teure Initiativen werden daher meist erst dann ergriffen, wenn ein Produkt neuartig und/oder mit einem höheren Risiko verbunden ist. Es bietet sich eine Reihe von Möglichkeiten an, zu externen Daten zu kommen z. B.
    - durch Aufforderung der Kunden bzw. Anwender zu Rückmeldungen über das Internet;
    - durch aktive Befragung der Händler und/oder Anwender über ihre Erfahrungen mit dem Produkt (z. B. mittels Fragebögen, persönlicher Interviews oder Telefoninterviews);
    - durch Recherche über Meldungen von Anwendungserfahrungen, Risiken, Zwischen- oder Schadensfälle vergleichbarer Produkte.

Anmerkung: *Die FDA der USA erhält jährlich einige Hunderttausend Meldungen über Fälle vermuteter Medizinprodukt-bezogener Todesfälle, schwerer Verletzungen und Fehlfunktionen (Informationen auf www.fda.gov/medicaldevices) bzw. auf MAUDE (Manufacturer and User facility Device Experience) auf www.accessdata.fda.gov. Australien veröffentlicht Vigilanzfälle auf der Datenbank DAEN (Database of Adverse Events Notification) der Australischen Gesundheitsbehörde (www.tga.gov.au/medical-devices-safety). Informationen finden sich auch auf der Europäischen Datenbank EUDAMED (European DAtabank on MEdical Devices (ec.europa.eu/health/medical-devices).*

- durch Recherche über Meldungen über Rückrufaktionen vergleichbarer Produkte, z. B. über Homepages der Gesundheitsbehörden;
- durch Recherche über durchgeführte klinische Studien, z. B. duf der COCHRANE Datenbak (www.cochranelibrary.com).

Weitere externe Daten, die **jedenfalls** laufend erhoben werden müssen sind jene, die Änderungen des anerkannten Standes der Technik dokumentieren und daher Korrekturen der Risikoanalyse und des Produktes notwendig machen könnten, z. B.:
- neue Normen und Vorschriften (z. B. auf www.cenelec.eu und www.cen.eu);
- von der Europäischen Kommission harmonisierte Normen (auf http://ec.europa.eu/enterprise/policies/european-standards/harmonised-standards/index_en.htm)
- neue wissenschaftliche Ergebnisse, die die Risikoeinschätzung beeinflussen könnten. Eine Liste von Datenbanken befindet sich z. B. auf de.wikipedia.org/wiki/Datenbank-Infosystem.

Falls die Rückmeldungen ergeben, dass sich der Stand der Technik und Wissenschaft geändert hat oder die Anwendungserfahrungen mit dem eigenen oder vergleichbaren Produkten gezeigt haben, dass Schwachstellen oder zusätzliche Risiken existieren, dass die Risikoanalyse unvollständig ist oder dass Schätzungen zur Risikoermittlung korrigiert werden müssen, sind die Auswirkungen auf das Risikomanagement zu überprüfen. Je nach der Bewertung der Rückmeldungen reicht entweder die Dokumentation der Bewertung ohne weitere Maßnahmen oder es sind zusätzlich Korrekturmaßnahmen vorzusehen, die sich auf das Design, die Gebrauchsanweisung (einschließlich neuer Warnhinweise) und/oder die Fertigung erstrecken können. In Fällen akuter Gefährdung können (meldepflichtige) Rückrufe erforderlich sein (Abb. 2.14).

2.2.5   Software

Bei der Marktzulassung von medizinischer Software läuft der Hersteller Gefahr, in eine Falle zu tappen. Software ist nämlich ein Produkt, dessen Konformität in fertigem Zustand mit vertretbarem Aufwand nicht mehr überprüfbar ist. Aus diesem Grund wird der Entwicklungs*prozess* der Software überprüft, in der Annahme, dass ein zuverlässiger Prozess auch ein zuverlässiges Ergebnis gewährleistet. Voraussetzung dafür ist, dass der Software-Hersteller über ein Qualitätsmanagementsystem gemäß EN ISO 13585 verfügt /28/ und auch für Software den Risikomanagementprozess nach EN ISO 14971 anwendet /25/.

Der Entwickler einer Software muss daher rechtzeitig die geforderten Strukturen, Abläufe und Verfahren festlegen und erst danach die Software erstellen und dokumentieren (Abb. 2.15). Eine nachträgliche Anfertigung von Dokumentationen des Entwicklungs- und Risikomanagementprozesses auf Verlangen einer Prüfstelle würde der der Überprüfungs- und Sicherheitsstrategie zugrunde liegenden Annahme nicht entsprechen.

Da Software überdies ein Produkt ist, das sich im Vergleich zur Hardware besonders leicht adaptieren, verändern und weiterentwickeln lässt, erfordert das Änderungsmanagement der Dokumentation ein besonders sorgfältiges und strukturiertes Vorgehen, das die Lenkung der Dokumente einschließlich der Kennzeichnung mit Versions-Nummer, Datum, Verfasser, Überprüfer und Freigeber mit einschließt.

Abb. 2.15: Einteilung der Software nach ihrem Risikopotenzial

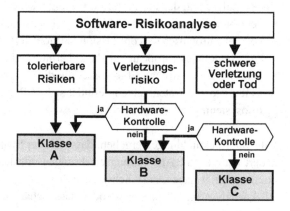

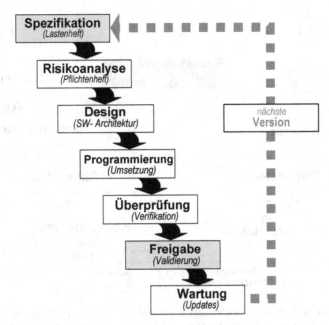

Abb. 2.16: Software-Entwicklung nach dem Wasserfall-Modell

Wie jedes Medizinprodukt muss auch medizinische Software einem Risikomanagementprozess gemäß EN ISO 14971 /25/ unterliegen, dessen Umsetzung im Technischen Bericht IEC/TR 80002 /60/ erläutert wird. Die Softwareentwicklung ist in der Norm EN 62304 /11/ erläutert. Der Software-Risikomanagementprozess einschließlich Verifizierung, Validierung und Wartung muss nach einem vorgefassten und dokumentierten Plan während des gesamten Software-Lebenszyklus umgesetzt und aufrechterhalten werden.

Zunächst wird die Software nach ihrem inhärenten Risikopotenzial einer von drei Sicherheitsklassen (A, B oder C) wie folgt zugeordnet /11/:

Klasse A: keine oder vernachlässigbar geringe Verletzung oder Gesundheitsschädigung;
Klasse B: keine schwere Verletzung;
Klasse C: schwere Verletzung oder Tod.

Wenn das Risiko durch eine Hardware-Maßnahme reduziert wird, kann die Risikoklasse um eine Stufe verringert werden (Abb. 2.15).

Die Software-Entwicklung kann nach verschiedenen strategischen Konzepten erfolgen.

Im *Wasserfall-Modell* werden die Entwicklungsschritte in Phasen eingeteilt, die jeweils seriell abgearbeitet werden (Abb. 2.16). Nach der ersten Phase der Erstellung eines *Lastenheftes* mit vorgegebenen Aufgaben und Zielsetzungen folgt die Erarbeitung eines *Pflichtenheftes* mit Umzusetzungsvorgaben, basierend auf der systematischen

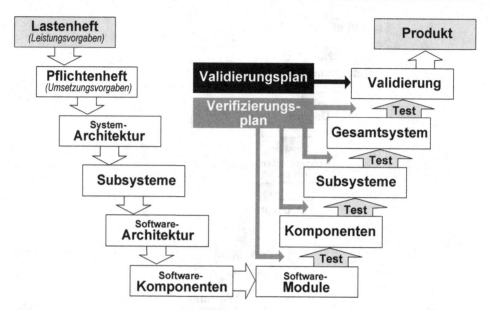

Abb. 2.17: Software-Entwicklungslebenszyklus, basierend auf dem „V-Diagramm" mit Umsetzung des Lastenheftes und Zerlegung der Aufgaben bis zur Entwicklung überschaubarer und überprüfbarer kleinster Einheiten (Module), (linker Ast), und schrittweiser Verifikation und Integration zum Gesamtsystem (rechter Ast) bis nach Validierung das fertige Produkt vorliegt (rechter Ast)

Risikoanalyse, gefolgt von der *Implementierungsphase* mit Entwicklung der Software-Architektur und Programmierung der Software, der *Überprüfungsphase* zur Sicherstellung der Vorgaben des Pflichten- und Lastenheftes (Verifikation) und der Erfüllung der gesetzlichen Anforderungen (Validierung) und der abschließenden *Wartungsphase* mit Beseitigung von Bugs und Implementierung laufender Verbesserungen durch Updates bis sich der „Wasserfall" mit einer neuen Softwareversion wiederholt.

Das *V-Modell* ist die Methode der Wahl zur Software-Entwicklung /11/. Aufgrund der Vorgaben im Lastenheft wird die Risikoanalyse vorgenommen, das Sicherheitskonzept entwickelt und das Pflichtenheft erstellt. Anschließend wird die Software-Architektur entwickelt. Danach wird die Software schrittweise in Subsysteme gegliedert und in kleinere Einheiten zerlegt bis hin zu überschaubaren und direkt überprüfbaren Modulen, die dann ihrerseits nach Überprüfung und Sicherstellung der Funktionalität, Zuverlässigkeit und Sicherheit hinsichtlich der zu erfüllenden Subaufgaben nach dem Verifizierungsplan schrittweise verifiziert und wieder zu Komponenten, Subsystemen bis hin zum Gesamtsystem zusammengestellt werden. Nach der Verifizierung der Erfüllung der vorgegebenen Aufgaben erfolgt die Validierung des Gesamtsystems nach dem Validierungsplan. Nach Validierung der Sicherheit und Funktionalität kann die Erfüllung der grundlegenden Anforderungen angenommen und das Produkt (ggf. nach Zertifizierung) CE-gekennzeichnet und auf den Markt gebracht werden (Abb. 2.17)

Da die zuverlässige Funktion von Software vom Zusammenspiel mit internen und externen Komponenten wie z. B. dem Betriebssystem, Auswertungs- und Darstellungssoftware oder von Datenfiles anderer abhängt, sind bei der Gefährdungsanalyse zusätzliche Software-spezifische Aspekte zu berücksichtigen /11/, /60/, wie z. B. die möglichen Auswirkungen:

- von Fehlerfällen von Rechner- und Datennetzwerken, Betriebssystemen und Subsystemen;
- von Synchronisationsproblemen;
- von Prioritätsproblemen bei Interrupts und (Fehler-) Mitteilungen;
- von unsicheren Signalpegeln, z. B. aufgrund von Spannungsschwankungen;
- von gestörten Daten- und/oder Befehlsübermittlungen, z. B. aufgrund elektromagnetischer Störbeeinflussungen;
- von nicht verfügbaren, falschen oder fehlerhaften Daten oder Dateien;
- von Störbeeinflussungen durch Dritt-Software;
- von Beeinflussungen durch geänderte externe Software, z. B. aufgrund zwischenzeitlicher (automatischer) Updates;
- von unerwünschten Nebenwirkungen und Kompatibilitätsproblemen aufgrund eigener (automatischer) Updates;
- von zufälligen Störbeeinflussungen oder Software-Bugs;
- von falschen zeitlichen Sequenzen;
- von Beeinflussungen durch Malware oder Hacker;
- von ungenügender Datensicherheit bei Speicherung und Übertragung von Daten;
- von unberechtigtem Zugriffen aufgrund ungenügenden Datenschutzes.

2.3 Medizingerätesicherheit

2.3.1 Schutzziel: Wie sicher ist sicher?

Das Einzige, was absolut sicher ist, ist, dass nichts absolut sicher ist. Es gibt keine absolute Sicherheit, kein Null-Risiko. Wir wissen aber, dass man die Sicherheit erhöhen kann, wenn man sich mehr Mühe gibt, z. B. wenn man die Isolation verdoppelt, die Dichtung verstärkt oder die Sicherheitschecks intensiviert. Doch Sicherheit kostet. Der verbesserte Schutz muss nämlich erkauft werden, und zwar auf verschiedene Weise, z. B.

- mit *Geld*, z. B. mit erhöhten Kosten für Autos mit nicht blockierenden oder elektronisch gesteuerten Bremssystemen, Airbags, Seitenaufprallschutz, Antikollisionsradar und Fahrassistenzsystemen;
- mit *Unbequemlichkeit*, z. B. durch Atemmasken, Bleischürzen, Schutzbügel beim Sägen oder Hörschutz beim Rasenmähen;
- mit *Zeit*, z. B. mit erhöhtem Zeitaufwand für Personen- und Gepäckskontrollen an Flughäfen, Sicherheitschecks vor dem Start eines Flugzeuges, oder Geschwindigkeitsbegrenzungen im Straßenverkehr.

Wir wissen, dass niemand bereit ist, unbegrenzt Geld für Sicherheit auszugeben – oder würden Sie sich beim Kauf eines Autos ungeachtet der Kosten nur für jenes Modell

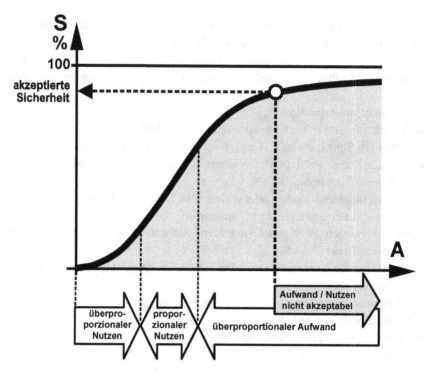

Abb. 2.18: Nichtlinearer Zusammenhang zwischen Aufwand (*A*) und Sicherheit (*S*)

entscheiden, das alle technisch realisierbaren Sicherheitsvorkehrungen eingebaut hat? (Abb. 2.18)

Sicherheit kostet!

Was für die individuellen (Kauf-)Entscheidungen gilt, gilt auch für unsere Gesellschaft. In den Gesetzen wird nämlich unter „Sicherheit" nicht die Freiheit von jeglichem Risiko verstanden. In der Europäischen Richtlinie über allgemeine Produktsicherheit /40/wird Sicherheit folgend festgelegt (Zitat:) *„ein „sicheres Produkt" ist jedes Produkt, das bei normaler oder vernünftigerweise vorhersehbarer Verwendung – was auch die Gebrauchsdauer sowie gegebenenfalls die Inbetriebnahme, Installation und Wartungsanforderungen einschließt –* **keine oder nur geringe,** *mit seiner Verwendung zu vereinbarende ...* **vertretbare Gefahren** *birgt."*

Es wird daher auch von Medizinprodukten nicht gefordert, dass sie „frei von allen Risiken", oder dass sie „sicher" im ursprünglichen Wortsinn von völlig sorglosem Anvertrauen sein müssen. Auch bei ihnen ist die Sicherheit bloß als Freiheit von nicht akzeptierbaren Risiken definiert /25/,/13/. Darüber hinaus wird zugestanden, dass der technische und finanzielle Aufwand in einem vernünftigen Verhältnis zum erzielbaren Nutzen stehen muss.

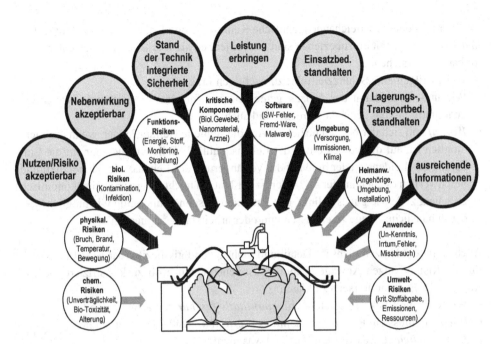

Abb. 2.19: Allgemeine (grau) und spezielle Grundlegenden Anforderungen (weiß) an Medizinprodukte

2.3.2   Grundlegende Anforderungen

Die europäische Medizinprodukterichtlinie /32/,/45/ bzw. die Medizinprodukteverordnung /53/ legen eine Reihe von allgemeinen und speziellen Grundlegende Anforderungen fest (Abb. 2.19). Ihre besondere Bedeutung liegt darin, dass sie gesetzlich verbindlich sind und daher unverhandelbaren Schutzziele und Anforderungen darstellen, die von Medizinprodukten unbedingt einzuhalten sind. Allerdings sind sie so allgemein formuliert, dass sie (z. B. durch Normen) einer näheren Spezifizierung bedürfen. Es kann zwischen allgemeinen und speziellen Grundlegenden Anforderungen unterschieden werden (Abb. 2.19).

2.3.2.1   Allgemeine Grundlegende Anforderungen

1. Vertretbares Nutzen/Risiko Verhältnis

Auch im Bereich der Medizintechnik ist das vorgeschriebene Sicherheitsniveau das Ergebnis eines gesellschaftlichen Kompromisses zwischen vertretbarem Aufwand und erzielbarem Sicherheitsgewinn. Die gesetzlich verpflichtende „grundlegende Anforderung" an Medizingeräte besteht daher (lediglich) darin, dass etwaige Risiken von Medizinprodukten bei der Anwendung unter den vorgesehenen Bedingungen und für die vom Hersteller vorgesehenen Zwecke im Vergleich zu ihrem Nutzen für den Patienten „vertretbar" sein müssen, wobei in der Zwischenzeit auch Risiken durch menschliche Fehler und

Irrtümer und/oder unzureichende technische Kenntnisse und Erfahrungen des Anwenders in die Bewertung mit einzubeziehen sind, wobei jedoch nicht erläutert ist, was unter „vertretbar" zu verstehen ist.

Dieses allgemeine Schutzziel führt zu wichtigen Fragen:

- Wie und woran kann der *Nutzen* gemessen und für eine vergleichende Bewertung quantitativ fassbar gemacht werden? Und auch:
- *Worauf* soll sich der Nutzen beziehen: Auf die schnelle Heilung? Oder, wenn das nicht möglich ist, auf die Verbesserung der Lebensqualität? Vielleicht auch nur auf die Linderung des Leidens – oder bloß auf die Verlängerung des Lebens, wie schmerzhaft und beschwerlich es auch immer sei? Oder ist der Nutzen nüchtern-gesundheitsökonomisch zu sehen, z. B. wie gut es gelingt, den Patienten so schnell und billig wie möglich wieder in häusliche Pflege zu entlassen und/oder arbeitsfähig zu machen?

Auch wenn ein Nutzen nicht im Detail und nicht quantitativ bezifferbar ist, ist es jedoch für die Risiko/Nutzen-Abwägung meist ausreichend, ihn grob zu klassifizieren (siehe Kap. 2.2.3). Es ist andrerseits zu klären:

- Wie kann ein Risiko festgestellt und *quantitativ fassbar* gemacht werden?
- Wie klein muss ein Risiko sein, damit es „*vertretbar*" ist? – Und vor allem:
- *Wer entscheidet*, was vertretbar ist und was nicht?

In den neuen gesetzlichen Regelungen /32/,/53/ und den ergänzenden technischen Sicherheitsvorschriften für Medizinprodukte /13/ wurden die konkreten Sicherheitsfestlegungen reduziert. Es ist nun dem Hersteller überlassen, aus der Risikoanalyse und seiner Risikobewertung Maßnahmen zur Risikobeherrschung abzuleiten. Da jedoch die individuelle und gesellschaftliche Risikowahrnehmung und -akzeptanz subjektiv sind, können die Einschätzungen zum selben Sachverhalt je nach Land oder Region sehr unterschiedlich ausfallen (siehe Kap. 2.1.1), was zur bedenklichen Situation führt, dass selbst konforme Produkte (Rest-)Risiken besitzen können, die nicht überall als akzeptierbar angesehen werden.

2a. Konstruktion nach anerkanntem Stand der Technik

Die Auslegung und die Konstruktion von Medizinprodukten müssen nach dem „anerkannten Stand der Technik" erfolgen. Dahinter verbirgt sich der Umstand, dass auch in der Technik nicht alles Machbare sofort allgemein verpflichtend umgesetzt werden muss. Was unter anerkanntem Stand der Technik zu verstehen ist, wird im Allgemeinen durch die sicherheitstechnischen Normen und Vorschriften festgelegt (siehe Kapitel 1.4.1).

Für Medizingeräte bedeutet dies, dass folgende Schutzziele erreicht werden müssen:

- Wie allgemein in der Technik üblich, sind Medizingeräte (nur) nach dem Prinzip des *doppelten Schutzes* (und nicht des drei-, vier- oder fünffachen Schutzes) zu bauen. Das bedeutet, dass beim Versagen einer Schutzmaßnahme noch als Redundanz eine zweite *gleichwertige* Maßnahme vorhanden sein muss, um auch im ersten Fehlerfall noch immer den vollen Schutz sicherzustellen (Erstfehlersicherheit, siehe Kap. 2.3.3). Diese Sicherheitsstrategie beruht auf der Annahme, dass das gleichzeitige Auftreten zweier von einander unabhängiger Fehlerfälle eine so geringe Wahrscheinlichkeit besitzt, dass es wirtschaftlich als nicht mehr vertretbar angesehen wird, Sicherheitsmaßnahmen auch für diesen Fall einzufordern.

Anmerkung: *Während die Forderung nach Erstfehlersicherheit für elektromedizinische Geräte normativ festgelegt ist/13/, wird sie jedoch bei sonstigen Medizinprodukten, z. B. bei Silikon-Brustimplantaten, nicht umgesetzt. Hier begnügen sich die Hersteller (und Behörden) trotz einer hohen Risswahrscheinlichkeit von ca. 20 % in 10 Jahren oder mehr als 50 % pro Lebensdauer und den daraus resultierenden erheblichen gesundheitlicher Konsequenzen meist mit einer einfachen Schutzmaßnahme (Silikonmembran) ohne eine weitere redundanten Maßnahme für den sehr wahrscheinlichen Fall einer Ruptur zu realisieren /30/,/26/,/29/.*

- Medizinprodukte dürfen unter folgenden Bedingungen *keine unvertretbaren Risiken und Nebenwirkungen* verursachen:
  - im bestimmungsgemäßen Gebrauch (den der Hersteller in der Gebrauchsanweisung festlegt);
  - unter den vom Hersteller (in der Gebrauchsanweisung) vorgesehenen Bedingungen z. B. für Aufstellung, Versorgung mit Energie, Kühlmittel oder unterstützenden Medien (z. B. Druckluft), Instandhaltung (Inspektion, Wartung und periodische Überprüfung), elektromagnetische Umgebung (z. B niedrige Umgebungsstörpegel für Biosignalmessung);
  - während der zu erwartenden bzw. vom Hersteller (in der Gebrauchsanweisung) festgelegten Lebensdauer;
  - bei (vernünftiger Weise) vorhersehbarem Irrtum und menschlichem Fehler;
  - bei (vernünftiger Weise) vorhersehbarem Missbrauch.

2b. Grundsatz der integrierten Sicherheit
Die Auslegung und die Konstruktion von Medizinprodukten müssen nach den Grundsätzen der „integrierten Sicherheit" erfolgen. Dies bedeutet, dass ein Hersteller in der Auswahl der Schutzmaßnahmen nicht völlig frei ist. Für Sicherheitsmaßnahmen bestehen ja meist verschiedene Optionen, die sich aber hinsichtlich ihrer Effizienz wesentlich unterscheiden können. Die Verpflichtung zur Einhaltung der Grundsätze der „integrierten Sicherheit" bedeutet, dass grundsätzlich jeweils die Maßnahme mit der höchstmöglichen Effizienz zu verwenden ist.

Je nach der Effizienz der Schutzmaßnahme unterscheidet man folgende Sicherheitsstufen:
- *Unmittelbare Sicherheit* durch *konstruktive* Maßnahmen zur Vermeidung von Risiken ist überall dort sicherzustellen, wo dies (nach dem anerkannten Stand der Technik) möglich und wirtschaftlich vertretbar ist. Der zumutbare Aufwand steigt dabei mit der Größe der Gefährdung. Konstruktive Maßnahmen sind z. B. Isolierung von

elektrischen Spannungen, Temperaturüberwachung und -begrenzung, Abdecken rotierender Teile, Begrenzung von Ausgangsgrößen auf sichere Werte.

- *Mittelbare Sicherheit* durch **unterstützende** Maßnahmen ist überall dort akzeptierbar, wo konstruktive Maßnahmen nicht möglich, vertretbar oder sinnvoll sind. So ist der freie Austritt von Röntgen- oder Laser-Nutzstrahlung zur Anwendung in Diagnostik und Therapie unvermeidbar. Daher muss sich die konstruktive Sicherheit auf die Abschirmung unerwünschter Streustrahlung beschränken, während zum Schutz vor der Nutzstrahlung nur mittelbare Maßnahmen sinnvoll sind wie z. B. Zugangsbeschränkungen zu Anwendungsräumen (in der Annahme, dass sich dann nur Personen der Gefahr aussetzen, die besonders geschult worden sind), Schlüsselschalter zur Beschränkung des Benutzerkreises, Aufmerksamkeitssteigerung durch Quittierung, persönliche Schutzmittel wie Bleischürzen, Gonadenschutz, Schutzbrillen (z. B. für Laser- und UV-Strahlung).

- *Hinweisende Sicherheit* kann andere Schutzmaßnahmen ergänzen, wie z. B. optische und/oder akustische Warnsignale zur Anzeige von Gefahrensituationen, als *alleinige* Schutzmaßnahme ist sie jedoch nur dann gerechtfertigt, wenn der Schutz durch konstruktive oder mittelbare Maßnahmen nicht möglich oder zumutbar ist (siehe Kap. 9.2.3). Dies betrifft z. B. die Kennzeichnung von Einmalprodukten, Aufstellungshinweise (z. B. „Nicht direktem Sonnenlicht aussetzen!"), Installationshinweise (z. B. „Nur an eine Elektroinstallation für medizinisch genutzte Räumen anschließe!"), Anwendungshinweise (z. B. „Nicht für explosionsgefährdete Bereiche!") oder Transporthinweise (z. B. „Nicht kippen!", „Nicht stürzen!") (Abb. 2.20).

Abb. 2.20: Symbol für Einmalprodukte (Wiederverwendung verboten!)

Ist die Anwendung eines Medizinproduktes mit einem Risiko verbunden, so ist in der Gebrauchsanweisung jedenfalls davor zu warnen und am Produkt durch entsprechende Symbole auf die Gebrauchsanweisung zu verweisen. (Abb. 2.21)

Abb. 2.21: Symbol für „Gebrauchsanweisung lesen!"

3. behauptete Leistungen erbringen

Medizinprodukte müssen die vom Hersteller behaupteten medizinischen Wirkungen auch erfüllen. Dies ist – unabhängig von der Risikoklasse – grundsätzlich für alle Produkte durch eine klinische Bewertung zu belegen (siehe Kap. 3.2). Diese Grundlegende Anforderung ist nicht trivial. Sie kann insbesondere bei neuen innovativen Produkten eine aufwändige Nachweisführung erfordern, z. B. durch umfangreiche Literaturrecherchen und, wenn diese nicht ausreichen, durch eigene klinische Studien. Damit soll vermieden werden, dass Produkte mit fragwürdigem Nutzen („Miracle Products") auf den Markt kommen. Auch wenn unwirksame Produkte – abgesehen vom wirtschaftlichen Schaden – nicht direkt gefährlich sein mögen, stellen sie dennoch ein Risiko dar, weil sie die Behandlung durch tatsächlich effiziente Mittel gefährlich verzögern und dadurch die Heilung erschweren oder gar unmöglich machen können.

4. den Einsatzbedingungen standhalten

Medizinprodukte müssen so ausgelegt und konstruiert sein, dass sie während ihrer gesamten Lebensdauer den unter den normalen Einsatzbedingungen auftretenden Belastungen standhalten und ihre Eigenschaften nicht so stark verschlechtern, dass es zu einer Gefährdung der Gesundheit oder Sicherheit von Personen kommt. Um die Sicherheitsprobleme durch Alterung und Abnützung zu beherrschen, hat ein Hersteller jedoch die Möglichkeit, den Betreiber in die Pflicht zu nehmen. Er kann Wartungs- und Instandhaltungsmaßnahmen vorschreiben und/oder darüber hinaus auch die Lebensdauer des Gerätes begrenzen.

5. den Lagerungs- und Transportbedingungen standhalten

Der Hersteller muss dafür Sorge tragen, dass sein Produkt auch noch bei der Übergabe an den Kunden die erwartbaren Leistungen erbringt. Aus diesem Grund ist nicht nur auf die Auslegung und Konstruktion des Gerätes zu achten, sondern auch auf die (Transport-) Verpackung. Wenn erforderlich, sind zusätzlich die Lagerungs- und Transportbedingungen festzulegen. Diese grundlegende Anforderung ist umso bedeutsamer, je länger und rauer die Transportwege und je unwirtlicher die Transport- und Lagerbedingungen sind, z. B. wenn Geräte in Containern über Land- und Seestrecken in andere Klimazonen transportiert werden sollen.

Anmerkung: *Dies ist auch in Hinblick auf die Produkthaftung wichtig, die sich ja auf den Zustand des Produktes bei Übergabe an den Kunden bezieht, siehe Kap. 1.5.8.*

6. unerwünschte Nebenwirkungen

Medizinprodukte dürfen keine nicht akzeptierbaren unerwünschten Nebenwirkungen besitzen. Unerwünschte Nebenwirkungen sind jedoch nicht immer zu vermeiden. So könnte es bei der Reizstrombehandlung oder HF-Chirurgie zu Verbrennungen unter der (Neutral)Elektrode kommen, Infusionspumpen könnten Luftbläschen in die Blutgefäße pumpen, bei der externen Blutdrucküberwachung mit Druckmanschetten könnte es zu einer Mangelversorgung distaler Extremitätenabschnitte kommen, Endoskope könnten zu Blutungen und Verklumpungen von Erythrozyten mit nachfolgenden Thrombosen führen. Nebenwirkungen können sich akut einstellen, sich erst im Laufe mehrerer Anwendungen herausstellen oder erst als (stochastische) Spätfolge einstellen, z. B. erhöhtes Krebsrisiko nach Anwendung von Röntgenstrahlung. Es ist daher erforderlich, eine klinische Bewertung, bei neuartigen Konstellationen auch eigene klinische Studien durchzuführen und geeignete Maßnahmen zur Anwendungsbeobachtung vorzusehen, um festzustellen, ob und unter welchen Umständen welche Nebenwirkungen auftreten könnten.

7. ausreichende und verständliche Informationen
Jedem Medizinprodukt müssen alle für die sichere Anwendung erforderlichen Informationen beigegeben werden. Diese können am Produkt, und/oder der Verpackung und in der Gebrauchsanweisung enthalten sein. Es ist darauf zu achten, dass sie dem Ausbildungs- und Kenntnisstand des vorgesehenen Anwenderkreises entsprechen. Bei der nun auch zulässigen Anwendung durch Laien stellt dies eine besondere Herausforderung an Aufbereitung und Vermittlung der Inhalte dar. Als Maßstab gilt, dass die Informationen für Laien so aufzubereiten sind, dass sie von einer Person mit Volksschulbildung verstanden werden kann /19/.

> **Beispiel aus einer Gebrauchsanweisung:**
> ...wenn Mudus wünschen, mit Rohrverbinder wähl, sicher schauen Gerät abschalte ist. Aufpass Rohrverbinder stecken. Seitlich Einlassung Folge zu Schadens auf Stromkreise leiten kann. Funktionen sind wirkend ob Jumper ist weg gebracht ...

Die Informationen (und Geräteaufschriften) müssen in einer akzeptierbaren Sprache verfasst sein, in Deutschland und Österreich ist Deutsch verpflichtend. Bei der Übersetzung in andere Sprachen (oder von anderen Sprachen) ist durch entsprechende Maßnahmen (z. B. Einbindung eines Native Speakers) die Richtigkeit und Verständlichkeit zu gewährleisten. Abschreckende Beispiele belegen, dass dies nicht selbstverständlich ist (siehe Kasten und Kap. 3.1).

Die Anforderung zur Bereitstellung von Informationen verpflichtet Hersteller auch dazu, die für die vorgesehenen periodischen Wartungen und Überprüfungen erforderlichen Informationen offenzulegen. Das Weglassen dieser Information mit dem Hinweis, dass diese Tätigkeiten ausschließlich durch den Hersteller vorgenommen werden dürfen, ist daher nicht zulässig ebenso wie die Androhung, dass widrigenfalls die Garantie erlöschen würde.

2.3.2.2   Spezielle Grundlegende Anforderungen
In einer Reihe von speziellen Grundlegenden Anforderungen an die Auslegung und Konstruktion (Abb. 2.19) werden im Anhang I der Medizinproduktedirektive /32/ bzw. der Medizinprodukte-Verordnung /53/ Schutzziele und Anforderungen formuliert bezüglich:
- Risiken durch chemische, physikalische und biologische Eigenschaften von Werkstoffen unter besonderer Berücksichtigung;
  - der Abgabe giftiger oder kanzerogener Stoffe;
  - der wechselseitigen Verträglichkeit der Stoffe untereinander;
  - die Verträglichkeit der verwendeten Materialien mit zu verabreichenden Arzneimitteln, z. B. bei Spritzen, Infusionsbesteck, Infusatbehälter;
  - der Brennbarkeit, z. B. bei Thermokautern, Heizdecken;

- der physikalischen Eignung z. B. Festigkeit, Ermüdung, Verschleiß;
- der Alterung unter Berücksichtigung der vorgesehenen Lebensdauer;
- der Biokompatibilität unter Berücksichtigung von Kontaktart und –dauer;
- der abgegebenen Schadstoffe (einschließlich Gase) oder Rückstände unter Berücksichtigung der Dauer und Häufigkeit der Expositionen von Patient und Anwender, aber auch der Lager- und Transportarbeiter;
- Risiken durch das unbeabsichtigte Eindringen (z. B. bei Verschütten) oder Austreten von Stoffen (z. B. bei Ausgasen oder Verflüssigung wegen zu hoher Temperaturen);
- Risiken durch die Größe (bzw. Kleinheit) und Eigenschaften der verwendeten Stoffe. Besonders zu beachten sind Nanomaterialien, die in den Körper abgegeben werden können;

Anmerkung: *Unter Nanomaterialien versteht man Material, das Partikel enthält, wovon mindestens 50% wenigstens eine Außenabmessung mit einer Größe zwischen 1 nm und 100 nm aufweisen. Dies schließt auch Fullerene, Graphenflocken und einwandige Kohlenstoff-Nanoröhren mit einer oder mehreren Außenabmessungen bis zu einer Größe von 1 nm ein.*

- Risiken durch Infektion und mikrobielle Kontamination für Patienten, Anwender oder Dritte. Sie müssen minimiert werden durch:
  - leichte Handhabung z. B. leichte Zerlegung zur zuverlässigen Desinfektion oder Sterilisation;
  - Vermeidung des Entweichens von Mikroben aus dem Produkt;
  - Verhinderung mikrobieller Kontamination;
  - Eignung zur zuverlässigen Sterilisation durch validierte Verfahren;
  - geeignete Kennzeichnung und Verpackung von Sterilprodukten;

Anmerkung: *Unter Mikroben versteht man vermehrungsfähige Mikroorganismen, die mit freiem Auge nicht mehr erkennbar sind, also „mikroskopisch klein" sind. Dazu zählen Bakterien, Pilze, Algen, Einzeller (Protozoen) und Viren.*

- Risiken durch Komponenten biologischen Ursprungs. Sie erfordern hohe Qualitäts- und Sicherheitsstandards bei der Auswahl, der Beschaffung, Überprüfung, Verarbeitung, Konservierung, Lagerung, Verteilung, Inaktivierung und Verarbeitung der Gewebe und Zellen einschließlich der Rückverfolgbarkeit. Insbesondere sind zusätzlich folgende Bestimmungen einzuhalten:
  - bei Verwendung von Geweben und Zellen *menschlichen* Ursprungs die Vorgaben der Richtlinien 2004/23/EG,/36/ und der Richtlinie 2002/98/EG,/37/ über Blut und Blutbestandteile;
  - Gewebe oder Zellen *tierischen* Ursprungs oder ihren Derivaten dürfen nur in nicht mehr lebensfähiger oder abgetöteter Form erfolgen. Die Vorgaben der Verordnung 722/2012/EG,/52/ einschließlich der Implementierung tierärztlicher Kontrollmaßnahmen und geeignete Auswahl der Tiere (Sourcing) sind einzuhalten. Risiken

durch Stoffe, die Medizinprodukt-Bestandteil sind und im Körper wirksam werden sollen. Stoffe, die als Arzneimittel gelten, müssen gemäß den Konformitätsbewertungsverfahren der Direktive 2001/83/EG,/41/ zugelassen sein;

- Stoffe, die durch Ingestion, Inhalation, rektal oder vaginal verabreicht werden und zur Aufnahme oder zur Verteilung im Körper vorgesehen sind, müssen ebenfalls gemäß den Konformitätsbewertungsverfahren der Arzneimitteldirektive 2001/83/EG,/41/ zugelassen sein;

Anmerkung: *Der Begriff Arzneimittel umfasst alle Stoffe oder Gemische (fest, flüssig oder gasförmig), die zur Heilung oder Verhütung menschlicher Krankheiten bestimmt und geeignet sind oder die im oder am menschlichen Körper eingesetzt werden, um physiologische Funktionen durch pharmakologische, immunologische oder metabolische Wirkung zu beeinflussen, sie wiederherzustellen, zu korrigieren oder eine medizinische Diagnose zu erstellen.*

- Risiken durch Wechselwirkung mit der Umgebung. Sie müssen ausgeschlossen oder soweit wie möglich und angemessen reduziert werden, insbesondere Risiken wegen:
  - Verbindungen mit anderen Produkten oder Anlagen z. B. durch Einschränkungen hinsichtlich Spannung, Versorgungsdruck, Temperatur unter Vermeidung verwechslungsgefährlicher (Steck-)Verbindungen;
  - Verletzungen aufgrund physikalischer oder ergonomischer Eigenschaften;
  - menschlicher Fehler, Missgeschicke, Irrtümer oder Missbrauch;
  - Einwirkungen der Umgebung, z. B. elektrostatische Entladungen, elektrische, magnetische und elektromagnetische Störfelder (einschließlich Funksignale von Rettungsdiensten), ionisierende Strahlung, Druck, Beschleunigung, Vibration, Feuchtigkeit oder Temperatur;
  - bestimmungsgemäßer Berührung mit anderen Materialien, Flüssigkeiten oder Gasen;
  - unbeabsichtigten Eindringens von Stoffen;
  - Störbeeinflussungen durch andere üblicher Weise vorhandene Produkte;
  - Wechselwirkung von Software mit der Software-Umgebung z. B. Betriebssystem, Netzwerk, Datenübertragungssystemen, Fremdsoftware, Malware;
  - Brand- und Explosionsgefahr, insbesondere in Anwesenheit von brennbaren oder verbrennungsfördernder Substanzen, z. B. in Anästhesie-, Beatmungsgeräten, Thermokauter;
- Risiken durch Alterung durch:
  - ungeeignetes Design, insbesondere bei unmöglicher oder unzuverlässiger Instandhaltung, z. B. bei Implantaten oder Heimgeräten;
  - durch ungeeignete Materialien und/oder Begrenzung der Lebensdauer;
  - ungenügende Vorgaben zur Instandhaltung und wiederkehrende Überprüfungen und ggf. Kalibrierungen.
- Risiken aufgrund der Messfunktion, insbesondere hinsichtlich:
  - von Einflüssen auf die Empfindlichkeit, Genauigkeit und Stabilität;

- von ergonomischen Eigenschaften;
- der Kalibrierung.
• Risiken durch unbeabsichtigte und beabsichtigte Strahlung unter besonderer Berücksichtigung der ionisierenden Strahlung. Sie erfordern:
  - die Reduzierung der Aussendung auf das jeweils notwendige Ausmaß;
  - die Minimierung unbeabsichtigter Expositionen;
  - Dosisanzeigen;
  - optisch und/oder akustische Aktivierungsanzeigen;
  - die Möglichkeit der Überwachung und Kontrolle der Emission bei potenziell gefährlichen Ausgangswerten (z. B. Strahlendosis, -qualität, -intensität).
• Risiken durch Software. Sie sind so weit wie möglich und angemessen zu verringern
  - beim Auftreten eines Defektes (Erstfehlersicherheit);
  - durch Entwicklung nach dem Stand der Technik unter Berücksichtigung des Lebenszyklus, des Risikomanagements, der Verifizierung und Validierung;
  - bei mobilen Geräten unter Berücksichtigung von Umgebungslärm und Lichteinfall;
• Risiken durch die externe und/oder interne Energiequelle aktiver Produkte sind so weit wie möglich und angemessen zu verringern:
  - beim Auftreten eines Defektes (Erstfehlersicherheit);
  - durch Ladekontroll-Anzeige bei sicherheitsrelevanten internen Energiequellen;
  - durch Ausfallsalarm bei sicherheitsrelevanten externen Enegriequellen;
  - durch Alarmierung bei sicherheitsrelevanter Überwachung von klinischen Patientenparametern;
  - durch Minimierung elektromagnetischer Störaussendungen unter Berücksichtigung des vorgesehenen Anwendungs-Umfeldes (z. B. Intensivstation, OP);
  - durch Minimierung des Auftretens unbeabsichtigter Stromstöße.
• Risiken durch mechanische und thermische Einwirkungen unter besonderer Berücksichtigung von:
  - Bewegung, Instabilität und beweglichen Teilen;
  - unbeabsichtigten Schwingungen;
  - Lärm;
  - elektrischen, hydraulischen oder pneumatischen Anschlüssen;
  - Montage, Umrüstung und Demontage;
  - gefährlicher (hoher oder niedriger) Temperaturen.
• Risiken bei Abgabe von Energie und/oder Stoffen unter besonderer Berücksichtigung von:
  - Genauigkeit der Einstellung der Ausgangswerte;
  - Der Anzeige bzw. Verhinderung sicherheitsrelevant überhöhter Ausgangswerte;
  - Verständlichkeit und Eindeutigkeit der Kennzeichnung der Funktion von Bedienungselementen.
• Risiken durch Laienanwendung. Sie erfordern die Anpassung von Design und Information und Zweckbestimmung an Kenntnisstand und Fertigkeiten von Laien und an die Umgebungsbedingungen im Haushaltsbereich, insbesondere

- leicht verständliche Gebrauchsanweisung
- leicht verständliche und einfache Handhabung;
- Minimierung der Gefahr falscher Handhabung oder falscher Interpretation der Ergebnisse;

wenn vernünftiger Weise möglich, zusätzlich Bereitstellung der
- Möglichkeit zur Kontrolle der ordnungsgemäßen Funktion;
- Warnung bei relevanten Fehlfunktionen.

Detailliertere Vorgaben enthält die Medizinprodukte-Grundnorm EN 60601-1 und, sofern vorhanden, ihre speziellen Teile 2 für besondere Gerätearten, z. B. Hochfrequenzchirurgiegeräte (EN 60601-2-2), Nerven- und Muskelstimulatoren (EN 60601-2-10) oder Infusionspumpen (EN 60601-2-24).

2.3.3   Fehlerfälle: Wovor ist zu schützen?

Das Schutzziel besteht bei Medizingeräten nicht darin, dass unter keinen Umständen etwas passieren darf, sondern dass sie im Normalfall einen „ausreichenden" Schutz bieten müssen und zusätzlich auch dann, wenn ein (einziger) vorhersehbarer Fehler eintritt. Der Schutz vor zwei oder mehreren gleichzeitig eintretenden Fehlerfällen muss nicht mehr gewährleistet werden. Die Geräte müssen daher (nur) einen doppelten (und keinen dreifachen oder mehrfachen) Schutz bieten, also bloß „erstfehlersicher" sein. Dies führt zur Frage, was unter einem „ersten Fehler" zu verstehen ist.

Erster Fehler
Unter einem „ersten Fehler" wird das Eintreten eines (jeweils einzigen) gefährdenden Umstandes verstanden, mit dem zwar zu rechnen ist, der aber noch ausreichend wenig wahrscheinlich ist, um noch einzeln betrachtet werden zu können. Führt jedoch ein „erster Fehler" zwangsläufig zum Auftreten eines weiteren Fehlers, so gilt dieser als „Folgefehler" und ist gemeinsam mit dem „ersten Fehler" zu betrachten und abzusichern (z. B. das Reißen einer zu gering bemessenen Sicherheits-Fangkette (redundante Maßnahme) bei Versagen der mechanischen Aufhängung).
   Erste Fehler sind z. B.
- das *Versagen einer Schutzmaßnahme*, z. B. Beschädigung einer elektrischen Isolation, Unterbrechung des Schutzleiters, Versagen des Temperaturbegrenzers, eines Bewegungs-Endschalters oder einer Dichtung;
- das *Eintreten einer anormalen Bedingung*, z. B. Defekt eines elektronischen oder mechanischen Bauteils, Überlastung eines Stromkreises, Leckagen an Flüssigkeits- oder

Gasanschlussstellen, Beeinträchtigung der Kühlung, Blockieren eines Ventilators, Blockieren eines Antriebsmotors;
- *menschliche Fehler*, z. B.
  - *Missgeschicke* wie Verschütten von Flüssigkeiten, Hinunterfallen handgehaltener Anwendungs- und Bedienungteile, Überschreitung der vorgesehenen Betriebsdauer;
  - *unbeabsichtigte Handlungen*, z. B. Betätigung eines Bedienelementes oder Abstecken von Verbindungen;
  - *Irrtümer*, z. B. Verwechslung von Bedienelementen, oder
  - vorhersehbarer absichtlicher *Missbrauch*, z. B. Ignorieren zu langer Checklisten, unvollständiger Zerlegung schwer demontierbarer Teile (und in der Folge unzureichende Desinfektion).

Kein „erster Fehler"

Wenn allerdings ein gefährlicher Umstand so häufig auftritt, dass das gleichzeitige Auftreten eines weiteren Fehlers ausreichend wahrscheinlich wird, wird er als „Normalzustand" angesehen, der somit durch zwei unabhängige Maßnahmen abzusichern ist. Keine ersten Fehler sind daher z. B.:
- *häufig auftretende Fehlerfälle*, z. B. Erschöpfung von Batterien, Verschütten von (benötigter) Flüssigkeit, der Kurzschluss oder Leerlauf zweier Reizstromelektroden, der Zug am Patientenkabel.
- *das Versagen zu gering bemessener Schutzmaßnahmen*, z. B. Isolationen, Luftstrecken, Kriechstrecken. (In diesem Fall werden die Schutzmaßnahmen sicherheitstechnisch so beurteilt, als ob sie gar nicht vorhanden wären).

Erstfehlersicher

Medizingeräte erfüllen die Grundlegende Anforderung nach „Erstfehlersicherheit", wenn
- im ersten Fehlerfall eine zweite gleichwertige Schutzmaßnahme verfügbar ist und der erste Fehler festgestellt werden kann, bevor auch die zweite Maßnahme ausfällt. Dies kann realisiert werden z. B. durch doppelte Isolierung in Form einer elektrischen Basisisolierung und einer zusätzlichen Isolierung oder durch Basisisolierung mit einer zusätzlichen Schutzerdverbindung und Fehlerabschaltung, oder durch eine mechanische Deckenbefestigung mit zusätzlicher Fangkette;
- der erste Fehlerfall so unwahrscheinlich gemacht worden ist, dass er während der anzunehmenden Lebensdauer des Gerätes nicht mehr anzunehmen ist, z. B., bei Einschränkung der Lebensdauer, bei Verwendung von Bauelementen mit erhöhter Zuverlässigkeit oder bei Überdimensionierung, z. B. nicht 4-fache, sondern 8-fache Überdimensionierung einer mechanischen Aufhängung.

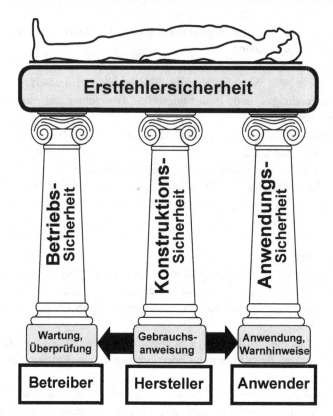

Abb. 2.22: Das Drei-Säulen Sicherheitskonzept der Medizingeräte

2.3.4 Schutzkonzept

Das Schutzkonzept, das gewährleisten soll, dass das Schutzziel während der gesamten Lebensdauer eines Medizinproduktes erreicht wird, ruht auf drei Säulen, nämlich Hersteller, Betreiber und Anwender

1. Der *Hersteller* ist für die konstruktive Gerätesicherheit verantwortlich. Um jedoch seiner Verantwortung während der gesamten Lebensdauer eines Medizinproduktes gerecht werden zu können, muss er Aufgaben an den Anwender und den Betreiber delegieren. Er tut dies über Vorgaben in der Gebrauchsanweisung zur richtigen Anwendung und zur Instandhaltung.

2. Der *Betreiber* ist verpflichtet, die Instandhaltung der Medizinprodukte gemäß den Vorgaben des Herstellers durchzuführen. Dies betrifft nicht nur die regelmäßige Wartung, sondern auch die periodische Überprüfung in den vom Hersteller vorgegebenen Prüfintervallen und in dem von ihm vorgeschriebenen Umfang.

Anmerkung: *Ein Prüfer ist daher verpflichtet, die Gebrauchsanweisung des Produktes zu kennen.*

3. Der *Anwender* ist verpflichtet, das Gerät nach den Angaben des Herstellers und mit dem geeigneten, z. B. vom Hersteller spezifizierten, Zubehör anzuwenden. Dazu muss die Kenntnis der Gebrauchsanweisung und die Einschulung in die bestimmungsgemäße Anwendung vorausgesetzt werden. Darüber hinaus ist der Anwender gemäß seiner Sorgfaltspflicht auch verpflichtet, sich vor jeder Inbetriebnahme durch eine Überprüfung zu versichern, dass sich das Gerät noch in ordnungsgemäßem Zustand befindet.

Anmerkung: *In Österreich muss der Anwender in die Anwendung von individuellen Gerättypen (nicht bloß von Gerätearten) mit methodischen Risiken nachweislich eingeschult werden. Erst danach ist er berechtigt, die Geräte anzuwenden. Aus diesem Grund führen Krankenanstalten über das medizinische Personal Aufzeichnungen z. B. im Sinne von „Geräteführerscheinen" (Abb. 2.22).*

Anwendungssicherheit 3

3.1 Gebrauchstauglichkeit

Bei der medizinischen Anwendung von Geräten ist damit zu rechnen, dass es wegen vielfältiger menschlicher Umstände zu Risiken kommen kann aufgrund von Fehlhandlungen, Missverständnissen und Irrtümern, z. B. wegen der räumlichen Situation auf Intensivstationen oder im Rettungswagen, wegen unzureichender Informationsweitergabe bei Schichtwechsel, wegen Überlastung (z. B. bei Stress oder in Notfallsituationen) oder wegen Unkonzentriertheit (z. B. bei Übermüdung oder Ablenkung). Als eine der Grundlegenden Anforderungen wurde daher die Forderung an Medizinprodukte aufgenommen, dass sie gebrauchstauglich sein müssen /16/,/32/,/53/. Darüber hinaus müssen auch die Risiken von vorhersehbarem Missbrauch analysiert und minimiert werde. So ist es z. B. durchaus vorhersehbar, dass sehr aufwändige Checklisten nicht vollständige abgearbeitet werden, dass von Laien Anweisungen zur regelmäßigen Überprüfung ignoriert werden oder dass die Zerlegung von Geräten zur zuverlässigen Desinfektion nicht ausreichend vorgenommen wird, wenn sie zu schwierig oder umständlich ist.

Das bedeutet, dass Hersteller bei der Entwicklung auch auf die menschlichen Unzulänglichkeiten Rücksicht nehmen muss (Abb. 3.1), nämlich durch Nachvollziehbarkeit (intuitive und logische Anweisungen und Abläufe), Verwechslungssicherheit (eindeutige Hinweise, Handlungsabläufe und Anordnungen von Bedienelementen), Wahrnehmbarkeit (z. B. Größe von Schrift und Anzeigen, Lautstärke von Alarmen, Fühlbarkeit von Bedienelementen), Handhabbarkeit (z. B. Größe von Bedienelementen, Gestaltung von Handsteuerungen), Zumutbarkeit (z. B. von Bedienungsschritten, Wartungs-, Kalibrier- und Prüfaufwand) und Fehlertoleranz (z. B. durch Plausibilitätschecks der Eingaben, Quittierung).

Das bedeutet, dass der Hersteller ein Verfahren zur Erkennung, Analyse, Kontrolle und Beherrschung von Risiken besitzen und anwenden muss, das gewährleistet, dass die Wahrscheinlichkeit und die Auswirkungen von menschlichen Fehlern, Irrtümern, Miss-

© Springer 2015
N. Leitgeb, *Sicherheit von Medizingeräten*, DOI 10.1007/978-3-662-44657-7_3

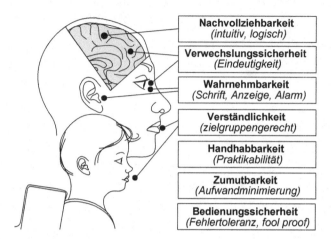

Abb. 3.1: Beim Gerätedesign zu berücksichtigende Gebrauchstauglichkeitsaspekte

geschicken oder von vorhersehbarem Missbrauch vermieden oder minimiert werden, die durch die Gestaltung des Produktes oder der Gebrauchsanweisung zustande kommen können (EN 60601-1-6, EN 62366-1).

Ein medizinisches Gerät muss daher so gestaltet sein, dass es auch unter vorhersehbaren kritischen Umständen wegen menschlicher Unzulänglichkeiten zu keinen nicht akzeptierbaren Risiken kommen kann. So ist z. B. bei Defibrillatoren das Durchlesen der Gebrauchsanweisung im akuten Notfall, in dem ja rasches Handeln überlebenswichtig ist, nicht zumutbar. Aus diesem Grund ist gefordert, dass die wichtigsten Bedienungsschritte unmittelbar am Gerät angegeben werden müssen. Zur weiteren Vermeidung von Fehlhandlungen und zur Eignung für Laien wird bei halbautomatischen Geräten die Anwendung mittels akustischer Anweisungen sogar vom Gerät Schritt für Schritt vorgegeben.

Ein zu beachtender Umstand ist auch die vorhersehbare Wiederverwendung von Einmalprodukten. Auch wenn dies gegen den bestimmungsgemäßen Gebrauch erfolgt, ist ein Hersteller nun verpflichtet, in der Gebrauchsanweisung ausdrücklich auch auf die speziellen Risiken bei Wiederverwendung aufmerksam zu machen.

Anmerkung: *Ein Textvorschlag wäre: „Das Produkt ist nur zur einmaligen Verwendung vorgesehen! Die Prozesse zur Wiederaufbereitung des Produktes für eine Wiederverwendung einschließlich der erneuten Sterilisation könnten die verwendeten Materialien und deren mechanische und biologische Eigenschaften unzulässig verschlechtern. das Kontaminationsrisiko erheblich erhöhen. Dadurch könnten Patienten erheblich gefährdet werden. "*

Anmerkung: *Im Unterschied zur Reparatur handelt es sich bei der Wiederaufbereitung eines Einmalproduktes zur neuerlichen Verwendung um einen Vorgang, bei dem der Wiederaufbereiter zum neuen Hersteller wird und die Erfüllung der Grundlegenden Anforderungen gewährleisten und das wiederaufbereitete Produkt neuerlich CE-kennzeichnen muss.*

Wer schon einmal versucht hat, als Laie einen Computer nach den Angaben der Gebrauchsanweisung zu installieren und an dem fachchinesischen Kauderwelsch und der Flut von unerklärten Abkürzungen verzweifelt ist, kann nachvollziehen, wie wichtig zur Vermeidung menschlicher Fehler die Verständlichkeit der Sprache, die Klarheit, und Eindeutigkeit der Handlungsanweisungen und die innere Logik der beschriebenen Abläufe sind. Doch das alleine reicht nicht.

Haben sie sich schon einmal von ihrer Partnerin missverstanden gefühlt? Haben sie sich schon einmal gewundert, dass etwas, das sie in bester Absicht gesagt haben, völlig anders verstanden worden ist? Wenn ja, dann wissen sie, dass man selbst bei bestem Willen noch missverstanden werden kann. Der Grund liegt darin, dass es in der Kommunikation eine Vielzahl von Fallstricken gibt, nämlich (Abb. 3.2)

1. *Informieren wollen, heißt noch nicht, zu wissen,über was*: Wer ein Produkt zu intensiv kennt, wird an die viele möglichen Fehlhandlungen und daher auch die zu ihrer Vermeidung erforderlichen Hinweise gar nicht denken. Ein guter Entwickler oder Programmierer ist daher noch kein guter Verfasser einer Gebrauchsanweisung. Jedoch der Weg bis zum Erreichen des Ziels, nämlich der zuverlässigen Umsetzung, ist steinig und erfordert noch einige weitere Schritte.

2. *Wissenüber was, heißt noch nicht, es auch beschrieben zu haben*. Gut gemeint ist nicht bereits gut gemacht. Nicht die Überfülle an Information ist gefragt, sondern die für die Anwendung relevante – die dafür jedoch vollständig.

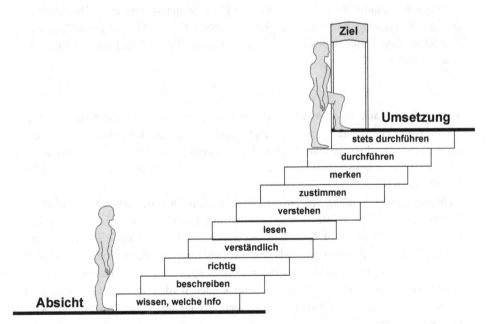

Abb. 3.2: Umsetzungstreppe von der Absicht bis zur Umsetzung

Beispiel aus einer Gebrauchsanweisung: Elektrische Kerze
1. Auspack und freu. 2. Slippel A kaum abbiegen und verklappen in Gegenstippel B fuer Illumination. 3. Mit Klammer C in Sacco oder Jacke von Lebenspartner einfraesen und laecheln fier Erfolg. 4. Fuer eigenes Feierung setzen auf Tisch.

3. *Beschrieben heißt noch nicht, richtig beschrieben*. Gebrauchsanweisungen sind keineswegs immer frei von falschen Hinweisen. Dazu kommen häufig noch Schwächen und Unklarheiten in der Formulierung an sich. Drastische Beispiele von automatischen Übersetzungen demonstrieren dies (siehe Kasten).

4. *Richtig beschrieben heißt noch nicht, verständlich beschrieben.* Verständliches Formulieren ist bereits an sich eine Herausforderung. Dies auch noch in Sprache und Wortwahl zu tun, die für die Zielgruppe verständlich ist, ist eine zusätzliche Schwierigkeit. Dabei bezieht sich die Forderung nach Verständlichkeit nicht bloß auf das sprachliche Formulierungsgeschick und die Vermeidung von fachchinesischem Kauderwelsch, sondern auch darauf, einen Sachverhalt klar und nachvollziehbar zu schildern.

Beispiel aus einer Gebrauchsanweisung: Textverarbeitung
„…Indem Sie die Druckformatvorlage des Dokuments mit der Druckformatvorlage der Druckformatvorlage verbinden, können Sie die Druckformatvorlage der Dokumentenvorlage aktualisieren. Wenn Sie die Druckformatvorlage eines Dokuments mit der Druckformatvorlage einer Dokumentenvorlage verbinden, ersetzen die Druckformatdefinitionen des Dokuments die gleichnamigen Druckformatdefinitionen der Dokumentenvorlage. …"

5. *Verständlich beschrieben heißt noch nicht, gelesen*. Auch wenn der Anwender zur Kenntnis der Gebrauchsanweisung verpflichtet ist, wird die Gebrauchsanweisung oft nicht gelesen, und wenn, dann auch nicht vollständig – oder haben Sie als Autobesitzer die Gebrauchsanweisung ihres Autos schon aufmerksam und vollständig durchgelesen? Und wenn …

6. *Gelesen heißt noch nicht, verstanden*. Untersuchungen haben ergeben, dass selbst in Deutschland ca. 9 % der Berufstätigen (!) völlige Analphabeten und ca. 14,5 % funktionelle Analphabeten sind. Das bedeutet, dass immerhin ca. jeder vierte Berufstätige in der Bevölkerung nicht oder nicht mehr in der Lage ist, einen Text Sinn erfassend lesen zu können. Es ist daher eine Herausforderung, eine Gebrauchsanweisung so zu erstellend, dass sie möglichst von allen verstanden wird. Ein Beispiel, wie es gehen kann, sind bebilderte Gebrauchsanweisungen auf Defibrillatoren und die sprachgeführte Anleitung.

7. *Verstanden heißt noch nicht, einverstanden sein.* Eine umständliche Bedienung mit vielen erforderlichen Handgriffen oder Eingaben verleitet zur Missachtung. Dies wird noch verschärft, wenn die innere Logik fehlt.

8. *Einverstanden heißt noch nicht, gemerkt.* Dies gilt besonders für komplizierte und unlogische Abläufe und seltene Anwendungen – oder können Sie beim Wechsel von Sommer- auf Winterzeit die Zeiteinstellungen auf den Digitaluhren ihrer Elektrogeräte vornehmen, ohne nachschauen zu müssen?

9. *Gemerkt heißt noch nicht, angewendet* – oder prüfen sie tatsächlich die Funktion der Fehlerstromschutzschalter der Elektroinstallation in ihrer Wohnung? (siehe Kap. 6.1.2)

10. *Angewendet heißt noch nicht, stets durchgeführt* – oder prüfen sie die Fehlersromschutzschalter tatsächlich alle 6 Monate?

Menschliche Fehlhandlungen können in der Durchführung falscher oder in der Unterlassung notwendiger Handlungen bestehen. Wenn die konstruktiven Maßnahmen zur Risikobeherrschung den sicheren Weiterbetrieb nicht gewährleisten können, kann je nach dem Ergebnis der Risikoanalyse auch die Alarmierung, das Versagen der Funktion oder der Ausfall des Gerätes („fail safe") akzeptiert werden, sofern nicht dies wiederum zu untolerierbaren Gefährdungen führt (Abb. 3.3).

Vorhersehbare kritische Umstände, die zu Fehlhandlungen führen könnten, sind in Abb. 3.4 grafisch veranschaulicht. Es können dies sein z. B.:

• mentale Aspekte, z. B. Lernfähigkeit, Merkfähigkeit, Basiswissen, Verständnis
• räumliche Gegebenheiten, z. B. Intensivstation, Rettungswagen, Tragbahre, Wohnung;
• soziale Aspekte, z. B. Teamarbeit, Dienstübergabe, geteilte Verantwortlichkeiten, anwesende Familienangehörige und Kinder;

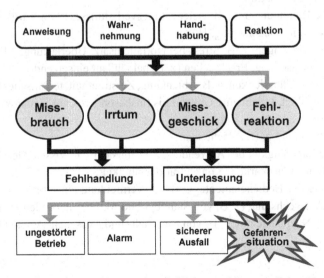

Abb. 3.3: Vorhersehbare menschliche Unzulänglichkeiten und ihre möglichen Konsequenzen

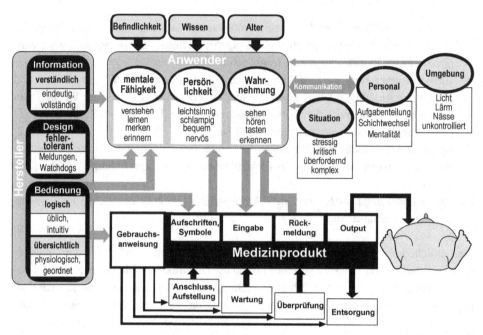

Abb. 3.4: Die Wechselwirkung der die Gebrauchstauglichkeit bestimmenden menschlichen und produktbezogenen Aspekte

- technische Realisierung, z. B. komplexe Bedienung, schwer durchschaubare Abläufe, Zusammenwirkung mit anderen Geräten, aufwändige Wartungserfordernisse, komplizierte Installationserfordernisse;
- hygienische Aspekte, z. B. schwierige Demontage, aufwändige Vorbereitung zur Desinfektion bzw. Sterilisation;
- physikalische Bedingungen, z. B. Beleuchtungsverhältnisse, Lärm, Luftdruck, Temperatur, Feuchtigkeit, Niederschlag, Höhe;
- psychische Bedingungen, z. B. Stress bei Notfalleinsatz, Überlastung, Überforderung, Müdigkeit Überraschung, Erschrecken (z. B. bei jäh laut einsetzendem Alarm);
- menschliche Unzulänglichkeit, z. B. Ablenkung, Zerstreutheit, technisches Unverständnis, Bequemlichkeit, Leichtsinn, Unkenntnis (insbesondere bei Laienanwendung).

Der Hersteller hat daher z. B. zu achten auf
- Die Kooperationsfähigkeit des Anwenders, z. B. hinsichtlich Wissen, Geschicklichkeit, Zuverlässigkeit, Belastbarkeit, Konzentrationsfähigkeit;
- die Anordnung der Bedienelemente, z. B. zur Vermeidung einer irrtümlichen Aktivierung wegen Verwechslung (z. B. von Standby- und Aktivierungs-Element);
- keine zu enge Nachbarschaft, z. B. von Einschalt- und Ausschalt-Druckknöpfen;

- Gestaltung von Bedienelementen, z. B. keine zu kleinen Taster in einem zu engen Feld, keine komplizierte Bedienung oder unlogische Eingabe-Reihenfolge;
- keine unüblichen Abläufe, z. B. keine Erhöhung des Ausgangswertes durch Verstellung gegen den Uhrzeigersinn;
- keine zu starken Auswirkungen von Fehlhandlungen, z. B. keine Explosion bei Verwendung des in der Gebrauchsanweisung nicht zugelassenen – aber häufig eingesetzten – Alkohols zur Desinfektion, keine schwere Verbrennungen bei schlampigem Anlegen der HF-Chirurgie-Neutralelektrode;
- keine zu langwierigen Prozeduren, z. B. Gefahr des Ignorierens von zu langen Checklisten;
- keine unzureichenden Anzeigen,(z. B. keine zu kurzzeitigen Alarmanzeigen oder Fehlermitteilungen;
- keine missverständlichen oder mehrdeutigen Informationen, z. B. in Anwendungshinweisen, Symbolen oder Anzeigen;
- keine zu engen Toleranzen, z. B. von Steckverbindungen (Gefahr von mechanischen Schäden oder Kontaktfehlern).

Von besonderer Bedeutung ist die Gebrauchstauglichkeit bei Geräten, die zur Heimanwendung durch Laien vorgesehen sind. Hier sind in besonderem Maß die leicht verständliche Erläuterung in der Gebrauchsanweisung, die einfache Bedienbarkeit, das Vermeiden gefährlicher Ausgangswerte und der Verzicht auf Fachausdrücke und auf wenig bekannte Symbole erforderlich.

Die Gebrauchstauglichkeit ist daher bereits bei der Planung, der Konzeption, dem Design und der Konstruktion zu berücksichtigen und Teil der Risikoanalyse. Die Überprüfung der Gebrauchstauglichkeit einschließlich der Verständlichkeit und Nachvollziehbarkeit der Gebrauchsanweisung ist in praktischen Tests durch am Entwicklungsprozess nicht beteiligte Personen zu erproben. Die Testgruppe sollte ausreichend groß sein und dem Profil des Anwenders entsprechen. Die Gebrauchstauglichkeit ist daher durch einen systematischen Prozess zu gewährleisten, der folgende Schritte umfasst:

- Erstellung des Gebrauchstauglichkeits-Managementplans;
- Identifizierung des Benutzerprofils, z. B. Voraussetzungen, Wissen, Fertigkeiten, Zuverlässigkeit;
- Identifizierung des Anwendungsszenarios, z. B. kontrollierte/unkontrollierte Umgebung, Anwendungsbedingungen;
- Gestaltung der Schnittstelle zum Anwender, z. B. Eingaben, Rückmeldungen, Fehlermeldungen;
- fehlertolerantes Design, z. B. fool proof, Einknopf-Betrieb, Plausibilitätschecks, Quittierungen;
- Gebrauchstauglichkeitstest unter realitätsnahen Bedingungen mit für die zukünftigen Anwender repräsentativen Testpersonen.

3.2   klinische Bewertung

Es ist eine der Grundlegenden Anforderungen, dass Medizinprodukte die behaupteten (positiven) medizinischen Wirkungen tatsächlich besitzen müssen. Sie dürfen aber auch keine nicht vertretbaren unerwünschten Nebenwirkungen verursachen. Diese sind jedoch nicht immer vermeidbar wie z. B. das erhöhte Krebsrisikos in der Röntgendiagnostik, die Schädigung des Herzmuskels bei der Defibrillation, das Thromboserisiko bei Anwendung von Endoskopen oder die Abgabe von krebserregenden Phthalaten bei Kontakt mit PVC-Kathetern zeigen.

Um den Nachweis der klinischen Wirkung führen und unerwünschte Nebenwirkungen erkennen und bewerten zu können, muss der Hersteller eine klinische Bewertung durchführen, dokumentieren und einen Prozess zur laufenden Aktualisierung aufrecht erhalten. Richtlinien zur Durchführung der klinischen Bewertung finden sich im Dokument MED-DEV 2.7.1, für die Durchführung klinischer Studien in der MPD bzw. MPV und der Norm EN ISO 14155.

Die Verpflichtung zur klinischen Bewertung gilt für alle Medizinprodukte, unabhängig von ihrer Risikoklasse. Der Aufwand dafür hängt jedoch von der Risikoklasse und dem Neuheitsgehalt des Produktes oder seiner Änderung ab. Falls ein Produkt sowohl hinsichtlich seiner Methodik als auch des Anwendungsbereiches einer speziellen Produktnorm entspricht, kann sich die klinische Bewertung auf die Dokumentation der Übereinstimmung mit der Produktnorm beschränken. So wird bei etablierten Verfahren wie z. B. der Defibrillation durch Kondensatorentladung der (dokumentierte und begründete) Verweis auf die entsprechende Norm (z. B. EN 60601-2-4) und damit auf die bereits eingeführte und anerkannte Methodik und Technologie ausreichen. Wird jedoch zur Defibrillation eine neue und noch nicht ausreichend erprobter Impulsform wie z. B. biphasische oder oszillatorische Impulse verwendet, wird hingegen eine klinische Bewertung ggf. mit eigener klinischer Studie erforderlich sein. Die Anwendung von Detal-Lasern zur Blutstillung oder Abtragung von Zahnstein wird sich auf die Lasernorm und umfangreiche Markterfahrung stützen können, während die laserunterstützte photodynamische Therapie oder Desinfektion in den Zahntaschen einen detaillierteren klinischen Nachweis erfordert, ebenso wie eine Software zur Bestimmung des Aneurismarisikos durch Auswertung von Computertomografie-Angiogrammen.

Klinische Studien sind aufwändig, teuer und langwierig und daher die letzte Option, wenn die Klärung auf andere Weise nicht möglich ist. Der Hersteller darf sich nämlich zunächst auf den verfügbaren Stand des Wissens stützen und muss erst dann auf klinische Studien zurückgreifen, wenn die vorhandenen Informationen keine ausreichend nachvollziehbare Schlussfolgerung erlauben.

Die Informationsquellen, die für die klinische Bewertung zur Verfügung stehen, sind Normen, nachvollziehbar dokumentierte Anwendungsberichte, wissenschaftliche Literatur, Fachberichte, Vigilanz-Berichte und publizierte klinische Studien (Abb. 3.5). Vor Bewertung dieser Informationsquellen ist die Übertragbarkeit auf die gegenständliche

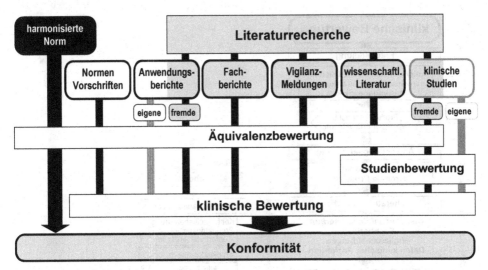

Abb. 3.5: Informationsquellen zur klinischen Bewertung

Fragestellung zu prüfen und zu dokumentieren (Abb. 3.6). Der Nachweis der Äquivalenz ist jedoch nicht trivial. Sie bedeutet nämlich mehr als bloße Ähnlichkeit. Die Äquivalenzprüfung würde z. B. bei einem Lasergerät folgende Punkte umfassen:

- gleiche *Wirkungsweise*,
- gleicher *Anwendungszweck*,
- gleich Strahlungsart, z. B. Frequenz bzw. Frequenzspektrum (schmalbandig, breitbandig);
- gleiche technische *Parameter*, z. B. verwendete Ausgangsleistung, Bestrahlungsdauer, Bestrahlungsart (kontinuierlich, intermittierend, gepulst),
- gleicher *Anwendungsort*, z. B. Haut, natürliche Körperöffnungen wie Mundhöhle, Rektum, chirurgisch geschaffene Zugänge,
- gleiche *Wirkungsweise*, z. B. thermisch, thermomechanisch, photochemisch, photodynamisch,
- gleiche *Indikation*, z. B. Zahnbehandlung, Keimabtötung, Hornhaut-, Linsenkorrektur, Netzhautfixierung, Wundbehandlung, Tattoo-Entfernung, Verödung von Blutgefäßen, Stillung von Blutungen, Schneiden, Tumorbehandlung.
- gleiche *Materialien*, z. B. bei Anwendungsteilen bezüglich Grundstoff und Zusatzstoffe, z. B. Stahl mit Chrom und Nickelanteilen oder Zahnfüll-Kunststoffe auf Monomer- oder Polymer-Basis mit oder ohne Keramikteilchen, mit oder ohne Zusätzen von BPA (Bisphenol-A), Bis-GMA (Bisphenol-A-Glycidyl Dimethacrylat) oder TEGF-DMA (Triethyleneglycol Dimethacrylat).

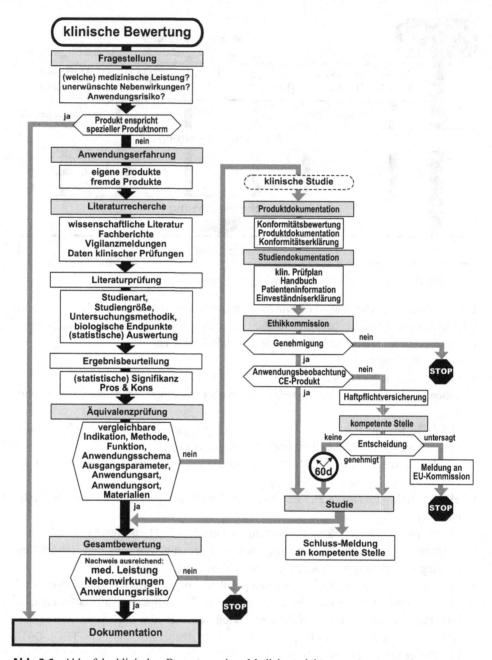

Abb. 3.6: Ablauf der klinischen Bewertung eines Medizinproduktes

- Anwendungserfahrung mit anderen äquivalenten Produkten.
  Die Markterfahrung wird zwar als ein Indikator für den Nachweis der klinischen Wirksamkeit zugelassen, angesichts des Placebo-Effektes, also des Phänomens, dass eine Wirkung bereits lediglich durch den Glauben an ein an sich unwirksames Produkt eintreten kann, ist dieser Ansatz alleine jedoch nicht ausreichend, wenn er nicht durch andere Indikatoren wie z. B. einen plausiblen Wirkmechanismus und (publizierte) klinische Studien mit ausreichender Fallzahl, anerkannter Methodik und überzeugendem Ergebnis unterstützt wird.
- anerkannte (peer-reviewte) wissenschaftliche Literatur z. B. auf den Datenbanken PubMed, MEDLINE, EMBASE, MEDION statt grauer Literatur von zweifelhafter Seriosität, z. B. Vortragsmanuskripte.

Anmerkung: *Nicht als anerkannte „Literatur" anzusehen sind auch Dankesschreiben von behandelten PatientInnen.*

- einschlägige veröffentlichte und/oder unveröffentlichte Berichte anerkannter Institutionen (z. B. von Behörden, Fachgremien) von ausreichender Tiefe und Qualität;
- Meldungen über Zwischenfälle und Rückrufaktionen (Vigilanzfälle), z. B. auf der Datenbank MAUDE der FDA;
- sonstige nachvollziehbar dokumentierte klinische Erfahrungen;
- die Ergebnisse klinischer Prüfungen anderer äquivalenter Produkte, z. B. auf den Datenbanken COCHRANE oder CENTRAL.

Die Literaturrecherche ist zu dokumentieren und die gefundenen Publikationen sind zu bewerten und zusammenfassend zu beurteilen.
  Die Dokumentation umfasst:
- den berücksichtigten Recherche-Zeitraum;
- die besuchten Datenbanken;
- die verwendeten Suchkriterien und Ergebnis-Filter (Suchbegriffe und ihre logischen Verknüpfungen);
- die Beurteilungs- und Auswahlkriterien und Referenzinformtionen z B. Titel, Kurzfassungen, Volltext);
- Ergebnisstatistik (pro Suchbegriff: gefundene Treffer, relevante Treffer, davon ausgewertete Treffer, davon Anzahl der positiven, negativen und unklaren Ergebnisse)
- Studienbewertung hinsichtlich der Äquivalenz des Untersuchungsobjektes, z. B: Studiendesign (z. B: doppelblind, einfachblind, Fallstudie, Fall-Kontroll-Studie, Kohortenstudie), Qualität, statistische Signifikanz, statistische Power;
- die Bewertung der Eindeutigkeit der Studienergebnisse unter Berücksichtigung der Anzahl der Probanden, der Eignung der Methodik, der Auswertung, der Schlussfolgerung;
- die Gesamtbewertung der Recherche unter Berücksichtigung der positiven und negativen Ergebnisse und der Stärke der Evidenz.

Die Zuverlässigkeit der Informationsquellen und Aussagekraft der klinischen Bewertung muss dabei umso größer sein, je höher das Risiko des zu bewertenden Produktes ist. Wenn die angeführten Nachweisquellen nicht ausreichend oder nicht zutreffend sind, weil z. B. die Methodik, die Eigenschaften, die Funktionsweise, der Anwendungsort, die Indikation und/oder die verwendeten Materialien nicht ausreichend äquivalent sind, kann zur Abklärung der offenen Punkte eine klinische Studie durchzuführen sein.

Klinische Studie
Klinische Studien sind nicht nur kostenintensiv, aufwändig und zeitraubend. Sie sind auch an strenge Auflagen gebunden /32/,/53/,/75/. Der Hersteller muss die Erfüllung der grundlegenden Anforderungen überprüft haben und eine entsprechende Erklärung nach Annex VIII MDD abgeben, einen klinischen Prüfplan und ein Handbuch für die klinischen Prüfer verfassen und die vorgesehene Information der an der Studie teilnehmenden Patienten und ihre Einverständniserklärung offenlegen. Die Unterlagen müssen von der Ethik-Kommission gebilligt und der zuständigen „Kompetenten Stelle" zur Genehmigung vorgelegt werden. Erfolgt von ihr innerhalb von 60 Tagen keine Untersagung, darf die Studie durchgeführt werden. Dabei sind die Vorgaben der Medizinproduktedirektive einzuhalten (Abb. 3.6).

Meldung: Hüftprothesen-Skandal
Paris: Hunderten Patienten wurden nicht zugelassene Hüftprothesen implantiert, die mit einer antibakteriellen Beschichtung versehen waren, obwohl es keine Genehmigung für entsprechende klinische Studien gegeben hatte. Laut „Parisien" war bei Laborversuchen jede zweite Maus gestorben. Die Firma teilte mit, dass die Zertifizierung nicht beantragt worden war, weil das Verfahren ein bis zwei Jahre gedauert hätte.

Eine systematische Anwendungsbeobachtung von bereits zugelassenen und CE-gekennzeichneten Medizinprodukten zählt auch als klinische Studie, kann aber unter erleichterten Bedingungen durchgeführt werden. Ihr muss zwar ebenfalls von der Ethikkommission zugestimmt werden, sie muss jedoch der „Kompetenten Stelle" nicht gemeldet und von ihr auch nicht genehmigt werden.

Anmerkung: *Die klinische Bewertung ist zwar grundsätzlich für alle Medizinprodukte durchzuführen, die Überprüfung der klinischen Bewertung durch eine Europaprüfstelle ist allerdings erst ab der Risikoklasse IIb vorgesehen. Tatsächlich befinden sich eine Reihe von Medizinprodukten (mit geringem methodischem Risiko) auf dem Markt, deren medizinischer Nutzen fraglich ist. Sie wurden bisher geduldet, wenn sich aus ihrer Anwendung kein erhöhtes Risiko ergab. Solche „Miracle Products" sind z. B. Bioresonanzgeräte, die mittels Elektroden elektrophysiologische Signale erfassen, sie wieder mit teilweise Phasen-verschobenen Frequenzanteilen dem Körper wieder zuführen: Durch die Phasenverschiebung*

*sollen postulierte „schlechte Schwingungen" in „gute Schwingungen" umgewandelt wer-
den. Die Rückkopplung soll zu einer Auslöschung der „schlechten Schwingungen" durch
Interferenz führen. Dass bei fehlerhafter Rückkopplung „schlechte Schwingungen" verstärkt werden würden, wird von Herstellern apodiktisch ausgeschlossen.*

Bewertung

Die Ergebnisse der Analyse der recherchierten Daten der verschiedenen Informationsquellen (Anwendungserfahrung, Literatur, Vigilanzberichte, klinische Studien), sind hinsichtlich ihrer Übertragbarkeit auf das zu bewertende Produkt zu analysieren, hinsichtlich
der Aussagekraft (Evidenz) zu beurteilen und zu dokumentieren. Hilfestellung gibt das
Dukument MEDDEV 2.7.1 /76/. Dabei ist zu berücksichtigen, wie gut die vorliegenden
Ergebnisse auf den untersuchten Fall anwendbar bzw. übertragbar sind, sowohl hinsichtlich des Produktes selbst, der angewandten Methode, der verwendeten Ausgangsgrößen,
der Indikation, der Studienobjekte, der Anwendungsart und des Anwendungsortes. So ist
z. B. bei Lasergeräten nicht nur die Ausgangsleistung und die Wellenlänge zu berücksichtigen, sondern auch die Methode (z. B. mechanische, thermomechanische, thermische,
fotochemische oder fotodynamische Wirkung), ebenso die Indikation, z. B. Wundbehandlung, Desinfektion, Blutstillung, Schneiden, Koagulation, Hornhautkorrektur, die untersuchten Studienobjekte, z. B. Alter, Geschlecht, Zustand (wach, mediziert, anästhesiert),
Mensch oder Tier (wobei die Übertragbarkeit der Ergebnisse von Tierversuchen auf den
Menschen kritisch zu hinterfragen ist), die Anwendungsart, z. B. kontinuierliche, intermit-
tierende oder gepulste Bestrahlung) und der Anwendungsort, z. B. Haut, Auge, natürliche
Körperöffnungen, z. B. Mundhöhle, am Herzen oder am Hirn etc..

Bei der Beurteilung wissenschaftlicher Studien ist zu beachten, dass nicht alle Studien
gut oder fehlerfrei sind und nicht alle Ergebnisse überzeugend sind. Maßgebend für die
Aussagekraft ist die Größe der Studie, also die Anzahl der einbezogenen Studienobjekte
(Mensch oder Tier), das Studiendesign (randomisierte Doppelblind-Studie, Einfachblind-
Studie, Beobachtungsstudie, epidemiologische Fall-Kontrollstudie, Kohortenstudie usw.)
die angewendete Untersuchungsmethodik (anerkannte, umstrittene oder zweifelhafte
Nachweismethoden) und deren unerwünschte Nebenwirkungen (z. B. mechanische Einwirkungen bei Zentrifugieren, Strahlenschäden durch radioaktive Marker usw., die Eignung der untersuchten biologischen Parameter zum Nachweis der klinischen Wirkung,
die Eignung der Auswertemethode (z. B. verteilungsfreie oder verteilungsabhängige Si-
gnifikanztests, Ausreißer-Elimination), Signifikanzkriterien (z. B. gewähltes Signifikanz-
niveau, Bonferroni-Korrektur für mehrparametriges Testen etc.) und die Nachvollziehbarkeit der Schlussfolgerung. Tabelle 3.1 zeigt ein Beispiel der Zusammenfassung einer
klinischen Bewertung.

Lebende Objekte sind jedoch keine Maschinen und reagieren daher auch auf gleiche
Einwirkungen nicht immer auf gleiche Weise. Es ist daher die Ausnahme und nicht die
Regel, dass nicht alle Studien zum selben Ergebnis kommen und die Resultate erhebliche
Streuungen aufweisen. Die klinische Bewertung muss daher aufgrund der Berichte über
positive, negative und fehlende Auswirkungen zu einer Gesamtbewertung kommen. Dazu
kann die Nachweisstärke (Evidenz) wie folgt abgestuft werden, z. B. in

Tab. 3.1: Beurteilung vorhandener Daten hinsichtlich des Nachweises der medizinischen Leistung und der Nebenwirkungen

	Parameter	Relevanz	Informationsquelle			
			Anwendungs-erfahrung	Wissensch. Literatur	(Vigilanz-) Berichte	Klinische Studien
Produkt	***Äquivalenz***					
	Produkt					
	Methode	3: Äquivalent				
	Ausgangsgrößen	2: Ähnlich				
	Indikation	1: Übertragbar				
	Studienobjekte	0: Verschieden				
	Anwendungsart					
	Anwendungsort					
Daten	***Informations- Quelle*** *(Studienqualität)*	3: Zuverlässig 2: Akzeptierbar 1: Unsicher 0: Unzuverlässig				
	Ergebnis	3: Signifikant 2: Trend 1: Nicht signifikant 0: Widersprüchlich				
Bewertung	***Evidenz***	3: Überzeugend 2: Unvollständig				
	Zweckerfüllung	1: Gering				
	Akzeptierbare Nebenwirkungen	0: Nicht überzeugend				

- E3: überzeugende Evidenz für das Vorhandensein einer Wirkung
- E2: unvollständige Evidenz für das Vorhandensein einer Wirkung
- E1: schwache Evidenz für das Vorhandensein einer Wirkung
- E0: keine bzw. unzureichende Evidenz für das Vorhandensein einer Wirkung
- EN: Evidenz für das Fehlen einer Wirkung.

Die erforderliche Nachweisstärke hängt vom methodischen Risiko Medizinproduktes ab und muss mit der Risikoklasse zu nehmen. Während für Produkte der Klasse I bereits eine schwache Evidenz (E1) und für Produkte der Klasse IIa noch eine unvollständige Evidenz (E2) ausreichen könnte, ist für Produkte der Klasse IIb und III eine überzeugende Evidenz erforderlich.

Biokompatibilität

4

Hinsichtlich ihrer Auswirkung auf das Körpergewebe und/oder die Gesundheit können Stoffe wie folgt eingeteilt werden:
- *bioinert*, also ohne biologische Auswirkungen,
- *biotolerant* mit vernachlässigbaren biologischen Auswirkungen;
- *bioaktiv* mit – nicht notwendiger Weise nachteiligen – Reaktionen mit Gewebe;
- *bioadvers* mit nachteiligen Auswirkungen auf das Gewebe oder den Körper.

Grundsätzlich ist jeder Körperkontakt mit einem Material damit verbunden, dass es an der Kontaktfläche zur Diffusion und damit zu einem mehr oder weniger ausgeprägten Austausch von Molekülen kommt. Ein Risiko kann dabei dann entstehen, wenn gesundheitsgefährdende Stoffe an oder in den Körper gelangen können. Die Stoffe können sein (Abb. 4.1):
- *allergen*, also eine Überschussreaktion des körpereigenen Immunsystems durch Bildung von Antikörpern gegen normaler Weise unkritische Stoffe verursachend, z. B. Nickel (Brillenfassungen), Jod (Kontrastmittel) oder Latex (OP-Handschuhe);
- *sehr giftig*, also bereits in sehr geringen Mengen akute oder chronische Gesundheitsschäden hervorrufend, z. B. Blausäure;
- *giftig*, also akute oder chronische Gesundheitsschäden hervorrufend, z. B. Chlor, Quecksilber, Blei;
- *gesundheitsschädlich*, z. B. Methylchlorid, Glykol, Phthalate;
- *ätzend*, also Gewebe zerstörend, z. B. Säuren, Laugen;
- *reizend*, also Gewebsentzündungen hervorrufend, z. B. Natriumkarbonat;
- *karzinogen*, also Krebs auslösend (Tumorinitiation), z. B. Narkosegase, Phthalate;
- *kokarzinogen,* also die Karzinogenität anderer Stoffe erhöhend;
- *Tumor promovierend*, also Tumore nicht auslösend, aber die Aggressivität vorhandener Tumoren erhöhend (Tumorpromotion);

© Springer 2015
N. Leitgeb, *Sicherheit von Medizingeräten*, DOI 10.1007/978-3-662-44657-7_4

- **teratogen** (reproduktionstoxisch), also Missbildungen von Föten verursachend, z. B. Phthalate, Acrylamid;
- **abortiv**, also zum Schwangerschaftsabbruch (Abortus des Föten) führend;
- **sensibilisierend**, also Überempfindlichkeitsreaktionen hervorrufend, z. B. Latex, Formaldehyd;
- **fibrogen**, also nach Einatmen Erkrankungen der Lunge hervorrufend, die mit einer Bindegewebsbildung einhergehen, z. B. Quarzstaub, Asbeststaub;
- **biologisch inert**, also weder giftig noch fibrogen wirkend und keine spezifischen Krankheitserscheinungen hervorrufend, aber eine Beeinträchtigung physiologischer Funktionen verursachend, z. B. die Lunge durch Stäube oder zelluläre Funktionen störend, z. B. Nanopartikel.

Anmerkung: *Die Einstufung, Kennzeichnung und Verpackung von gefährlichen Chemikalien und die Kennzeichnung durch (neue) Piktogramme ist international harmonisiert und in der EU in der Klassifizierungs- und Kennzeichnungsverordnung VO (EG) Nr. 1272/2008 geregelt, die nun 28 Gefahrenklassen mit 83 Gefahrenkategorien vorsieht /55/.*

Hersteller müssen die Biokompatibilität jener von ihnen verwendeten Werkstoffe beurteilen und sicherstellen, die direkt oder indirekt auf den Körper einwirken könnten. Dies gilt im Besonderen für Anwendungsteile, ist aber nicht auf sie beschränkt, weil auch andere Teile Schadstoffemissionen verursachen können, wie z. B. Kunststoff-Gehäuse oder imprägnierte Verpackungen.

Dazu ist es erforderlich, zunächst die Zusammensetzung der Stoffe zu ermitteln und in Hinblick auf die Zweckbestimmung des Produktes zu beurteilen. So werden z. B. Kunststoffen (z. B. PVC) Zusatzstoffe beigemischt, um gewünschte Eigenschaften wie Elastizität, Verformungsfestigkeit oder Brandbeständigkeit zu erreichen. Viele dieser Zuschlagstoffe sind gesundheitsschädlich, giftig, teratogen und/oder krebserregend.

So musste z. B. ein Augenchirurgiegerät vom Markt zurückgerufen werden, weil beim Aufsatz des Distanzstückes Endotoxine des Kunststoffs in die Hornhaut diffundierten und dort Entzündungen hervorriefen (siehe Kasten).

Meldung: Medizingeräte-Rückruf

Kalifornien: Die FDA forderte den Rückruf von 4.339 Augenchirurgiegeräten wegen eines nicht körperverträglichen Anwendungsteils. Aus dem Aufsatzstück diffundierten erhöhte Mengen von Endotoxinen, die akute postoperative Augenentzündungen verursachten.

Zur Beurteilung der Biokompatibilität werden folgende Merkmale herangezogen:

- die **akkumulierte** (!) **Einwirkungsdauer**. Im Gegensatz zur Dauer des ununterbrochenen Kontaktes, die zur Einteilung in eine Risikoklasse herangezogen wird, wird zur
  Beurteilung der Körperverträglichkeit z. B. die über die gesamte vorgesehene Thera-
  piedauer summierte Einwirkungsdauer und nicht bloß z. B. die Dauer einer einzigen
  Behandlung verstanden. Dabei wird unterschieden zwischen
- **kurzzeitig**, also <24 h;
- **länger**, also 1 bis 30 Tage;
- **dauernd**, also länger als 30 Tage.

So ist z. B. die Einwirkungsdauer eines einzelnen OP-Handschuhs als kurzzeitig anzusehen.
Da ein Chirurg jedoch viele Jahre lang beinahe täglich OP-Handschuhe benützen muss, ist die
kumulierte Einwirkdauer des Produktes als „dauernd" einzustufen. Die Wahrscheinlichkeit
einer Gesundheitsschädigung ist daher entsprechend größer. Zur Beurteilung der Biokompatibilität von OP-Handschuhen wird daher eine „dauernde" Einwirkung angenommen, während
die Kontaktdauer zur Risikoklassifikation als „vorübergehend" eingestuft wird (siehe Kap.
1.4.2). Tatsächlich sind z. B. unter Chirurgen Latex-Allergien überproportional vertreten;

- die **Art** des **Kontaktes**, z. B. mit der unverletzten Haut, mit Wunden oder direkt mit dem
  Blut;
- die möglichen gesundheitlichen **Auswirkungen** des betrachteten Materials, z. B. ob
  es Hautreizungen oder Entzündungen, Vergiftungen (z. B. Halogene, Schwermetalle),
  Allergien (z. B. Nickel oder Kautschuk), Krebs (z. B. Kunststoff-Weichmacher) oder
  fötale Missbildungen (z. B. Blei) verursachen kann (Abb. 4.1).

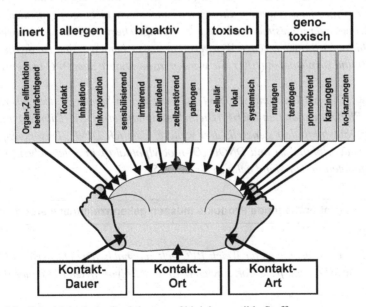

Abb. 4.1: Mögliche biologische Reaktionen auf bioinkompatible Stoffe

Eine wichtige Voraussetzung zur Beurteilung der Biokompatibilität ist, dass die detaillierte chemische Zusammensetzung der Materialien bekannt ist, die mit dem Körper in Kontakt kommen bzw. auf ihn einwirken können (z. B. durch Inhalation). Dies betrifft nicht nur den Grundstoff, sondern auch die Zuschlags- und Imprägnierstoffe. Diese Forderung ist nicht trivial. Da derartige detaillierte Angaben oft nur für medizinische Anwendungen eingefordert werden, die wiederum nur ein kleines Marktsegment der Material-Lieferanten darstellen, ist die Bereitschaft der Lieferanten zur Erhebung und Bekanntgabe der Bestandteile z. B. von Kunststoffen oder Legierungen begrenzt. Im Fall unzureichender Informationen gibt es für den Medizinprodukte-Hersteller Alternativen (Abb. 4.2). Diese bestehen darin, bei bestehenden vergleichbaren Anwendungserfahrungen Erfahrungen mit dem Werkstoff zur Beurteilung heranzuziehen, eigene (teure) Biokompatibilitätsuntersuchungen durchzuführen oder auf andere bereits einschlägig erprobte alternative Materialien auszuweichen.

Materialien, die mit dem Körper direkt oder indirekt in Kontakt kommen und ≥ 1 mg/g kanzerogene, teratogene oder genotoxische Phthalate enthalten, müssen durch Aufschriften gekennzeichnet werden /53/. Ihr Einsatz muss bei bestimmungsgemäßer Verwendung an Kindern und Schwangeren gesondert begründet werden (MDD 2007/47/EG, /33/). Für Produkte, z. B. aus Weich-PVC oder PET (Polyethylenterephthalat), die mit Flüssigkeiten in Kontakt kommen, die (wieder) dem Körper zugeführt werden sollen (z. B. Infusionsbeutel und -besteck, Blutbeutel, Katheter), ist daher eine besonders kritische Beurteilung und der Hinweis auf das enthaltene Phthalat gefordert.

Anmerkung: *Phthalate sind Esther der Phthalatsäure mit verschiedenen Alkoholen und werden Kunststoffen als Weichmacher beigefügt. Bei Kontakt oder Inhalation können sie vom Körper aufgenommen werden. Sie wirken kanzerogen, teratogen gentoxisch und können eine Reihe weiterer Gesundheitsbeeinträchtigungen hervorrufen /84/. Weltweit werden jährlich Millionen Tonnen erzeugt. Weit verbreitete Weichmacher sind Diethylhexylphthalat (DEHP) und Bisphenol-A (BPA). Sie werden insbesondere dem PVC beigefügt.*

Anmerkung: *Die EU-Richtlinie 2005/84 EG verbietet in Spielzeug drei gesundheitsgefährdende Phthalate, nämlich DEHP (Diethylhexylphthalat), DBP (Dibutylphthalat) und BBP (Benzylbutylphthalat) generell, drei weitere, nämlich DINP (Diisononylphthalat), DIDP (Diisodecylphthalat) und DNOP (Di-n-octylphthalat) in Spielsachen, die Kinder unter 36 Monaten in den Mund nehmen können /35/.*

Phthalat enthaltende Produkte müssen gekennzeichnet werden.

Anmerkung: *Als Alternativen für Weich-PVC gelten je nach den geforderten Eigenschaften z. B. das weichmacherfreie Polyethylen (PE), und Polypropylen (PP) oder Polystyrol.*

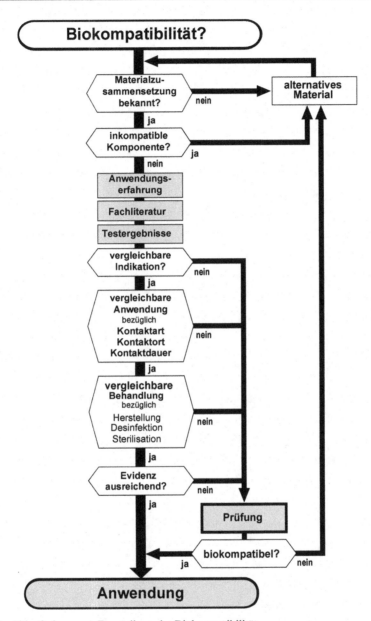

Abb. 4.2: Ablaufschema zur Beurteilung der Biokompatibilität

Anmerkung: *Gesundheitliche Risiken können auch durch die Abgabe von BPA (Bisphenol A) verursacht werden. BPA ist ein Biphenylmethan-Derivat und wird vor allem als Ausgangsstoff zur Synthese polymerer Kunststoffe auf der Basis von Polyestern, Polysulfonen, Polyetherketonen, Polycarbonaten und Epoxidharzen verwendet. Bei medizinischen Anwendungen kann die täglich akzeptierbare Dosis an BPA überschritten werden. Risikogruppen sind z. B. Früh- und Neugeborene, Intensiv- und Dialysepatienten /83/.*

Hygiene

5

Medizinische Geräte müssen so ausgelegt sein, dass das Infektionsrisiko für Patienten, Anwender und Dritte, z. B. Servicepersonal und Sicherheitstechniker, so weit wie möglich verringert ist. Hygienisch besonders kritisch sind Medizingeräte, die mit Körperflüssigkeiten in Kontakt kommen, z. B. Endoskope, Absaugpumpen und Dialysegeräte. Der Grund liegt darin, dass sich Krankheitserreger in Flüssigkeitsrückständen stark vermehren können. Die Aufkeimung erfolgt exponentiell und somit dramatisch schnell. Bei einer Verdopplungszeit von z. B. ca. 20 min haben sich aus einem Keim nach 8 h bereits ca. 17 Mio. Keime gebildet, nach 24 h sind es bereits ca. $5 \cdot 10^{21}$ Keime, das entspricht etwa der Anzahl aller Sandkörner an den Meeresstränden. Dies rechtfertigt ein entsprechendes Problembewusstsein.

> **Mit Aufkeimung ist in feuchter Umgebung immer zu rechnen!**

Geräteteile, die mit Krankheitserregern kontaminiert werden könnten, müssen so konstruiert werden, dass sie von anhaftenden Rückständen zuverlässig gereinigt und desinfiziert bzw. sterilisiert werden können. Dazu müssen sie sowohl mechanischen Kräften, als auch chemischen und ggf. thermischen Beanspruchungen standhalten können (Abb. 5.1).

Wie Erfahrungsberichte zeigen, sind Medizintechniker einem Infektionsrisiko ausgesetzt, wenn sie z. B. ein Gerät ohne Desinfektion nach infektionskritischen Anwendungen zur Wartung, Überprüfung oder Reparatur ausgehändigt bekommen. Es ist daher vor Beginn der Arbeiten jedenfalls eine Abklärung der Herkunft und ggf. eine (Vor-) Behandlung der übergebenden Geräte erforderlich.

> **Vor Bearbeitung: Abklärung des hygienischen Gerätezustandes!**

© Springer 2015
N. Leitgeb, *Sicherheit von Medizingeräten*, DOI 10.1007/978-3-662-44657-7_5

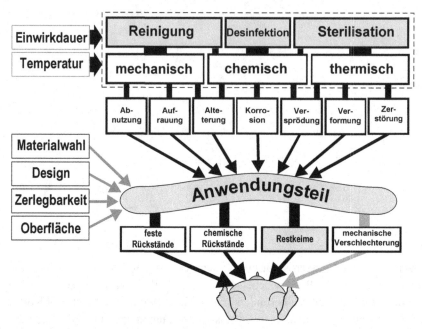

Abb. 5.1: Hygienische Aspekte von Medizingeräten

Für eine zuverlässige Reinigung und Desinfektion oder Sterilisation sind sowohl die mechanische Entfernung der Rückstände, ggf. mit chemischer Unterstützung zur Lösung von Fetten und Proteinen, als auch die Abtötung bzw. Inaktivierung von Krankheitserregern erforderlich. Beide sind abhängig von der Temperatur und Einwirkungsdauer der verwendeten Mittel.

Die mechanische Reinigung, z. B. mittels Bürste, kann Anwendungsteile mechanisch stark beanspruchen und deren Oberfläche aufrauen, chemische Reinigungsmittel können den Alterungsprozess und die Korrosion beschleunigen und zu Versprödung von Kunststoffen führen. Zu große Hitze, z. B. bei thermischer Sterilisation, kann das Material verformen, verspröden oder Schäden verursachen, z. B. die piezoelektrischen Eigenschaften eines Ultraschallwandlers verschlechtern oder zerstören.

Der Hersteller muss daher in seiner Risikoanalyse die materialtechnischen, konstruktiven und funktionellen Eigenschaften des Gerätes in Hinblick auf die Anforderungen bzw. Auswirkungen der Reinigung, Desinfektion und/oder Sterilisation bewerten und die zulässigen Maßnahmen und Behandlungsparameter in der Gebrauchsanweisung spezifizieren, um Geräteschäden und das Infektionsrisiko durch verbliebene Keime zu minimieren (Abb. 5.1). Dies gilt in besonderem Maße auch für die Wiederaufbereitung von Einmalprodukten.

Die Wahl der für das Gerät verwendeten Materialien beeinflusst die Alterung, die Beständigkeit gegen chemische Einwirkungen und die mechanischen Eigenschaften. Benützungs- und/oder reinigungsbedingte Aufrauungen erschweren die Desinfektion und erhöhen das Kontaminationsrisiko. Das Design bestimmt den Erfolg von RDS-Maßnahmen durch entsprechende Oberflächengestaltung und Oberflächenbeschaffenheit des Gehäuses. Die erschwerte Zugänglichkeit und Zerlegbarkeit der zu desinfizierenden Teile verschlechtert die Gebrauchstauglichkeit und begünstigt, dass die Zerlegung unterlassen oder unvollständig vorgenommen wird. Raue oder strukturierte Oberflächen, Verschneidungen, Gitter und Öffnungen erhöhen das Infektionsrisiko. Aus diesem Grund werden z. B. Folientastaturen gegenüber konventionellen Tastaturen vorgezogen.

Umgebungssicherheit

6

Medizinische Geräte können je nach ihrer Art, Konstruktion und/oder Funktionsweise auf vielfältige Weise von der Umgebung beeinflusst werden, aber auch ihrerseits auf die Umgebung einwirken oder diese gar gefährden.

6.1 Beeinflussung durch die Umgebung

6.1.1 Umweltbedingungen

Elektromedizinische Geräte werden in Hinblick auf die Umweltbedingungen für folgende Anforderungen ausgelegt /13/ (Tab. 6.1):

Tab. 6.1: Umweltanforderungen für den Betrieb von Medizingeräten

Parameter	Betriebsbereich
Umgebungstemperatur	+ 10 bis + 40 °C
Luftfeuchtigkeit	30 bis 75 % rH

Je nach dem vorgesehenen bestimmungsgemäßen Gebrauch kann es jedoch erforderlich sein, die Vorgaben zu erweitern oder einzuschränken. So sind z. B. Defibrillatoren angesichts des möglichen Notfalleinsatzes auch im Freien und bei Schlechtwetter für erweiterte Umweltbedingungen auszulegen (Umgebungstemperatur erniedrigt auf 0 °C, Luftfeuchtigkeit erhöht auf 95 %). Sie müssen zusätzlich auch den erhöhten Feuchtigkeitsschutz IPX1 aufweisen (siehe Kap. 9.2.1). Auch Geräte zur Heimanwendung sind für einen erweiterten Bereich der Umgebungstemperaturen (von + 5 bis + 40 °C) und eine Luftfeuchtigkeit (von 15 bis 93 %) vorzusehen/19/. Sie müssen ebenfalls einen erhöhten Feuchtigkeitsschutz besitzen (IP21 bzw. für mobil betriebene Geräte IP22, siehe Kap. 9.2.1).

© Springer 2015
N. Leitgeb, *Sicherheit von Medizingeräten*, DOI 10.1007/978-3-662-44657-7_6

6.1.2 Elektroinstallation

Eine häufig gestellte Frage lautet, ob ein Elektroinstallateur, der bisher in Wohnhäusern und Betrieben gearbeitet hat, auch Installationen in medizinischen Bereichen vornehmen darf. Die Antwort lautet: Ja, aber. Er darf es, aber nur, wenn er über die zusätzlichen speziellen Anforderungen Bescheid weiß. Die Elektroinstallation in medizinischen Bereichen unterscheidet sich nämlich von der allgemeinen Hausinstallation in wesentlichen Aspekten. Grundsätzlich wird angenommen, dass der Patient verletzt sein kann und daher im Gegensatz zu Gesunden durch elektrische Spannungen mehr gefährdet ist, weil er durch seinen Hautwiderstand nicht mehr geschützt ist (siehe Kap. 8.1.1) und die zuverlässige Spannungsversorgung für sein Überleben entscheidend sein kann.

6.1.2.1 Anforderungen

Die Elektroinstallation ist daher für einen *erhöhten Berührungsschutz* auszulegen. Darüber hinaus erfordert die Abhängigkeit des Patienten von lebenserhaltenden Geräten auch eine *zuverlässigere Spannungsversorgung* als in nichtmedizinischen Bereichen. Dazu sind nicht nur stärker dimensionierte Kabel und redundante Verteilereinspeisungen und Stromkreise vorgesehen, sondern auch Sicherheitsstromversorgungen, die bei Ausfall des allgemeinen Netzes, z. B. nach einem Blitzschlag, den Weiterbetrieb wichtiger Einrichtungen gewährleisten. Bei empfindlichen Geräten kann der ständige Anschluss an die Sicherheitsstromversorgung auch aus anderen Gründen erforderlich sein, z. B. um bei einer Gamma-Kamera Schäden durch Thermospannungen am großflächigen Szintillationskristall zu vermeiden oder um bei Magnetresonanzgeräten Temperaturerhöhungen über die Sprungtemperatur und damit den Verlust der Supraleitung und die explosionsartige Verdampfung der Kühlmittel zu vermeiden. Die Stromversorgung muss auch *ausfallsicherer* sein, weil auch nicht zugelassen werden kann, dass im ersten Fehlerfall der Stromkreis zum Schutz des Anwenders abgeschaltet wird, wenn der damit bewirkte Ausfall lebenserhaltender Geräte den Patienten gefährdet. Daher muss der Schutz auf andere Weise, z. B. durch erdfreie Stromversorgung, erreicht werden.

Auch die Art und/oder Funktionsweise von elektromedizinischen Geräten kann besondere Anforderungen an die Elektroinstallation begründen. So könnte bei kurzen Spannungsunterbrechungen oder Spannungseinbrüchen z. B. bei einem softwaregesteuerten Gerät die Funktion unterbrochen werden oder die aktuellen Geräteeinstellungen verloren gehen, sodass z. B. Infusionspumpen mit grob falschen Förderraten weiterarbeiten. Da Spannungseinbrüche zustande kommen, wenn durch die Zuschaltung großer Verbraucher (z. B. Röntgengeräte) hohe Lastströme am Netzinnenwiderstand einen Spannungsabfall verursachen, ist in medizinischen Bereichen ein kleinerer Netzinnenwiderstand der Elektroinstallation erforderlich.

Medizinische Elektroinstallationen sind anders als Hausinstallationen!

Die Anforderungen an Elektroinstallationen unterscheiden sich daher im medizinischen Bereich von jenen im Haushalt, und zwar in Hinblick auf den erhöhten Berührungsschutz,

Abb. 6.1: Unterschiede der
Elektroinstallation im medi-
zinischen Bereich gegenüber
Hausinstallationen

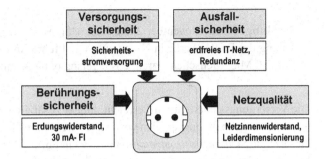

erhöhte Verfügbarkeit durch hohe Versorgungssicherheit, durch die Ausfallsicherheit
auch im Fehlerfall und durch erhöhte Netzqualität (Abb. 6.1).

Der ***erhöhte Berührungsschutz*** muss berücksichtigen, dass der Patient nicht mehr
durch seinen Hautwiderstand geschützt ist. Dies wird dadurch erreicht, dass die installa-
tionsseitigen Schutzmaßnahmen so ausgelegt werden, dass im Fehlerfall keine Spannungen berührt werden können, die größer sind als die medizinische Schutzkleinspannung
(25 V ~ bzw. 60 V =). Dazu ist es in geerdeten Stromversorgungsnetzen notwendig, nicht
nur einen ausreichend niedrigen Erdungswiderstand der Anlage zu erreichen, sondern
auch zusätzlich zum Leitungsschutzschalter einen Fehlerstromschutzschalter zu installieren. Dieser überwacht laufend die hin- und zurückfließenden Ströme und schaltet ab,
wenn durch einen Isolationsfehler Ströme nicht wieder in der Rückleitung, sondern auf
anderen Wegen (z. B. über den Patienten) zurückfließen. Im Krankenhaus sind Fehlerstromschutzschalter (FI) vorgeschrieben, die den Stromkreis lange vor dem Ansprechen
eines Leitungsschutzschalters und zwar schon bei einer Stromdifferenz zwischen Hin- und
Rückstrom von 30 mA ausreichend schnell (innerhalb von 0,25 s) abschalten.

Die ***Versorgungssicherheit*** muss gewährleisten, dass die wesentlichen Verbraucher
auch bei Netzausfall weiter betrieben werden können. Es zeigt nämlich die Erfahrung,
dass es insbesonders im Sommer bei Gewittern, aber auch durch Stürme, Unwetterka-
tastrophen, Kriege oder durch technisches Versagen auch über längere Zeit zu Ausfällen
der Stromversorgung kommen kann. Während dies im Haushaltsbereich im Allgemeinen
ohne gefährliche Konsequenzen bleibt und sich allenfalls in einer nachfolgenden Steigerung der Geburtenrate äußert, kann ein längerer Stromausfall in sensiblen medizinischen
Bereichen für Patienten lebensgefährlich sein und darf daher nicht hingenommen werden.
Krankenhäuser müssen daher in der Lage sein, bei Ausfall des Versorgungsnetzes aus
eigener Kraft wenigstens einen Notbetrieb aufrechterhalten zu können.

Meldung: New York, August 2003: Netzwerküberlastung der Niagara Mohawk
Werke führte zum Blackout: 50 Mio. Menschen in New York saßen 18 h lang im
Finstern, Umgebungsgebiete waren sogar tagelang stromlos.

Meldung: Bonn, November 2006: Planmäßiges Abschalten einer Hochspannungs-
leitung der E.ON-Werke in Norddeutschland führte in Europa zu einer Kettenreaktion: 10 Mio. Menschen waren teils tagelang ohne Strom.

Die Versorgungssicherheit wird erreicht, indem zusätzlich zur Netzversorgung zwei weitere autonome Spannungsquellen vorgesehen werden. Es ist dies einerseits eine langsamer
einsetzende *Sicherheitsstromversorgung* (SV) in Form eines Dieselaggregates, das binnen
längstens 15 s die Stromversorgung übernehmen können muss.

Meldung: Chemnitz, Jänner 2007: Sturmtief Kyrill mähte Hochspannungsleitungen nieder. Hunderttausende Mitteleuropäer tagelang ohne Strom. Der Wiederauf-
bau der Leitungen dauerte lange.

Selbst 15 s können jedoch zu lange sein, wenn z. B. der Strom- und damit auch der Licht-
ausfall gerade in einer kritischen Phase einer Operation auftritt, in der dringendes Handeln
erforderlich ist. In Ergänzung zur SV ist daher eine *zusätzliche Sicherheitsstromversorgung* (ZSV) in Form von Batteriesätzen gefordert, um die Spannung (über Wechselrichter)
bereits nach 0,5 s wieder bereitstellen zu können. An die ZSV sind mindestens die Ope-
rationsleuchte und lebenswichtige Geräte wie z. B. das HF-Chirurgiegerät angeschlossen.

   Eine Alternative zur ZSV stellt die *unterbrechungslose Stromversorgung* (USV) dar,
die sogar kurzzeitige Spannungseinbrüche vermeidet. Dadurch kann auch die Störung von
softwaregesteuerten Geräten und Einrichtungen (z. B. die Rücksetzung auf die Default-
Einstellungen) verhindert werden.

Anmerkung: *So wie man beim Start bei zu schneller Kupplung den Motor „abwürgen"
kann, kann es auch bei der Sicherheitsstromversorgung zu einem Abwürgen des Dieselaggregates kommen, wenn auf ein Mal zu große Lasten zugeschaltet werden. Um den damit
verbundenen neuerlichen Zusammenbruch der Stromversorgung zu vermeiden, darf daher
die Anfangsbelastung beim Zuschalten nicht zu groß werden. Aus diesem Grund werden
bei Netzausfall Verbrauchergruppen je nach ihrer Bedeutung für den Patienten und den
Betrieb des Krankenhauses zeitlich gestaffelt zugeschaltet.*

In jenen Räumen, in denen nicht ohnehin alle Steckdosen auch von der Sicherheitsstromversorgung versorgt werden, z. B. in der chirurgischen Ambulanz, ist es wichtig, durch
eine eindeutige Kennzeichnung auf die Steckdosen mit gesicherter Versorgung hinzuweisen. Dies kann durch Beschriftung oder Farbgebung geschehen. Meist wird die Farbe Grün für SV-Steckdosen und Orange für ZSV-Steckdosen verwendet. Medizinisches
Personal sollte daher die bei Stromausfall weiterverwendbaren Steckdosen kennen und
(lebens-) wichtige Geräte bevorzugt dort anstecken.

> ### SV- und ZSV- Steckdosen müssen gekennzeichnet
> ### und ihre Bedeutung dem Personal bekannt sein!

Schon legendär ist die Antwort, die eine schon erfahrene OP-Schwester auf die Frage gegeben hat, weshalb manche Steckdosen im neu installierten Operationssaal orange bzw. grün wären. Sie zuckte nämlich nur mit den Achseln und antwortete, dies sei offenbar ein Architektenwunsch gewesen. Damit hat sie sich jedoch ungewollt selbst als ein erhebliches Sicherheitsrisiko zu erkennen gegeben: Es ist nämlich für das medizinische Personal (und den Patienten) wichtig, zu wissen, welche Steckdosen unter allen Umständen noch Strom führen, um auch bei einem allgemeinen Stromausfall die lebenswichtigen Geräte weiter betreiben bzw. schnell an die noch stromführenden Steckdosen anschließen zu können.

Darüber hinaus ist es auch wichtig, zu wissen und erkennen zu können, welchen Stromkreisen die Steckdosen angehören. Dies würde es nämlich ermöglichen, richtig zu handeln, wenn z. B. ein Leitungsschutzschalter einen Stromkreis bei Überlastung unterbricht und somit alle daran angeschlossenen Geräte ausfallen. Die Kennzeichnung der Stromkreise soll es dann ermöglichen, die lebenswichtigen Geräte an die Steckdosen des zweiten redundanten Stromkreises umzustecken, die im Patientenbereich vorhanden sein müssen /79/.

> ### Die Stromkreiszuordnung von Steckdosen muss erkennbar sein!

Die *Ausfallsicherheit* ist in kritischen medizinischen Bereichen, z. B Operationsräumen, wichtig. Es wurde bereits darauf hingewiesen, dass der geforderte doppelte Schutz auf verschiedene Weise erreicht werden kann (Kap. 2.3.3). Bei schutzgeerdeten Geräten besteht er darin, dass berührbare Metallteile mit Hilfe des Schutzleiters geerdet werden (Schutzerdung). Ein Fehler der Isolation verursacht daher einen Kurzschluss der erdbezogenen Netzspannung, sodass der Leitungsschutzschalter den Stromkreis abschaltet – wodurch auch die Gefahrensituation beendet wird (Abb. 6.2). Dieses Schutzprinzip gefährdet je-

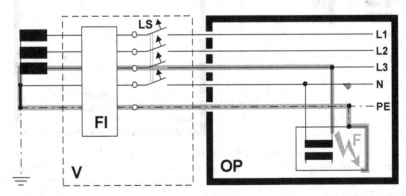

Abb. 6.2: Kurzschlussstrom infolge eines Isolationsfehlers in einem geerdeten (TN-)Netz. *V* Verteiler, *FI* Fehlerschutzschalter, *LS* Leitungsschutzschalter, *OP* Operationsraum, *F* Isolationsfehler, *L1, L2, L3* Phasenleiter, *N* Neutralleiter, *PE* Schutzleiter

doch im Operationssaal die Zuverlässigkeit der Stromversorgung, da ja im Ersten Fehlerfall nicht nur das betroffene Gerät, sondern alle am selben Stromkreis angeschlossenen
Geräte ausfallen würden. Eine Berührungsschutzmaßnahme, die indirekt eine Gefährdung
des Patienten zur Folge haben könnte, ist daher in kritischen Bereichen nicht akzeptabel.

Der Ausweg aus diesem Dilemma, mit dem es gelingt, beide Forderungen, nämlich den
doppelten Schutz und die *Ausfallsicherheit*, zu erfüllen, besteht in einer erdfreien Spannungsversorgung. Die Ausfallsicherheit muss allerdings erkauft werden. In diesem Fall
durch einen zusätzlichen (meist im OP-Verteilerkasten untergebrachten) Sicherheitstrenn-
transformator, der auch in der Lage sein muss, die für die versorgten Geräte benötigte
Leistung zu übertragen. Mit ihm werden *alle* aktiven Leiter der Spannungsquelle, einschließlich des Neutralleiters, von Erde isoliert (IT-Netz).

Anmerkung: *Unter aktiven Leitern versteht man alle Leiter, die bestimmungsgemäß
Strom führen (sollen), also die Phasenleiter und den Neutralleiter, aber auch den Funktionserdleiter (z. B. bei Geräten der Schutzklasse II), nicht jedoch den Schutzleiter oder
den Potenzialausgleichsleiter.*

Wenn dann im Ersten Fehlerfall wegen eines Isolationsfehlers ein Pol der Spannungsquelle mit dem geerdeten Gehäuse in Kontakt kommt, passiert... nichts, einfach aus dem
Grund, weil die Spannungsquelle ja nicht mit Erde verbunden ist und dadurch der Stromkreis auch jetzt noch nicht geschlossen ist. Die bis dahin erdfreie Stromversorgung wird
dann lediglich das, was die allgemeine Stromversorgung im Krankenhaus ohnehin schon
ist – nämlich potenzialmäßig auf Erde bezogen (Abb. 6.3). Es erfolgt daher im Fehlerfall
kein Kurzschluss, kein Abschalten des Stromkreises, nichts – und der Betrieb kann un-
gestört weitergeführt werden.

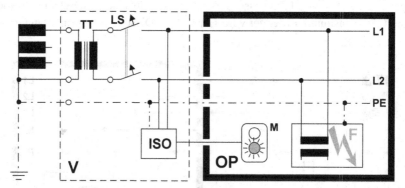

Abb. 6.3: Alarmierung infolge eines Isolationsfehlers in einem von Erde isolierten (IT-) Netz.
V Verteiler, *TT* (*einphasiger*) Trenntransformator, *LS* Leitungsschutzschalter, *ISO* Isolations-
wächter, *OP* Operationsraum, *M* Meldetableau, *F* Isolationsfehler, *L1, L2* Phasenleiter, *PE*
Potenzialausgleichsleiter

Erst wenn noch ein zweiter unabhängiger Isolationsfehler aufträte, könnte das passieren, was auch in anderen Räumen üblich ist: Es käme zum Kurzschluss, der Leitungsschutzschalter würde ansprechen und den Stromkreis unterbrechen. Allerdings würde dies selbst in diesem Fall nur dann geschehen, wenn der zweite Isolationsfehler den anderen Pol der Spannungsversorgung betrifft. Beträfe er neuerlich den ersten Pol, hätte das keine weiteren Konsequenzen, da sich dieser durch den ersten Fehlerfall ja ohnedies bereits auf Erdpotenzial befindet.

Um einen Isolationsfehler erkennen zu können, obwohl kein Kurzschluss mehr verursacht wird, wird in IT-Netzen ein Isolationswächter verwendet, der den Isolationswiderstand der aktiven Leiter gegen Erde überwacht. Er ist im Verteilerkasten untergebracht und mit einem Meldetableau im Raum verbunden. Tritt ein Isolationsfehler auf, wird er dort optisch und akustisch angezeigt (Abb. 6.3). Der akustische Alarm kann durch Quittieren abgestellt werden. Für das Personal besteht daher kein Grund zur Panik: Die Operation kann unbesorgt zu Ende geführt werden. Anschließend kann der Fehler in Ruhe gesucht und behoben werden.

Zur Überprüfung, ob der Isolationswächter zuverlässig funktioniert, befindet sich am Meldetableau eine Prüftaste: Wenn sie gedrückt wird, wird ein Fehler simuliert, indem ein Pol der Spannungsquelle über einen Prüfwiderstand mit dem Schutzleiter verbunden wird. Die Funktion des Iso-Wächters ist regelmäßig, z. B. monatlich, zu überprüfen. Dies dient nicht nur der Kontrolle der Überwachungsfunktion des Isowächters, sondern auch der Funktionskontrolle der (roten und grünen) Anzeigelampen des Meldetableaus.

Die Isolationswächter-Prüftaste ist vom Anwender regelmäßig zu betätigen!

Die **Netzqualität** ist vor allem durch den Netzinnenwiderstand charakterisiert. An ihm führen hohe Stromspitzen, wie sie z. B. beim Zuschalten eines 100 kW-Röntgendiagnosegerätes auftreten, zu Spannungsabfällen und damit an anderen Verbrauchern zu (kurzzeitigen) Einbrüchen der Netzspannung. Dies kann zu Funktionsstörungen empfindlicher Geräte, z. B. softwaregesteuerter Geräte, führen. Um einen niedrigen Netzinnenwiderstand zu erreichen, wird z. B. die Verdrahtung der Installation stärker dimensioniert als bei Hausinstallationen.

6.1.2.2   Raumgruppen

Die Maßnahmen für die erhöhten Anforderungen an die Elektroinstallation sind teuer. Aus diesem Grund werden die Räume im medizinischen Bereich nach den Installationserfordernissen in folgende Raumgruppen eingeteilt /79/, /88/:

- Die Raumgruppe der *nicht medizinisch genutzten Räume* in medizinisch genutzten Bereichen z. B. Teeküche, Wasch- und Aufenthaltsräume auf einer Bettenstation. Hier reichen die allgemeinen Anforderungen für Hausinstallationen aus.
- Die *Raumgruppe 0* umfasst jene Räume, z. B. Bettenräume oder Arztpraxen, in denen die elektrische Installation keine erhöhte Sicherheitsrelevanz besitzt, z. B. weil dort die Verwendung elektromedizinischen Geräte entweder überhaupt nicht vorgesehen

ist oder keine elektromedizinischen Geräte der Schutzklasse I verwendet werden, bei denen der Schutz ja von der Elektroinstallation abhängt. Wenn erforderlich, dürfen hier also nur eigensichere elektromedizinische Geräte, z. B. schutzisolierte Geräte (Schutzklasse II) oder Batteriegeräte eingesetzt werden (siehe Kap. 8.5).

- In der *Raumgruppe 1* werden an Patienten auch elektromedizinische Geräte der Schutzklasse I angewendet. Hier muss daher die Elektroinstallation einen erhöhten Berührungsschutz gewährleisten. Darüber hinaus ist in diesen Räumen auch die Versorgungssicherheit von Bedeutung. Bei einem allgemeinen Stromausfall ist daher eine Sicherheitsstromversorgung erforderlich (z. B. chirurgische Ambulanz, Intensivuntersuchungsraum, Kreißsaal, Dialysestation, Arztpraxis). Da keine lebenserhaltenden Geräte eingesetzt, sondern nur solche verwendet werden, deren Anwendung jederzeit ohne Schaden für den Patienten unterbrochen werden kann, ist hier der Schutz durch Abschaltung im Fehlerfall zulässig.

- Die **Raumgruppe 2** umfasst die kritischen medizinischen Bereiche. In ihnen werden lebenserhaltende Geräte verwendet und große operative Eingriffe vorgenommen. Hier werden die größten Anforderungen an die Elektroinstallation gestellt. Zusätzlich zum erhöhten Berührungsschutz und der Versorgungssicherheit durch SV und ZSV ist daher auch die Zuverlässigkeit der Energieversorgung im Fehlerfall gefordert. Die Stromversorgung muss daher durch ein IT-Netz erfolgen. Lediglich leistungsstarke Verbraucher wie z. B. Röntgengeräte dürfen durch ein geerdetes TN-Netz versorgt werden.

6.1.3 Elektrostatische Entladungen

Elektrostatische Aufladungen sind im Alltag allgegenwärtig. Sie zeigen sich, wenn wir mit dem Kamm durch unsere frisch gewaschenen Haare fahren, den Wollpullover über Kopf ausziehen oder lediglich vom mit Kunststoff bezogenen Autositz aufstehen und zur Autotüre greifen. Sie können stark genug werden, um wahrgenommen zu werden oder sogar einen kleinen elektrischen Schock (Elektrisierung) zu verursachen.

Der Grund dafür liegt darin, dass verschiedene Materialien in der Regel unterschiedlich viele elektrische Ladungsträger besitzen. Berühren sich zwei zuvor ungeladene Materialien, kommt es daher an der Berührungsfläche durch Diffusionsvorgänge so lange zu einem Ladungsausgleich, bis die sich aufbauende elektrische Gegenkraft gleich der Diffusionskraft ist (Abb. 6.4). Elektrotechnisch kann der Vorgang durch die Entstehung einer Ladungsverteilung beschrieben werden, die jener eines Kondensators entspricht.

Der Ladungsaustausch an den Kontaktflächen ist so lange kein Problem, so lange die Ladungen beim Trennen wieder in ihre Ausgangsmaterialien zurückfließen können. Wenn jedoch die Trennungsgeschwindigkeit größer ist als die Geschwindigkeit des Ladungsrückflusses, verbleiben übergetretene elektrischen Ladungen auf dem jeweils anderen Material, wodurch beide elektrostatisch aufgeladen werden.

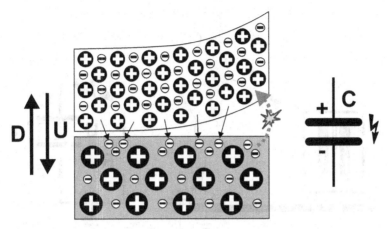

Abb. 6.4: Ladungsaustausch an Kontaktflächen zweier Materialien bis zum Gleichgewicht von Diffusionskraft und elektrostatische Gegenkraft (*links*), elektrisches Ersatzschaltbild (*rechts*). U Kontaktspannung, D Diffusionskraft, C Kapazität

Ob es daher bei einer Trennung zu elektrostatischen Aufladungen kommt oder nicht, hängt ab von der Geschwindigkeit, mit der die Materialien getrennt werden und der Beweglichkeit der Ladungsträger in den Materialien (der elektrischen Leitfähigkeit).

Als elektrostatisch aufladbar gelten Stoffe mit Oberflächenwiderständen über 10^9 Ω. Nicht elektrostatisch aufladbar sind geerdete leitfähige Gegenstände mit Erdungswiderständen kleiner als 10^4 Ω, Flüssigkeiten mit einem spezifischen Widerstand größer als 10^8 Ωm und Nebel (unabhängig vom spezifischen Widerstand der Flüssigkeit). Als nicht elektrostatisch aufladbar gelten auch kleine leitfähige Gegenstände, deren Entladezeitkonstante kleiner als 10 ms ist /1/.

Mit elektrostatischen Aufladungen ist überall dort zu rechnen, wo bei Trennungsvorgängen wenigstens ein schlechter leitender Stoff beteiligt ist, z. B. beim Gehen über einen elektrisch schlecht leitenden Fußboden (z. B. mit PVC-Belag). Die mögliche Entladungsenergie wird von der elektrischen Kapazität C und der durch die Trennungsvorgänge erzeugten Ladespannung U bestimmt und ergibt sich zu $W_E = C.U$.

Die elektrische Kapazität von Personen hängt von ihrer Körperhaltung und ihrem Abstand von der leitfähigen Bodenschicht ab (Abb. 6.5). Sie liegt häufig im Bereich zwischen ca. 100 bis 200 pF. Die Ladespannungen können im Bereich von 10 bis 15 kV liegen, unter ungünstigen Umständen aber auch wesentlich höhere Werte annehmen, z. B. 60 kV. Daraus ergeben sich typische Entladungsenergien im Bereich von 10 bis 16 mJ. Solche Energien sind nicht vernachlässigbar. Sie können nicht nur zur Zerstörung von elektronischen Bauteilen führen. Sie liegen auch weit über den Entzündungsenergien explosionsgefährlicher Gasgemische. Aus diesem Grund werden in kritischen medizinischen Bereichen Maßnahmen zur Vermeidung von elektrostatischen Aufladungen (z. B. leitfähige Fußbodenbeläge und leitfähiges Schuhwerk) gefordert.

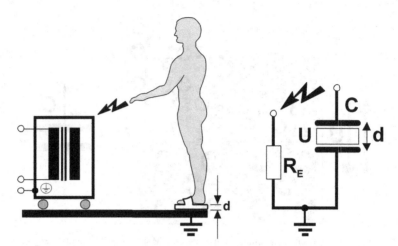

Abb. 6.5: Elektrostatische Entladung einer Person zu einem geerdeten Gerät (*links*), elektrisches Ersatzschaltbild (*rechts*). *U* Ladespannung. *C* Kapazität, R_E Entladewiderstand

Anmerkung: *Eine Gefährdung von Patienten durch elektrostatische Entladung einer Person auf deren Körperoberfläche ist nicht gegeben. Hingegen ist eine Gefährdung durch Herzkammerflimmern bei Entladung auf den offenen Herzmuskel durch den Chirurgen oder Einkopplung über Sonden nicht auszuschließen.*

Medizinische Geräte müssen so ausgelegt sein, dass sie eine Mindest-Immunität gegenüber elektrostatischen Entladungen auf das Gehäuse und auf Leitungsverbindungen aufweisen. Bei Prüfspannungen von 8 kV (bei Entladung über Luft) bzw. 6 kV (bei Kontaktentladung) dürfen sich keine nicht vertretbaren Risiken ergeben /14/. Diese Anforderungen bedeutet nicht, dass Störbeeinflussungen oder Schäden durch elektrostatische Entladungen grundsätzlich ausgeschlossen werden müssen sondern nur, dass das daraus resultierende Risiko nicht zu groß sein darf. Ein umsichtiges Vorgehen ist daher immer erforderlich.

Besonders wichtig ist es, wenn im Rahmen von Überprüfungen oder Reparaturen das Gerätegehäuse geöffnet wird und elektrostatische Entladungen direkt auf Bauteile im Geräteinneren möglich sind. Die Zerstörungsschwellen elektronischer Bauteile liegen nämlich um viele Größenordnungen unter den typischen Entladungsenergien einer Person (Abb. 6.6).

Vorsicht bei geöffneten Geräten!

Elektrostatische Entladungen können Bauteile zu zerstören!

In begründeten Fällen dürfen Geräte auch eine geringere Immunität gegenüber elektrostatischen Entladungen aufweisen. Empfindliche Geräte, die ausschließlich für den Betrieb an elektrostatisch geschützten Standorten vorgesehen sind, müssen mit dem genormten Symbol gekennzeichnet sein /14/.

Abb. 6.6: Symbol „Durch
elektrostatische Entladungen
gefährdet!"

6.1.4 magnetische Störfelder

Magnetfelder werden durch bewegte elektrische Ladungen verursacht. Daher entstehen sich überall, wo elektrischer Strom fließt. Magnetfelder können in Leiterschleifen von Geräten Störspannungen induzieren und damit die Funktion beeinträchtigen. Bereits der Netztransformator eines Gerätes kann in seiner unmittelbaren Umgebung magnetische Induktionen im Bereich von einigen 10 µT verursachen, bei elektronischer Leistungsregelung können diese wegen der auftretenden Oberwellen auch wesentlich höher sein.

Anmerkung: *Eine umfangreiche Marktübersicht hat an der Geräteoberfläche von Elektrogeräten sogar Effektivwerte magnetischer Induktionen bis über 3000 µT ergeben /69/.*

Magnetische Störfelder sind vor allem bei dicht gepackten Komponenten von medizinischen Systemen zu beachten. Der Mindest-Schutz gegenüber einwirkenden netzfrequenten Magnetfeldern ist in den Vorschrift EN 60601-1-2 bzw. EN 61000-4-8 durch die Angabe eines Immunitätspegels eingefordert /14/, /20/. Er liegt jedoch nur bei 3,8 µT (3 A/m) /14/und ist somit nicht hoch genug, um Störbeeinflussungen im Alltag ausschließen zu können. Die Grenzwerte zum Schutz der Gesundheit liegen bei 50 Hz bei 100 µT /7/, eine Erhöhung auf 200 µT wurde bereits vorgeschlagen /60/.

Für die Aufnahme von elektrophysiologischen Signalen werden am Patientenplatz besonders niedrige 50 Hz-Umgebungsfelder gefordert, nämlich /79/, /88/

141 nT (400 nT$_{\text{Spitze–Spitze}}$)	bei die Anwendung von EKG-Geräten
71 nT (200 nT$_{\text{Spitze–Spitze}}$)	bei EEG-Geräten
35 nT (100 nT$_{\text{Spitze–Spitze}}$)	bei EMG-Geräten

Da sich niederfrequente Magnetfelder mit vernünftigem Aufwand nicht abschirmen lassen, kann eine Reduktion nur durch Ausnützung der starken, ab ca. 10 cm etwa quadratisch erfolgenden Abnahme mit der Entfernung erreicht werden /71/. Daher empfiehlt sich eine vorausschauende Planung der Platzierung von Störquellen (z. B. Steigleitungen, Verteilerkästen, Transformatoren, Liftanlagen) und der Patienten- und Arbeitsplätze.

Das Billigste gegen Störbeeinflussung ist Entfernungsvergrößerung!

6.1.5 hochfrequente elektromagnetische Störfelder

Hochfrequente elektromagnetische Felder und Mikrowellen sind im Alltag allgegenwärtig. Hauptverursacher sind Rundfunksender, Funkdienste und Sendeanlagen der Telekommunikation. Einen wesentlichen Beitrag leisten auch die mobilen Störsender, vor allem Handys, die Mobilfunkwellen mit einer Frequenz im Bereich 0,9 bis 2 GHz und Sendeleistungen bis 250 mW ($2W_{Spitze}$) aussenden. Mehr als 10fach leistungsstärker sind die Funkgeräte des Rettungsdienstes (Abb. 6.7).

Wie Untersuchungen gezeigt haben, ist die Störbeeinflussung von elektromedizinischen Geräten zwar selten, aber in unmittelbarer Nähe auch bei lebenswichtigen Geräten (z. B. Infusionspumpen, EKG-Monitore) nicht auszuschließen. Da dünne Trennwände die Mikrowellen nur wenig abschirmen, sind Störbeeinflussungen auch durch Sender im Nachbarraum nicht auszuschließen. Der zur Vermeidung von Störbeeinflussungen einzuhaltende Sicherheitsabstand hängt von der Sendeleistung und der Sendecharakteristik der Störquelle ab. Empfohlene Sicherheitsabstände betragen für Handys ca. 1 m und für Rettungsfunkgeräte einige Meter. Ein Handyverbot bereits an der Eingangstüre des Krankenhauses auszusprechen, ist hingegen weit übertrieben und sogar kontraproduktiv. Breitfläche Verbote fördern nämlich ihre Missachtung und können damit bewirken, dass eine Befolgung auch in den tatsächlich kritischen Bereichen (z. B. Intensivstation und OP) nicht erfolgt.

> **Meldung: OP-Tische zurückgerufen**
> **Bayern:** Operationstische des Modells 2002 mussten zurückgerufen werden, weil bei Anwendung der HF-Chirurgie durch Störfelder die Motorsteuerung aktiviert wurde und damit eine gefährliche Verstellung des OP-Tisches auftreten konnte.

Hochfrequente Störbeeinflussungen von Medizingeräten lassen sich durch EMV-gerechtes Design und (nachträgliche) Abschirmung minimieren. Dies ist vor allem bei jenen Medizingeräten zu beachten, die unter unkontrollierten bzw. unkontrollierbaren Bedingungen eingesetzt werden (müssen), wie z. B. Heimgeräte, Elektrorollstühle oder Notfallgeräte.

Abb. 6.7: Symbol für „Handybenützung verboten!"

6.2 Beeinflussung der Umgebung

6.2.1 elektromagnetische Störbeeinflussung

Elektromedizinische Geräte können durch äußere elektromagnetische Störbeeinflussungen nicht nur selbst gestört werden, sondern auch ihrerseits negative Auswirkungen auf die Umgebung besitzen. Dabei können Störungen über Leitung oder durch Ausstrahlung verursacht werden. Leitungsgebundene Störsignale werden über die Netzleitung oder Signaleingangs- und Ausgangsleitungen weitergeleitet. Störungen können aber auch kontaktlos über niederfrequente elektrische und magnetische Felder oder abgestrahlte hochfrequente elektromagnetische Wellen zustande kommen: Dadurch können z. B. in der Umgebung von Diathermie- oder Hochfrequenzchirurgiegeräten andere Geräte gestört oder umstehende Personen so stark exponiert werden, dass die zulässigen Gesundheitsschutz-Grenzwerte überschritten werden /7/, /62/, /60/, /72/, /74/.

Störungen der Umgebung oder der Umwelt können auf folgende Weise verursacht werden (Abb. 6.8):

- **Rückwirkungen auf das Versorgungsnetz**, z. B. Spannungseinbrüche oder Schaltspitzen, können durch Schaltvorgänge und Zuschalten von leistungsstarken Geräten, (z. B. Röntgengeräte) verursacht werden. Die Spannungsänderungen können an anderen angeschlossenen elektrischen Geräten zu Fehlfunktionen oder zu Schäden führen. So hängt z. B. das Röntgenstrahlenspektrum wesentlich von der Anodenspannung und damit auch von der aktuellen Höhe der Netzspannung ab. Netzspannungsschwankungen könnten somit die Qualität von Röntgenbildern unmittelbar beeinflussen. Um die Auswirkungen auf das Versorgungsnetz nicht zu groß werden zu lassen, werden die leitungsgebundenen Rückwirkungen von Elektrogeräten begrenzt (Normenreihe EN 61000-3-x).

Anmerkung: *Spannungsschwankungen im Versorgungsnetz werden auch durch die Spannungsabfälle verursacht, die beim Stromverbrauch am Netzinnenwiderstand entstehen. Diese sind umso größer, je größer der Netzinnenwiderstand ist. Im Rahmen der wiederkehrenden Überprüfung der Elektroinstallation wird daher auch der Netzinnenwiderstand (zwischen den aktiven Leitern und dem Neutralleiter) gemessen.*

- **Elektrostatische Entladungen** können überall entstehen, wo Materialien in Kontakt gebracht und wieder getrennt werden. Derartige Trennvorgänge können z. B. durch fahrbare Geräten entstehen, wenn deren Rollen und/oder der Fußboden elektrisch schlecht leitfähig sind. Das Ausmaß der Aufladung hängt dabei von der Fahrgeschwindigkeit des Gerätewagens und seiner elektrischen Kapazität ab. Zur Vermeidung gefährlicher Entladungen sind daher die Rollen von Geräten elektrostatisch leitfähig auszuführen, wenn sie für kritische Raumbereiche vorgesehen sind. Das bedeutet, dass der elektrische Widerstand des Wagens (bzw. der Rollen) zur Erde kleiner als 10k Ω sein muss /79/, /88/.

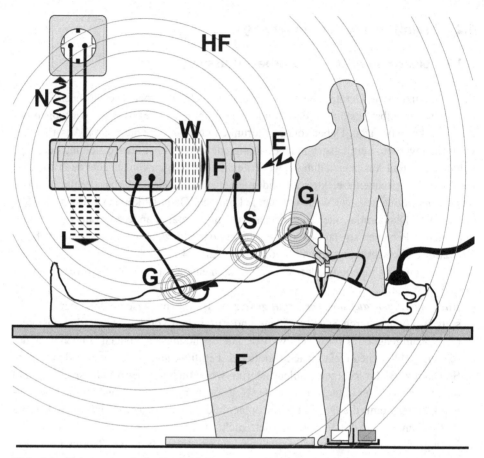

Abb. 6.8: Elektromagnetische Störbeeinflussungen. *N* Netzrückwirkung, *E* elektrostatische Entladung, *HF* hochfrequente Störaussendung, *F* Gerätefunktionsbeeinflussung, *S* Störsignaleinkopplung, *G* Gewebsbeeinflussung, *L* Schadstofffleckage, *W* Wärmeabgabe

- *Elektromagnetische Emissionen* können auch von von Medizingeräten erzeugt werden, sodass in deren Umgebung die Funktion anderer Medizingeräte oder auch elektronischer Implantate (z. B. Herzschrittmacher) gestört werden können.
  - *Hohe magnetostatische Felder* können z. B. von Magnetresonanz-Tomografiegeräten (MRT) bereits ab einer Induktion von ca. 0,5 mT das Reed-Relais von Herzschrittmachern aktivieren und die Umschaltung in den asynchronen Betrieb bewirken.
  - *Netzfrequente Magnetfelder* werden vor allem durch Starkstromkabel, durch Trafo- und Motorenwicklungen, sowie durch Schaltnetzteile erzeugt, die darüber hinaus auch viele Oberwellen zur Folge haben. Netztrafos oder Elektromotoren von Medizingeräten können am Gerätegehäuse Induktionen bis zu einigem mT erzeugen (gemittelt über 100 cm² Messfläche). Diese nehmen zwar mit dem Quadrat der Entfernung ab, können aber dennoch für benachbarte elektromedizinische Geräte zu relevanten Störquellen werden. Bei Biosignalverstärkern ist dies insbesonders dann der Fall, wenn Störsignale einwirken, die im Frequenzbereich der Nutzsignale liegen.

Anmerkung: *Wie eine Marktübersicht über elektrische und magnetische Emissionen von Elektrogeräten ergeben hat, ist die Minimierung elektromagnetischer Emissionen noch kein Kriterium bei der Geräteentwicklung. Die Magnetfeldemissionen gleichartiger Geräte können sich daher erheblich, z.B. bis zum 100fachen, unterscheiden /69/.*

- *Hochfrequente elektromagnetische Felder* können gewollt erzeugt werden (z. B. Diathermiegerät, Hyperthermiegerät, oder als unerwünschte Nebenwirkung auftreten, z. B. HF-Chirurgiegerät), die durch die abstrahlenden Zuleitungskabel zu den Anwendungsteilen auch starke hochfrequente Streufelder mit entsprechendem Störpotenzial verursachen. Hochfrequente elektromagnetische Störfelder können auch durch Funken entstehen, z. B. durch das Funkenfeuer am Kommutator von Gleichstrommotoren, z. B. bei Zentrifugen.

- *Übermäßige Wärmeabgabe* kann Störbeeinflussungen in anderen benachbarten Geräten verursachen, die z. B. Drift oder die Überforderung der Kühlung zur Folge haben können.
- *Laserstrahlung*, *UV-Strahlung*, *Röntgen-* oder *Gammastrahlung* können in einem weiten Umkreis Personen einem Gesundheitsrisiko aussetzen, das bei chronischen Expositionen auch in der Entstehung von Krebserkrankungen liegen kann.
- *Chemische Schadstoffe* können durch Emissionen von Materialien oder durch Leckagen an die Luft abgegeben werden (z. B. Cr, Cl, oder Cyanwasserstoff (Blausäure HCN), z. B. aus Gaslasern. Narkosegase können von Anästhesiegeräten und an der Ausatemseite des Patienten austreten. Kunststoffe können auch über längere Zeit kontinuierlich Schadstoffe, z. B. Weichmacher wie Phthalate oder BPA, abgeben. Chemische Schadstoffe können auch im Fehlerfall (z. B. Glasbruch) oder nach Entsorgung eines Gerätes frei werden (z. B. Quecksilber von UV-Bestrahlungslampen, oder von Energiesparlampen und Leuchtstoffröhren). Hersteller müssen derartige Risiken nicht nur durch umweltbewusstes Gerätedesign, sondern auch durch die Aufstellungs- oder Lüftungsbedingungen minimieren.

6.2.2 Brand- und Explosionsschutz

Brände und Explosionen haben die gleiche Ursache, nämlich die Entzündung (Oxidation) von Stoffen. Ob aus einer Entzündung ein Brand und aus dem Brand eine Explosion entsteht, hängt davon ab, ob der Verbrennungsvorgang aufrechterhalten werden kann und mit welcher Geschwindigkeit er sich ausbreitet.

Beispiel aus einer Gebrauchsanweisung: Warnhinweis
Der Bezug unseres Standard-Rollstuhls ist aus leicht brennbarem Material hergestellt: Das Rauchen im Rollstuhl ist daher verboten.

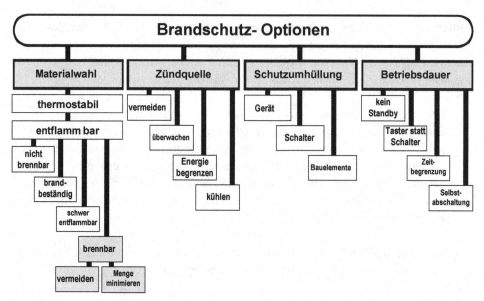

Abb. 6.9: Optionen zur Brandverhütung

In der Risikoanalyse eines Medizingerätes sind die Aspekte der Brandgefahr zu beurteilen. So ist z. B. die Verwendung leicht brennbarer Bezüge für Rollstühle nicht zulässig, da bereits das Rauchen des Patienten und/oder einer Begleitperson nicht zuverlässig ausgeschlossen werden kann. Ein Warnhinweis in der Gebrauchsanweisung reicht jedoch zur Risikobeherrschung nicht aus und würde auch gegen das Prinzip der integrierten Sicherheit verstoßen (siehe Kasten).

Medizingeräte müssen so konstruiert sein, dass sie im Normalfall und im ersten Fehlerfall nicht zum Entstehungsherd eines Brandes werden können (EN 60601-1). Dies kann gewährleistet werden durch Vermeidung brennbarer Substanzen, gefährlicher Zündquellen und/oder Begrenzung von möglichen Zünd- bzw. Kurzschlussenergien in Stromkreisen, durch Umhüllung mit nicht brennbaren Gehäusen und Abdeckung von Öffnungen zur Verhinderung des Austritts brennbarer bzw. brennender Substanzen (Abb. 6.9). Besonders wichtig sind Brandschutzüberlegungen bei Geräten, die dauernd im eingeschalten (z. B. im Standby-)Zustand verbleiben sollen und sich somit auch in unkontrollierten Zeiten, über Nacht oder über das Wochenende in Betrieb befinden.

Explosion

Der Übergang von einem Brand zur Explosion wird durch die Dynamik des Vorganges bestimmt. Bei Explosionen kommt es durch die schnelle Oxidation zu einem rasanten Anstieg von Temperatur und Druck. Brände und Explosionen können jedoch nur entstehen, wenn drei Bedingungen gleichzeitig erfüllt sind. Es müssen nämlich ein brennbarer Stoff, Sauerstoff und Zündenergie -und zwar in ausreichendem Maß- vorhanden sein (Abb. 6.10). Eine Entzündung kann daher verhindert werden, wenn bereits nur eine dieser Bedingungen nicht erfüllt wird. Dies ist z. B. der Grund, weshalb explosionsgefährliche Anwendungen, wie z. B. die Hochfrequenzchirurgie, selbst in explosionsgefährdeten

Abb. 6.10: Drei Bedingung
zur Entstehung eines Brandes
oder einer Explosion

Bereichen, z. B. im Magen-Darm-Trakt des Patienten, möglich sind. Wenn nämlich der kritische Bereich mit Inertgasen, z. B. Argon oder Stickstoff, beblasen wird, kann der für die Verbrennung notwendige Sauerstoff verdrängt und dadurch die Explosionsgefahr selbst in Gegenwart eines Zündstoffes und von ausreichend Zündenergie gebannt werden.

Für eine Entzündung ist eine ausreichende Durchmischung des brennbaren Stoffes mit Sauerstoff erforderlich. Aus diesem Grund können selbst Benzin und andere Flüssigkeiten, aber auch Feststoffe nicht direkt entzündet werden. Es müssen vielmehr zunächst durch Temperaturerhöhung brennbare Gase gebildet werden oder Feststoffe ausreichend zerkleinert werden (z. B. Stäube). Da jedoch für eine Entzündung bei zu niedrigen Konzentrationen der brennbare Stoff und bei zu hohen Konzentrationen der Sauerstoff nicht ausreichen, sind auch Gasgemische nur in einem beschränkten Bereich, dem „Explosionsbereich", entzündbar (Abb. 6.11).

Abb. 6.11: Explosionsbereich
in Abhängigkeit der Konzentration des brennbaren Stoffes
und dessen Temperatur. C
Konzentration des brennbaren
Stoffes, T Temperatur

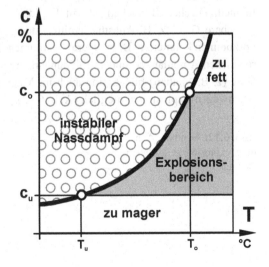

So wie sich im Herbst am Abend durch Abkühlung der Luft der Nebel (Nassdampf) bildet, weil der in ihr enthaltene Wasserdampf zu Tröpfchen kondensiert, so kommt es auch bei brennbaren Gasgemischen bei Temperaturabsenkung zu Kondensation. Im Nassdampfbereich (Abb. 6.11) ist keine Entzündung mehr möglich, weil wegen der Tröpfchenbildung die Durchmischung mit Sauerstoff zu gering ist. Der Nassdampf ist instabil, weil die Tröpfchen wegen der Gravitation allmählich zu Boden sinken.

Explosionsfähige Gemische von brennbaren Gasen (z. B. Anästhesiegase, Desinfektionsmitteldämpfe oder körpereigene Gase) können in medizinischen Bereichen mit Luft oder mit Sauerstoff bzw. Lachgas auftreten. Die heute verwendeten Anästhesiemitteldämpfe sind in den üblichen Gebrauchskonzentrationen jedoch nicht mehr entzündbar.

Die Zündenergien von Reinigungs- und Desinfektionsmittel sind allerdings niedriger als die elektrische Energie, die Personen bei ihrer elektrostatischen Entladung freisetzen können. Diese kann mehr als 10 mJ betragen. Auch heiße Oberflächen können zu Zündquellen werden. Oberflächentemperaturen ab ca. 160 °C (z. B. an Glühlampen) können bereits ausreichen, um Desinfektionsmitteldämpfe zu entzünden.

Anmerkung: *Die Oberflächentemperatur einer 40 W Glühbirne (155 °C) liegt noch unter dieser Zündtemperatur, aber jene einer 100 W Glühbirne (260 °C) oder von Niederspannungs-Halogenlampen (270 °C) liegen deutlich darüber.*

Auch in Geräten sind erwärmungskritische Bauteile nicht selten. Leistungswiderstände oder Leistungsverstärker können bereits im Normalfall und erst recht im ersten Fehlerfall kritische Temperaturen annehmen. Je nach Isolationsklasse dürfen Transformatoren im Normalfall 105 °C bis 150 °C heiß werden, im ersten Fehlerfall sogar 150 °C bis 210 °C. Dies ist hoch genug, dass bereits nicht alkoholische Desinfektionsmittel entzündet werden können (Abb. 6.13).

Explosionsgefährliche Bereiche
In medizinischen Bereichen ist mit Explosionsgefahr vor allem dort zu rechnen, wo brennbare Gase (z. B. Anästhesiemittel) oder Flüssigkeiten (z. B. Desinfektionsmittel) vorkommen könnten, z. B. in Operationsräumen, Intensivstationen, Aufwachräumen, chirurgischen Ambulanzen und Entbindungsräumen. Da jedoch auch der Köper brennbare Gase (z. B. Methan) bildet, sind auch im Magen-Darm-Trakt und in den aufsteigenden Atemwegen Explosionen möglich (Abb. 6.12).

Abb. 6.12: Symbol „Achtung, explosionsgefährlicher Bereich!"

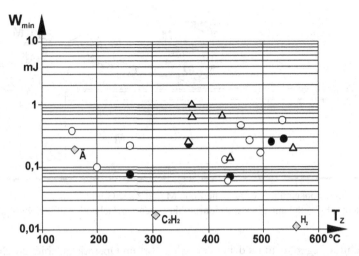

Abb. 6.13: Mindestzündenergie W_{min} und Zündtemperatur T_Z für Reinigungs- und Desinfektionsmittel; offene Kreise … nicht alkoholische Mittel, Dreiecke … Alkohole, *Ä* Äther, C_2H_2 Azetylen,
H_2 Wasserstoff, volle Kreise … Darmgase

Hinsichtlich der Explosionsgefahr unterscheidet man zwischen folgenden Bereichen:

Zone M („medizinische Umgebung"): Sie umfasst jenen Raumbereich, in dem für kur-
ze Zeit explosionsfähige Gemische brennbarer Gase (z. B. Hautreinigungs-, Desinfekti-
ons-, Anästhesiemittel) mit Luft auftreten können. Dies ist vor allem in Operationsräumen
anzunehmen, z. B. über der Haut während der Verdunstung von Desinfektionsmitteln,
in der Umgebung der Atemmaske des Patienten wegen der Leckage und um zerbrech-
liche Teile, die die Zone G umhüllen. Da brennbare Gase schwerer als Luft sind, können
sie sich unterhalb des Operationstisches ansammeln, sodass auch dort Explosionsgefahr
bestehen kann. Dies ist besonders zu beachten, wenn sich am Boden Zündfunken erzeu-
gende Schaltelemente (z. B. Fußschalter) befinden. Durch ausreichende Raumbelüftung
kann die Konzentration der Gemische jedoch so sehr verringert werden, dass sie keine
Explosionsgefahr mehr darstellen. Dies wird angenommen, wenn der Luftwechsel pro
Stunde mindestens 15fach (bei Belüftung mit Außenluft) bzw. 60fach (bei Belüftung mit
Umluftanteil) erfolgt. Explosionsgefahr kann jedoch auch durch Entzündung endogener
Gase entstehen, die sich im Magen-Darm-Trakt ansammeln oder die während einer Ope-
ration in die oberen Atemwege gelangen (Abb. 6.14).

Zone G („umschlossenes medizinisches Gassystem"): Die Zone G umfasst ganz oder
teilweise umschlossene Hohlräume und Bereiche, in denen dauernd oder zeitweise explosionsfähige Gemische brennbarer Gase (z. B. Anästhesiegase, körpereigene Gase) mit
Sauerstoff erzeugt, geführt oder angewendet werden. Die explosionsgefährdete Zone G ist
daher z. B. im Atemtrakt des Patienten (obere Atemwege einschließlich Lunge) anzunehmen. Bei Geräten, die betriebsmäßig hohe Zündenergien erzeugen, wie z. B. HF-Chirurgie-

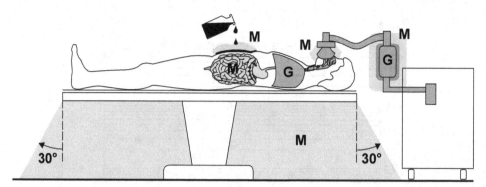

Abb. 6.14: Explosionsgefährdete Bereiche Zone M und Zone G im Operationssaal und im Patienten. Unter dem OP-Tisch kann die Explosionsgefahr durch ausreichende Lüftung verhindert werden

und Laserchirurgiegeräte, muss daher der Sauerstoff im Operationsgebiet durch Beblasen mit einem Schutzgas (z. B. Stickstoff oder Argon) verdrängt werden, wenn in kritischen Körperbereichen operiert werden soll.

Sauerstoff

Sauerstoff ist für uns lebenswichtig. Er birgt jedoch auch große Gefahren. In Gemischen mit Sauerstoff ist nämlich die Explosionsgefahr von brennbaren Stoffen wesentlich erhöht. Der Grund liegt darin, dass Sauerstoff Verbrennungen *leichter*, *schneller* und *heißer* macht.

Sauerstoff ist schwerer als Luft und sammelt sich daher bei Leckagen am (Gehäuse-) Boden an. Da er geruchlos ist, können gefährliche Konzentrationserhöhungen nicht wahrgenommen werden.

Der Sauerstoffgehalt der Luft beträgt 21 %. Bereits wenige Prozent mehr führen zu erhöhter Gefährdung, weil dann die Zündenergie, aber auch die Zündtemperatur wesentlich verringert sind. Dadurch werden sonst harmlose Zündquellen gefährlich (z. B. Zigarettenglut, Reibungsflächen, Glüh- oder Halogenbirnen) und harmlose Stoffe (z. B. PVC-Kabelisolierung) leicht und lebhaft brennbar. Fette, Schmiermittel, aber auch Hautcremes oder Salben können mit Sauerstoff sogar explosionsförmig reagieren.

Meldung: Patientin auf OP-Tisch verbrannt

Den Haag: Eine 69jährige Patientin war für einen Routineeingriff unter Lokalanästhesie örtlich betäubt und festgeschnallt, als eine Stichflamme aus dem Narkosegerät hervorschoss. Ausgetretener Sauerstoff hat zu so rasanter Verbrennung geführt, dass die 6 anwesenden Personen die Flammen nicht mehr rechtzeitig löschen konnten. Die Frau verbrannte bei lebendigem Leib.

Anmerkung: *Für Sauerstoffflaschen dürfen daher nur für Sauerstoff zugelassene (öl- und fettfreie) Armaturen und Druckminderer verwendet werden.*

Abb. 6.15: Gerätetechnische Maßnahmen zur Risikoverringerung in Gegenwart von Sauerstoff

---

Sauerstoff nicht in Verbindung mit fetthaltigen Substanzen bringen!

Bereits ab einem Sauerstoffgehalt der Luft von 23 % wird von einer sauerstoffangereicherten Atmosphäre gesprochen. Ein Bereich mit einem Sauerstoffgehalt von 25 % wird in der Medizintechnik als „mit Sauerstoff angereicherte Umgebung" bezeichnet (EN 60601-1), in der das Brandrisiko von Geräten bereits als unvertretbar hoch angesehen wird, wenn sie nicht mit speziellen zusätzlichen Schutzmaßnahmen versehen sind.

Bei der Konstruktion explosionsgeschützter Geräte gilt es daher,

1. Zündquellen z. B. Schaltfunken oder heiße Teile zu vermeiden und/oder einzukapseln,
2. die potenzielle Zündenergie zu minimieren und/oder
3. gefährliche Auswirkungen einer Explosion z. B. durch ein Schutzgehäuse konstruktiv zu minimieren (Abb. 6.15).

Gerätegehäuse dürfen daher nicht aus brennbarem Material bestehen. Geräte, in denen sich Sauerstoff (z. B. durch Leckagen) anreichern könnte, sind gut zu belüften. Es sind Vorkehrungen zu treffen, dass Zündfunken entweder nicht entstehen oder keine Auswirkungen haben können. Elektrische Steckverbindungen, bei denen ja beim Trennen unter Last ein entzündungsgefährlicher Trennfunke entsteht, müssen von Sauerstoffanschlüssen (z. B. an medizinischen Versorgungseinheiten) einen Sicherheitsabstand von mindestens 20 cm einhalten.

   Besonders hohe Entzündungsgefahr besteht, wenn Sauerstoff unter großem Druck steht, wie dies bei Sauerstoffflaschen der Fall ist (z. B. Beatmungsgeräte, Anästhesiegeräte). Wird das Ventil nämlich zu schnell aufgedreht, so schießt das Gas mit hoher Geschwindigkeit zum Druckreduzierventil und komprimiert die dazwischen liegende Gassäule so schnell, dass es zu keinem relevanten Wärmeaustausch mit der Umgebung kommen kann (adiabatische Kompression). Die Folge ist ein rascher und hoher Temperaturanstieg auf bis zu über Tausend Grad Celsius (Abb. 6.16). Die auftretende Endtemperatur T_{End} kann mit der Formel

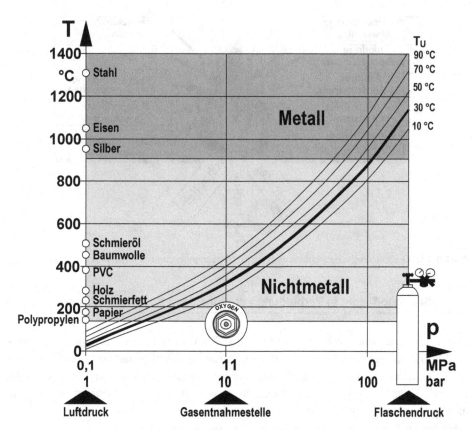

Abb. 6.16: Bei schnellem Öffnen des Ventils einer Sauerstoffflasche durch adiabatische Kompression auftretende Gastemperatur T in Abhängigkeit vom Gasdruck p für unterschiedliche Umgebungstemperaturen TU (*Kurvenparameter*), mit Selbstentzündungsbereichen für nichtmetallische brennbare Stoffe (*hellgrau*) und oxidierbare Metalle (*dunkelgrau*)

berechnet werden, wobei die Temperatur in °K einzusetzen ist. Bei einer Umgebungstemperatur T_0 von 20 °C und einem Flaschendruck p_{Fl} von 20 MPa (200bar) kann sich somit beim schnellen Öffnen am Ventil eine Temperatur T_{End} von 1089 °C ergeben! So hohen thermischen Beanspruchungen halten selbst viele Metalle nicht Stand. So beginnt z. B. die Selbstentzündung (Oxydation) metallischer Werkstoffe in Luft bereits bei Temperaturen ab 900 °C. Daher können sogar Metalle brandgefährlich werden und sogar selbst brennen (oxidieren).

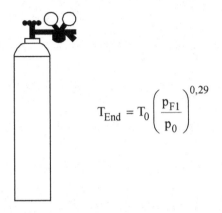

$$T_{End} = T_0 \left(\frac{p_{F1}}{p_0} \right)^{0,29}$$

Bei Gasflaschen kann es zu gefährlichen Kettenreaktionen kommen. Wenn es z. B. durch Öffnen einer Gasflasche zur adiabatischen Verdichtung kommt, könnte ein kleineres nichtmetallisches Bauteil entzündet werden, wodurch wiederum so viel Wärme freigesetzt wird, dass das metallische Ventilgehäuse explosionsartig oxydiert. Wenn dann das komprimierte Gas austritt, kann die Gasflasche wie eine Granate davon geschleudert werden und mechanische Schäden anrichten. Zusätzlich könnte der austretende Sauerstoff die Brandgefahr im Raum dramatisch erhöhen. Die verwendeten Materialien sind daher bei Armaturen für höhere Gasdrücke besonders sorgfältig auszuwählen. Sie dürfen aber auch keinesfalls mit organischen Schmiermitteln versehen werden!

> **Keine organischen Schmiermittel für Sauerstoffarmaturen!**

Temperaturerhöhungen entstehen nicht nur durch komprimierten Sauerstoff, sondern überall dort, wo ein Gasstrom mit hoher Geschwindigkeit auf ein Hindernis stößt und komprimiert wird. Wie aus Abb. 6.16 zu ersehen ist, kann es auch bereits weit unterhalb des Fülldrucks einer Gasflasche bei zu raschem Öffnen des Ventils zu starken Temperaturerhöhungen kommen. Zum Beispiel könnte beim Vordruck eines Gasversorgungssystems von 1 MPa (10 bar) und einer normalen Umgebungstemperatur von 20 °C eine Temperaturerhöhung auf 298 °C auftreten. Diese liegt in Luft bereits weit über der Selbstentzündungstemperatur von Schmierfett und von Kunststoffen (z. B. bei Polypropylen $T_{Zünd}$ = 150–160 °C oder bei Polyethylen $T_{Zünd}$ = 180–200 °C) und kann daher zu gefährlichen Entzündungen führen.

Umweltsicherheit 7

Bei der Herstellung von Medizingeräten muss danach getrachtet werden, negative Auswirkungen auf die Umwelt so gering wie möglich zu halten. Dazu ist es erforderlich, umweltrelevante Aspekte zu erkennen, die sich sowohl im Normalfall als auch im ersten Fehlerfall, z. B. die Freisetzung giftiger Gase bei der Entstehung eines Brandes, ergeben könnten. Dabei sind zu beachten (Abb. 7.1):

- der *Verbrauch* von Ressourcen (Energie, Wasser und Rohstoffe);
- die *Freisetzung* bedenklicher Stoffe in Form von Gasen, Dämpfen oder Stäuben während Betrieb und Lagerung (z. B. aus imprägniertem Verpackungsmaterial);
- die *Erzeugung* von Lärm oder Vibrationen;
- die *Emission* elektromagnetischer Felder, Wellen und Strahlungen und
- die *Umweltverschmutzung* bzw. -vergiftung nach Außerbetriebnahme eines Gerätes.

Umweltschutzüberlegungen beeinflussen sowohl die Wahl der Materialien als auch das Design, die Konstruktion und die Herstellung, die Festlegung der Lebensdauer, der Wiederverwendbarkeit und die Wiederverwertbarkeit. Sie schließen aber auch die Verpackung, Anwendung, Aufstellung und Wartung bis hin zur Entsorgung des Produktes mit ein (EN 60601-1-9) /18/. Durch geeignetes Design soll die Belastung der Umwelt durch gesundheitsschädliche, infektiöse oder toxische Stoffen in gasförmiger, flüssiger oder fester Form während der Herstellung, des Vertriebs, der Anwendung und nach der Entsorgung minimiert werden. Möglichkeiten des Umweltschutzes und der Ressourcenschonung bieten sich insbesonders auch durch den Ersatz von Hardware durch Software.

© Springer 2015
N. Leitgeb, *Sicherheit von Medizingeräten*, DOI 10.1007/978-3-662-44657-7_7

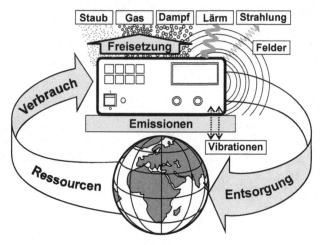

Abb. 7.1: Beim Gerätedesign zu beachtende Umweltaspekte

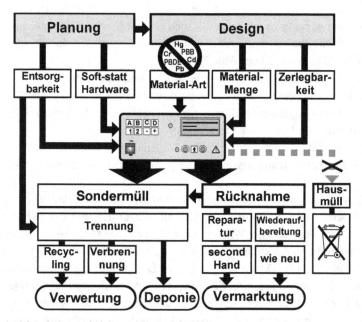

Abb. 7.2: Aspekte der umweltsicheren Geräteentwicklung

Die Europäische Direktive WEEE 2012/19/EU,/38/ verpflichtet Hersteller, auch für die umweltgerechte Entsorgung bzw. für die Finanzierung der Verwertung der Altgeräte zu sorgen. Durch Wiederaufbereitung und Recycling können wertvolle Rohstoffe wieder nutzbar gemacht werden. Ist eine Entsorgung vorgesehen, so ist bereits durch entsprechendes Design darauf Rücksicht zu nehmen, indem z. B. auf die Trennbarkeit von Komponenten und deren selektive Entsorgung bzw. Wiederverwendbarkeit geachtet wird (Abb. 7.2).

Abb. 7.3: Symbol
„Nicht mit dem Hausmüll
entsorgen!"

Es ist zu beachten, dass elektronische Geräte eine Vielzahl von zum Teil hochgiftigen Stoffen beinhalten, die direkt in die Luft entweichen, bei Körperkontakt in das Gewebe diffundieren oder bei Deponierung in das Erdreich und das Grundwasser abgegeben werden können (Abb. 7.3):

- Kunststoffgehäuse und -isolierungen können über 50 % gefährliche Zusatzstoffe enthalten, z. B. flammhemmende Halogene, Phthalate als Weichmacher, Metallseifen oder Bleisalze als Stabilisatoren;
- Wärmeisolation z. B. in Heizgeräten kann Asbest enthalten;
- Lötzinn kann Blei enthalten;

Anmerkung: *Mit Ausnahme von Notfalldefibrillatoren ist bleihaltiges Lötzinn für Medizingeräte der Klasse IIa bis 30. 6. 2016 und für IIb bis 31. 12. 2020 gestattet /32/.*

- elektronische Bauteile können vielfältige Problemstoffe enthalten, z. B. Platinen: Flammhemmer, Kondensator-Elektrolyte: Tantaloxid, Manganoxid, polychlorierte Biphenyle (PCB), LEDs: Galliumarsenid, Relais: Quecksilber;
- Gerätekomponenten können gefährliche Stoffe enthalten, z. B. Batterien: Quecksilber, Cadmium, Zink oder Lithium Trafos: PCB-getränkte Papierisolierungen etc.

Medizinische elektrische Geräte sind daher in der Regel wie andere elektronische Geräte als elektronischer Sondermüll zu entsorgen und müssen in der Gebrauchsanweisung und ggf. am Gerät den Warnhinweis tragen, dass sie nicht als Hausmüll entsorgt werden dürfen.

Aufgrund der europäischen Direktive RoHS 2011/65/EU zur Beschränkung der Verwendung gefährlicher Stoffe /39/ sind Hersteller, die Elektro- und Elektronikprodukten auf den Markt der Europäischen Gemeinschaft bringen, dazu verpflichtet, bereits bei der Entwicklung ihrer Geräte gesundheits- und umweltgefährliche Substanzen zu vermeiden. Im Besonderen wurde die Verwendung einiger gesundheitsgefährlicher Substanzen verboten oder eingeschränkt, indem zulässige Höchstkonzentrationen festgelegt wurden, nämlich z. B. 0,1 % für Blei, Quecksilber, 6-wertiges Chrom, polybromierte Biphenyle (PBB) und polybromierte Diphenyläther (PBDE) sowie 0,01 % für Kadmium /39/.

Ausgenommen sind jene Fälle, in denen der Ersatz dieser Substanzen technisch oder wissenschaftlich (noch) nicht durchführbar ist oder wo ihr Ersatz zu noch größeren negativen Auswirkungen führen würde. Während daher z. B. Quecksilberthermometer nicht mehr produziert werden dürfen, sind Ausnahmen weiterhin zugelassen wie z. B. Leuchtstoffröhren, die noch Quecksilber und Blei enthalten, Bleiglas für Röntgenröhren oder Kadmium für Thermosicherungen, elektrische Kontakte oder LEDs.

Elektrische Sicherheit

8

Mit der Elektrizität ist es wie mit der Wahrheit: Jeder redet von ihr, doch niemand kennt sie wirklich. Wir wissen heute, dass Elektrizität zu den wenigen fundamentalen Erscheinungen der Natur zählt und dass sie die Existenz jeglicher Materie überhaupt erst ermöglicht. Jeder Stoff besteht aus elektrisch positiv geladenen Atomkernen, die von einer Wolke negativ geladener Elektronen umgeben sind.

Anmerkung: *Die Atomkerne enthalten elektrisch neutrale Neutronen und positiv geladene Protonen, die ihrerseits wiederum aus mehreren geladenen Teilchen (Quarks) zusammengesetzt sind.*

Wir kennen zwar die Auswirkungen der Elektrizität und haben ihre Kräfte nutzbar gemacht, doch bei der Frage, was letztlich ihre Natur begründet, müssen wir nach wie vor passen. Wir wissen, dass elektrische Erscheinungen von „elektrischen **Ladungen**" hervorgerufen werden und dass es davon zwei verschiedene Sorten gibt. Im 18. Jahrhundert wurden diese willkürlich und ohne dass damit eine Wertung verbunden gewesen wäre, „positiv" und „negativ" genannt. Wir wissen auch, dass in unterschiedlichen Stoffen unterschiedlich viele Ladungen vorhanden sind. Dies ist auch der Grund, weshalb wir unangenehme Entladungen verspüren können, wenn wir z. B. aus Kunststoffsitzen aufstehen (siehe Kap. 6.1.3). An den Kontaktflächen von verschiedenen Materialien kommt es nämlich zu einem Ausgleich der unterschiedlichen Ladungsträgerdichten, wodurch sich beide Seiten elektrisch aufladen. Wenn die vom schlecht leitenden Kunststoff aufgenommenen Ladungen bei der Trennung nicht mehr rasch genug zurückfließen können, können die Überschussladungen in Form eines Entladungsfunkens zu geerdeten Teilen (z. B. der Türklinke) überspringen. Die alten Griechen hatten zwar noch keine Kunststoffstühle, doch dass Bernstein durch Reiben mit Wolle in einen anderen Zustand gebracht werden kann,

© Springer 2015
N. Leitgeb, *Sicherheit von Medizingeräten*, DOI 10.1007/978-3-662-44657-7_8

war auch ihnen schon bekannt. Schließlich stammt ja die Bezeichnung „Elektrizität" vom griechischen Wort für Bernstein ab, nämlich „Elektron" (ελεκτρον).

Anmerkung: *Elektrische Aufladungen durch Reibung sind jedoch nicht nur alltäglich, sie können auch zu einem ernsten sicherheitstechnischen Problem werden: Die Entladungsenergie einer Person reicht nämlich bei weitem aus, um z. B. bei der Reparatur Mikroprozessoren zu zerstören oder im Operationssaal Explosionen durch die Entzündung brennbarer Dämpfe auszulösen. Dies ist der Grund dafür, dass antistatische Maßnahmen getroffen werden müssen (siehe Kap. 6.1.3).*

Die Natur der elektrischen Ladungen kennen wir zwar nicht, wir wissen jedoch sehr genau, wie sie sich verhalten: Mit ihnen ist es ähnlich wie anderswo im Leben auch, nämlich, dass Gegensätze einander anziehen und Gleiches einander abstößt (Abb 8.1). Die Kraftwirkungen können durch ein elektrisches Kraftfeld und grafisch durch Linien der elektrischen Feldstärke beschrieben werden.

Ungleiche Ladungen ziehen einander an, gleiche stoßen einander ab!

Das Prinzip der Anziehung und Abstoßung beherrscht die gesamte Elektrotechnik. Haben sich jedoch ungleiche Ladungen vereinigt, passiert etwas Verblüffendes: In einem spek-

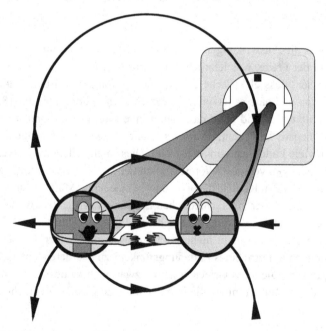

Abb 8.1: Kraftfeld zwischen zwei einander anziehenden ungleich geladenen elektrischen Ladungen mit Feldlinien von der positiven zur negativen Ladung

takulären Zaubertrick der Natur verschwinden sie von der (elektrischen) Bildfläche, als wären sie nie dagewesen: Als Paar sind ungleiche elektrische Ladungen nämlich mit sich beschäftigt und verhalten sich nach außen elektrisch völlig neutral.

Das Trennen von Paaren ungleicher Ladung ist jedoch ein mühsames Unterfangen: Es erfordert Arbeit, um ihre Anziehungskraft zu überwinden, die z. B. in Kraftwerken geleistet werden muss. Es ist auch mit dem Auseinanderbringen alleine nicht getan. Die getrennten Ladungen müssen auch an ihrer Wiedervereinigung gehindert werden. Dies geschieht durch elektrische Isolierung. Ist die Trennung nämlich gelungen, wirkt zwischen den Ladungen ein elektrischer **Spannung**szustand. Dieser ist durch das Bestreben der Wiedervereinigung bestimmt und umso größer, je mehr Teilchen von einander getrennt wurden.

Gerade bezüglich der Auswirkungen von elektrischer Spannung und des elektrischen Stromes herrscht jedoch eine weit verbreitete Verwirrung. Es ist daher wichtig, zu betonen, dass eine elektrische Spannung noch keine Wirkung an sich zur Folge hat. Sie beschreibt lediglich das Gefährdungspotenzial, also einen Zustand, der die *Voraussetzung* für eine mögliche Wirkung darstellt. Damit die Spannung zu einer Wirkung führen kann, müssen noch weitere Bedingungen erfüllt sein (siehe Kap. 2.1).

Die elektrische Spannung ist (lediglich) eine Voraussetzung,

aber noch nicht die Wirkung selbst!

Die Gesetzmäßigkeiten für elektrische Ströme haben viel mit jenen für Wasserströmen gemeinsam. Elektrische Vorgänge können daher mit Hilfe einer elektro-hydraulischen Analogie veranschaulicht werden. Folgende Größen sind dabei einander ähnlich (Tab 8.1).

Eine Spannungsquelle, z. B. eine Batterie oder eine Steckdose, an deren Polen ja jeweils gleichnamige Ladungen angesammelt sind, ist mit einem Staudamm vergleichbar, hinter dem Wassermassen aufgestaut sind. Ähnlich wie der Staudruck die mechanische Stärke der Staumauer bestimmt, hängt die Stärke der erforderlichen elektrischen Isolation von der Höhe der elektrischen Spannung ab. Ein Schaden entsteht erst, wenn die Staumauer bricht und sich die aufgestauten Wassermassen als Flutwelle in das Tal ergießen: Ähnlich verhält es sich mit der elektrischen Spannung: Ein Versagen der Isolation hätte

Tab. 8.1: Analogie zwischen elektrischen und hydraulischen Größen

elektrische Größe	hydraulische Größe
Ladung	Wassertropfen
Potenzial	Höhe
Spannung	Wasserdruck (Höhenunterschied)
Strom	Wasserstrahl
Widerstand	Strömungswiderstand
Isolation	Wasserschlauch

einen Kurzschlussstrom zur Vereinigung der „aufgestauten" Ladungsträger zur Folge, der gefährliche Auswirkungen haben kann. Diese sind von der Anzahl der beteiligten Ladungen abhängig. Da die Ladungen an einer Netzsteckdose nahezu unbegrenzt sind, sind daher in der elektrischen Installation Leitungsschutzschalter erforderlich, um die Kurzschlussströme zu begrenzen.

Wenn Sie mit dem Gartenschlauch Ihre Blumen gießen, nützen Sie die gleichen Gesetzmäßigkeiten, die auch für elektrische Stromkreise gelten: Der Wasserschlauch steht unter hohem Druck. Die Stärke der Wirkung, nämlich die Blumen sanft zu beregnen oder im Strahl zu knicken, hängt von der Stärke des Wasserstrahls ab. In ähnlicher Weise hängt in der Elektrotechnik die Wirkung von der Stärke des elektrischen **Strom**es ab, der durch einen Menschen fließt:

Der elektrische Strom bestimmt die Wirkung.

Die Wasserstrahlstärke hängt vom Wasserdruck ab und davon, welchen Widerstand ihm die Spritze entgegensetzt. Analog dazu ist es in elektrischen Stromkreisen notwendig, durch Sicherheitsmaßnahmen die wirksame Stromstärke zu begrenzen, um eine elektrische Gefährdung auszuschließen. Im „Katastrophenfall" eines Kurzschlusses geschieht dies durch die Überlastsicherungen im Gerät und den Leitungsschutzschalter im Stromverteilerkasten.

So wie bei gleichbleibendem Wasserdruck die Strahlstärke davon abhängt, wie stark die Brause aufgedreht, also der Strömungswiderstand verringert wird, ebenso hängen auch die elektrische Spannung und der elektrische Strom direkt von einander ab. Der bestimmende Faktor ist der elektrische Widerstand, der sich dem Stromfluss entgegenstellt. Dies beschreibt das Grundgesetz der Elektrotechnik, das Ohm'sche Gesetz:

Strom = Spannung : Widerstand

So überschaubar diese Beziehung ist, so weitreichend sind ihre Konsequenzen: Sie bedeutet nämlich, dass von einer Spannungsquelle nur dann kein Strom fließen würde, wenn der Widerstand unendlich hoch wäre. Da es jedoch ein unendlich gutes Isoliermaterial nicht gibt, folgt daraus, dass elektrische (Leck-)Ströme grundsätzlich unvermeidlich sind und sie daher *überall* auftreten, wo es elektrische Spannungen gibt.

Elektrische (Leck-)Ströme sind allgegenwärtig!

Andrerseits erkennt man aus dem Ohmschen Gesetz auch, dass der Strom und damit die Gefährdung umso höher sind, je niedriger der elektrische Widerstand ist. Wenn wir mit elektrischer Spannung in Berührung kommen, bietet uns die schlecht leitende Hornschicht unserer Haut einen gewissen Schutz. Wenn sich jedoch der elektrische Widerstand unserer isolierenden Hautschicht verringert, weil sie z. B. beim Baden oder Kochen nass und damit elektrisch leitfähig geworden ist, ist auch die Gefährdung größer. Dies ist auch der Fall, wenn die Haut eines Patienten verletzt oder gar sein Körper während einer Operation geöffnet ist. Der verringerte Eigenschutz muss daher bei Medizingeräten beachtet werden.

Umgekehrt nimmt die elektrische Sicherheit zu, wenn die isolierenden Eigenschaften der Haut z. B. durch eine Fettcreme verstärkt werden oder wenn z. B. bei der Hausarbeit Gummihandschuhe getragen werden.

Das Ohm'sche Gesetz lässt sich jedoch auch noch in anderer Form schreiben:

Spannung = Strom x Widerstand

Auch dieser einfachen Beziehung sieht man ihre Brisanz auf den ersten Blick nicht an. Bedenkt man jedoch, dass es nicht nur keine unendliche gute Isolation gibt, sondern (unter Alltagsbedingungen) auch keine unendlich guten Stromleiter verfügbar sind, durch die der Strom ohne Widerstand fließen könnte, so folgt daraus, dass immer dann, wenn Strom fließt, auch elektrische Spannungen entstehen. In einigen Fällen können die an den Widerständen auftretenden Spannungsabfälle (Potenzialdifferenzen) sogar solche Ausmaße erreichen, dass zusätzliche Sicherheitsmaßnahmen erforderlich werden können (siehe Kap. 8.5.1).

Anmerkung: *Bei sehr tiefen Temperaturen (z. B. nahe dem absoluten Nullpunkt von − 273 °C) kann das Phänomen auftreten, dass Materialien plötzlich den elektrischen Widerstand verlieren und „supraleitend" werden, sodass der elektrische Strom tatsächlich verlustlos fließen kann (z. B: liegt bei Kupfer die Sprungtemperatur bei − 269 °C bzw. 4°K). Dies wird bei der Magnetresonanz-Tomografie ausgenützt.*

Da bereits festgestellt wurde, dass elektrische Ströme allgegenwärtig sind, bedeutet dies, dass im Alltag auch unbeabsichtigte elektrische Spannungen (Potenzialdifferenzen) allgegenwärtig sind. Dies macht daher im Haushalt und im medizinischen Bereich zusätzliche Maßnahmen (Potenzialausgleich) erforderlich (siehe Kap. 8.2.2).

Elektrische Spannungen sind allgegenwärtig.

Dass Personen trotz intakter Blitzschutzanlage sogar in ihrer vermeintlich schützenden Wohnung durch einen Blitzschlag getötet werden könnten, führt bei Laien zur Verwirrung. Dies kann jedoch erklärt werden: Blitzströme können nämlich enorm hohe Werte bis zu ca. 500.000 A erreichen. Wenn so ein hoher Strom im Blitzableiter zur Erde fließt, verursacht er am Erdungswiderstand der Blitzschutzanlage einen hohen Spannungsabfall (Ohmsches Gesetz) zwischen dem Schutzleiter und der Erde und damit eine Potenzialanhebung. Diese hat zur Folge, dass sich nun alle mit dem Schutzleiter verbundenen Teile (z. B. die Gehäuse von Elektrogeräten) auf sehr hohem Potenzial befinden während andere geerdete Teile wie z. B. die Wasserleitung oder die Heizkörper, die ja weder vom Blitzstrom durchflossen noch mit dem Schutzleiter verbunden wurden, weiterhin auf Erdpotenzial verblieben sind. Dies bedeutet, dass nun zwischen diesen Teilen eine tödlich hohe elektrische Spannung auftreten kann. Selbst bei einem niedrigen Erdungswiderstand von nur 5 W könnte ein Blitzstrom von 500 kA im Hausinneren eine Spannungsdifferenz von 2500 kV verursachen. Die ist so hoch, dass sogar die Spannungsfestigkeit der Luft überschritten wird und es daher zu einem elektrischen Überschlag z. B. auf eine in der Nähe befindliche (geerdete) Person kommen kann (indirekter Blitzschlag). Um derart lebensgefährliche Situationen zu vermeiden, ist es vorgeschrieben, solche Potenzialunterschiede zu vermeiden, indem *alle* geerdeten Teile eines Hauses, also z. B. auch Wasserleitung und Heizungsrohre, mit dem Schutzleiter der Elektroinstallation verbunden werden müssen (Potenzialausgleich). Wenn nun ein Blitz einschlägt, werden zwar alle geerdeten Teile auf ein hohes Potenzial angehoben, aber weil es nun überall gleich hoch ist, sind gefährlichen Potentialdifferenzen (Spannungen) vermieden.

Anmerkung: *Ob der Potenzialausgleich durchgeführt worden ist, kann daran erkannt werden, dass vom Hauptverteiler gelb-grün isolierte Potenzialausgleichsleiter zu den Wasser- und Heizungsrohren verlegt und dort (mittels Schelle) angeschlossen sind.*

Meldung: Blitztote in Wohnung
Innsbruck: In ihrer Küche wurde eine Hausfrau tot aufgefunden. Die ursprüngliche Vermutung eines Elektrounfalls war jedoch falsch. Wie die Untersuchungen ergaben, war das Haus von einem Blitz getroffen worden, der einen indirekten elektrischen Schlag in der Küche zur Folge hatte. Eine vorschriftengerechte Elektroinstallation hätte das Unglück vermieden.

Der Potenzialausgleich rettet Leben!

Es bleibt noch ein scheinbarer Widerspruch zu klären: Wenn man eine Autobatterie zu Ihrem Auto trägt und dabei nur den Pluspol berührt, fließt kein Strom über den Körper. Sobald die Batterie jedoch angeschlossen wurde und wieder derselbe Pluspol berührt wird, könnte man eine „Elektrisierung" wahrnehmen. Dann wird nämlich der Körper vom Strom durchflossen! Diese Beobachtung ist von großer Bedeutung. Die Erklärung dafür ist, dass ein elektrischer Strom nur dann fließen kann, wenn der Stromkreis geschlossen ist. Die Ladungen eines Pols müssen sich ja mit den von ihnen getrennten Gegenladungen vereinigen können.

| **Strom kann nur in geschlossenen Stromkreisen fließen!** |

Dass es bei angeschlossener Autobatterie zu einem Stromfluss kommt, auch wenn nur der Pluspol berührt wird, ist kein Gegenbeweis für dieses Grundgesetz. Autobatterien sind nämlich mit ihrem Minuspol mit der Karosserie und damit mit Erdpotenzial verbunden. Da Personen bei sicherheitstechnischen Überlegungen immer als gut geerdet angenommen werden, fließt somit ein Strom über den Körper zur Erde und damit zum Gegenpol der Batterie. Der Stromkreis wurde daher durch die Berührung tatsächlich geschlossen. Beim Tragen der Batterie hingegen war der zweite Pol frei und damit der Stromkreis offen.

| **Für sicherheitstechnische Überlegungen gelten Personen als gut geerdet!** |

Dass ein elektrischer Strom nur in einem geschlossenen Kreis fließen kann, birgt sowohl eine Chance als auch eine Gefahr:

Die *Chance* liegt darin, dass aus dem Beispiel der ungeerdeten Batterie eine wichtige Sicherheitsmaßnahme abgeleitet werden kann. Wenn nämlich beide Pole einer Spannungsquelle von Erde isoliert sind, ist eine geerdete Person bei der Berührung eines der Pole geschützt, weil ja kein geschlossener Stromkreis zustande kommt. Dies ist keine bloß theoretische Spitzfindigkeit: Tatsächlich wird diese Maßnahme bei der Stromversorgung von Operationssälen ergriffen. Hier wird mit Hilfe eines Trenntransformators eine erdfreie Spannung erzeugt (IT-Netz). Damit gelingt es, gleich zwei Fliegen mit einer Klappe zu erschlagen: Einerseits wird dadurch der Berührungsschutz erhöht, andrerseits kann es so im ersten Fehlerfall (Versagen der Isolation) zu keinem Kurzschluss mehr kommen, der zum Ausfall aller am selben Stromkreis angeschlossener Geräte führen würde (siehe Kap. 6.1.2).

Im Allgemeinen sind jedoch die elektrischen Stromkreise im Krankenhaus und in Haushalten aus technischen und wirtschaftlichen Gründen so ausgeführt, dass ein Pol der Spannungsquelle starr mit Erde verbunden ist. Die damit verbundenen Vorteile müssen jedoch mit einem gravierenden Nachteil erkauft werden: Wenn nämlich eine geerdete Person die Spannungsquelle berührt, ist sie unmittelbar gefährdet, weil sie dann ja den Stromkreis schließt. (In Wohnungen werden meist lediglich Rasiersteckdosen, die einen eigenen Trenntransformator enthalten, mit erdfreien Spannungen versorgt).

Die *Gefahr* des Umstandes, dass elektrische Ströme nur in geschlossenen Stromkreisen fließen, liegt darin, dass elektrische Ladungen grundsätzlich *alle* Möglichkeiten benützen, um zum Gegenpol zu gelangen und nicht nur den ursprünglich vorgesehenen Weg. Dabei ist zu bedenken, dass es ja keine idealen Isolatoren gibt und dem Stromfluss daher immer auch viele andere Wege offenstehen! Ähnlich wie wir in Stoßzeiten bei überlasteten Straßen auch Nebenstraßen und Schleichwege benützen, um zu unserem Ziel zu gelangen, verteilen sich auch die elektrischen Ströme auf die verschiedenen Möglichkeiten zum Rückfluss zum Gegenpol. Die Aufteilung erfolgt entsprechend den Widerstandsverhältnissen der verschiedenen Wege. Ströme fließen daher bei Berührung eines Elektrogerätes – selbstverständlich – auch über unseren Körper, und zwar in umso größerer Stärke, je geringer unser (Körper-)Widerstand ist.

Ströme fließen grundsätzlich auf allen möglichen Wegen zum Gegenpol!

Man könnte meinen, dass kleine Ströme keinen großen Schaden anrichten können. Das ist jedoch ein Irrtum. Für die biologische Wirkung ist nämlich nicht die Stromstärke, sondern die Stromdichte, also die pro Fläche auftretende Stromstärke entscheidend. Ein kleiner Strom, der über eine noch kleinere Kontaktfläche auf den Körper einwirkt, kann sogar zu Verbrennungen führen, besonders wenn er z. B. während einer Operation über lange Zeit über den narkotisierten Patienten fließt.

Gewebsschäden verursacht nicht die Stromstärke, sondern die Stromdichte!

Besonders kritisch ist dieser Umstand, wenn an einem Patienten gleich mehrere Geräte gleichzeitig verwendet werden, die somit zusätzliche Rückflussmöglichkeiten eröffnen (z. B. Narkosegerät, EKG-Monitor, Blutdruckmonitor, Absauggerät, HF-Chirurgiegerät usw.). Da Ströme nicht nur unkontrolliert zwischen den Geräten, sondern auch über zufällige Kontakte mit geerdeten Teilen zur Erde abfließen könnten (z. B. OP-Tisch, Stative, Gerätegehäuse usw.), ergäbe sich eine völlig unüberschaubare Situation (Abb 8.2). Um dies zu verhindern, müssen Stromkreise, die bestimmungsgemäß über den Patienten führen, von Erde isoliert sein (z. B. Reizstromgerät, EKG-Gerät). Das bedeutet, dass die Anwendungsteile vom Typ BF oder CF sein müssen (siehe Kap. 8.3.2).

8.1   Biologische Aspekte

8.1.1   Körperwiderstand

Wir wissen, dass die elektrische Spannung nicht die Wirkung, sondern nur das Gefahren*potenzial* bestimmt, weil es ja der elektrische (Körper-)Widerstand ist, der bestimmt, ob bei Berührung einer Spannungsquelle gefährlich hohe Ströme auftreten.

Die Bestimmung des Körperwiderstandes erfolgte Anfang des 20. Jahrhunderts an Leichen, doch zur Klärung der Frage, ob und wie diese Ergebnisse auf die Verhältnisse eines lebenden Menschen übertragbar sind, bedurfte es der Messungen an Freiwilligen /1/. Heute wissen wir, dass uns nicht nur der Körperinnenwiderstand, sondern auch der Widerstand unserer Haut bei der Berührung einer Spannungsquelle schützt. Die trockene (isolierende) Hornschicht, gefolgt von der Oberhaut und der ebenfalls isolierenden Fettschicht, die dem leitfähigen Muskelgewebe vorgelagert ist, bilden – elektrisch gesehen – einen Kondensator. Dieser Umstand ist dafür verantwortlich, dass der Hautwiderstand frequenzabhängig,

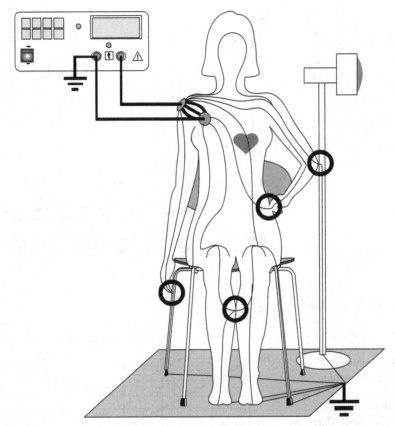

Abb 8.2: Unerwünschte Nebenschlüsse am Beispiel eines Reizstromgerätes mit fehlerhaft geerdetem Patientenstromkreis mit Gefahrenstellen an kleinflächigen Kontaktstellen mit erhöhten Stromdichten (Kreise)

also eine Impedanz ist und daher bei zunehmender Frequenz kleiner wird. Die Gesamtkörperimpedanz setzt sich daher aus den Hautimpedanzen an der Stromeintritts- und -austrittsstelle und dem ohmschen Körperinnenwiderstand zusammen (Abb 8.3).

Mit zunehmender Spannungshöhe nehmen die Hautimpedanz und damit auch der Gesamtkörperwiderstand ab. Der Grund dafür ist, dass es an der isolierenden Hautschicht an immer mehr Stellen zum elektrischen Durchbruch kommt und somit der Hautwiderstand abnimmt. Bei niedrigen Gleichspannungen (wenn also der parallel geschaltete Kondensator nicht widerstandsverringernd wirkt) ist der Körperwiderstand um ca. 20 % größer

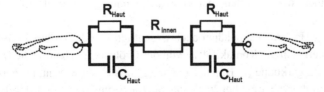

Abb 8.3: Ersatzschaltbild des Gesamtkörperwiderstandes

Abb 8.4: Abhängigkeit der
Gesamtkörperimpedanz Z
von der Spannungshöhe U für
Hand-Hand-Durchströmung
und trockene Haut; durch-
gezogene Linien…Wech-
selspannung, strichliert…
Gleichspannung, N…nasse
Haut. Prozentsätze geben den
Anteil der Personen an, für die
die Kurven gelten (nach EN
60479-1 /20/)

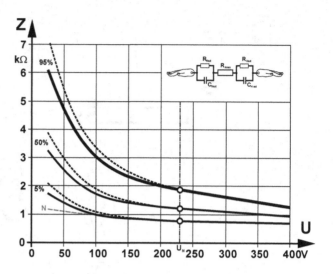

Abb 8.5: Abhängigkeit der
Gesamtkörperimpedanz Z von
der Berührungsfläche A für
Hand-Hand-Durchströmung
und trockene Haut bei 25 bzw.
200 V Wechselspannung.
Prozentsätze geben die Anzahl
der Personen an, für die die
Kurven gelten (nach Daten aus
EN 60479-1)

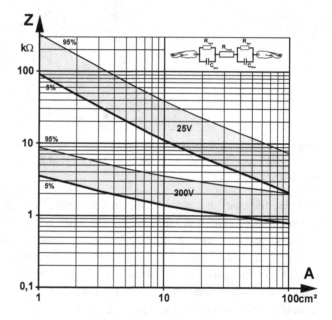

als der Wechselstromwiderstand. Die Durchfeuchtung der Haut führt zur Erniedrigung des Widerstandes, die vor allem bei kleinen Spannungswerten deutlich erkennbar ist (Abb 8.4).

Der Wert der Hautimpedanz hängt auch wesentlich von der Größe der Berührungsflä-che ab. Verringert sich die Kontaktfläche von der Größe einer Handfläche (z. B. 100 cm²) auf jene einer Fingerkuppe (z. B. auf 1 cm²), erhöht sich die Gesamtkörperimpedanz er-heblich. Die Erhöhung beträgt bei 200 V das ca. 4fache und bei 20 V sogar das ca. 40fache (Abb 8.5).

Für Schutzüberlegungen wird die Gesamtkörperimpedanz (bei 50 Hz) mit 2 kΩ ange-nommen. Es wird darüber hinaus davon ausgegangen, dass sie je zur Hälfte vom Körper-innenwiderstand und den Hautimpedanzen der beiden Kontaktstellen gebildet wird.

Gesamtkörperwiderstand ≈ 2kΩ = 2x Hautimpedanz + Körperinnenwiderstand

---

Der *Körperinnenwiderstand* ist im Niederfrequenzbereich nicht frequenzabhängig, weil die kapazitiven Beiträge z. B. der Körperzellen noch vernachlässigt werden können. Da ein elektrischer Widersand umso größer ist, je weniger Querschnittsfläche für den Strom-fluss zur Verfügung steht, ist er an den Gelenken, und hier vor allem an den Hand- und Fußgelenken, besonders groß. Da Knochen und Sehnen den Strom schlecht leiten, bleibt hier nämlich für die Stromleitung nur wenig Querschnittsfläche übrig. Die Gelenke und damit die Extremitäten liefern daher den Hauptbeitrag zum Körperinnenwiderstand. Für sicherheitstechnische Überlegungen lässt er sich durch ein vereinfachtes Ersatzschaltbild angeben. Es besteht aus einer sternförmigen Verschaltung der vier Extremitäten-Wider-stände, die mit je 500 Ω angenommen werden (Abb 8.6). Für die Durchströmung Hand – Hand ergibt sich ein Körperinnenwiderstand von 1000 Ω. Fließt hingegen der Strom von einer Hand über beide Füße ab, erniedrigt sich der Körperinnenwiderstand wegen der Verdopplung der nun über die beiden Beine möglichen Stromwege auf 750 Ω. Noch ungünstiger ist die beidhändige Berührung, wenn man gleichzeitig mit beiden Füßen ge-erdet ist. In diesem Fall ergibt sich wegen der weiteren Parallelschaltung der Arme eine zusätzliche Reduzierung des Körperinnenwiderstandes auf 500 Ω. Wenn man sich über ein Gerät beugen würde, also der Strom von der Brust über beide Beine zur Erde fließen würde, beträgt der Körperinnenwiderstand nur mehr 250 Ω.

Wie groß bei einem Elektrounfall der schützende Gesamtkörperwiderstand ist, hängt daher von den Kontaktverhältnissen, der Spannungshöhe und vom Weg des Stromes durch den Körper ab. Bei all diesen Überlegungen ist jedoch vorausgesetzt, dass der Stromein-und Austritt über eine Kontaktfläche erfolgt, die deutlich größer als 1 cm² ist. Geschieht die Berührung des Spannung führenden Teiles jedoch bloß mit dem Finger, so wäre der

Abb 8.6: Vereinfach-
tes Ersatzschaltbild des
Körperinnenwiderstandes

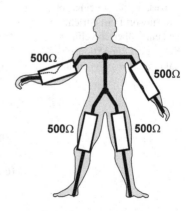

Gesamtkörperwiderstand erhöht, weil bereits für den Zeigefinger zusätzlich eine Teilimpedanz von ca. 1 kΩ zu berücksichtigen wäre.

8.1.2 Zellerregung

Es war im Jahr 1780. Drückende Stille erfüllte den Raum, flackerndes Kerzenlicht warf gespenstische Schatten, als Luigi Galvani ein unheimliches Erlebnis hatte. Ein aufgehängter Froschschenkel, totes Gewebe, zuckte plötzlich zusammen und schien wieder zum Leben erweckt zu sein. Nachdem er sich von einem Schrecken erholt hatte, ging Galvani der Sache nach. Bald fand er heraus, dass dieses gespenstische Ereignis mit Elektrizität in Verbindung stand. Er vermutete damals, dass diese gespenstische neu gewonnene Lebenskraft auf „tierischer Elektrizität" beruhte. Heute wissen wir, dass er sich geirrt hat. Es ist aber faszinierend genug, dass unsere Körperzellen wie kleine elektrische Batterien sind, deren Inneres gegenüber dem Außenraum eine Potenzialdifferenz, das Membranruhepotential, von immerhin ca. − 90 mV aufweist. Was Galvani so erschreckt hatte, lässt sich dadurch erklären, dass Nerven- und Muskelzellen durch einen elektrischen Strom erregt werden können. Dieser kann nämlich die „Zellbatterie", also das Membranpotential beeinflussen. Kleine Strom-Reize verursachen lediglich eine unspektakuläre Veränderung, eine „lokale Antwort", je nach Polarität des Stromes im Sinn einer Erhöhung oder Erniedrigung des Membranpotenzials (Abb 8.7). Es wird jedoch dramatisch, wenn die Stromstärke einen charakteristischen Wert, die *Reizschwelle*, überschreitet. In diesem Fall wird nämlich eine Kettenreaktion ausgelöst, die eine charakteristische impulsförmige Veränderung des Membranpotentials, einen Nervenimpuls (Aktionspotential), zur Folge hat.

Bei Nerven bleibt ein Aktionspotential jedoch nicht auf den Ort der Erregung beschränkt. Es wird vielmehr über die Nervenfaser weitergeleitet und kann dabei (als Meldung von der Körperperipherie zum Gehirn oder als Befehl vom Gehirn zur Periphe-

Abb 8.7: Zeitlicher Verlauf des elektrischen Potentials an einer Zellmembran bei Einwirkung eines unterschwelligen Reizes, der nur zu einer lokalen Antwort führt (strichliert) und eines überschwelligen Reizes, der ein Aktionspotential (*Nervenimpuls*) auslöst

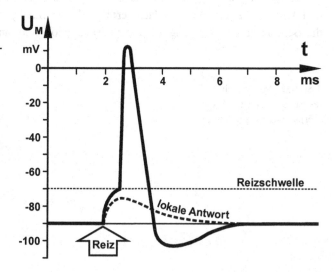

rie) eine Geschwindigkeit bis zu 430 km/h erreichen. Dies ist deutlich schneller als die Höchstgeschwindigkeit in der Formel 1. Da die Form und Höhe des Nervenimpulses nach Überschreiten der Reizschwelle nicht mehr von der Stärke des Reizes abhängt, spricht man vom „Alles-oder-Nichts"-Gesetz. Starke Reize bewirken nicht andere Nervenimpulse, sondern nur, dass diese schnellerer ausgelöst werden.

Die Zellerregung benötigt jedoch die Zufuhr einer Mindest-Ladungsmenge- und damit Zeit (Ladung = Strom x Zeit). Eine Zelle kann daher nicht auf alle Reize reagieren. Die Zellerregung bleibt nämlich aus, wenn der Reiz zu schnell wieder vorbei ist. Selbst durch Erhöhung der Stromstärke kann eine Verkürzung der Reizdauer nur begrenzt kompensiert werden. Ebenso unterbleibt die Erregung, wenn sich der Reiz zu langsam ändert.

Tatsächlich senden jedoch unsere optischen, akustischen, taktilen und thermischen Sensoren ständig Nervenimpulse an das Gehirn. Dies stellt eine Informationsflut von 10^7 bit/s dar. Wenn wir all diese Informationen bewusst wahrnehmen würden, hätten wir ein ernstes Problem. Der Grund liegt darin, dass es nicht nur unser geistiges Aufnahmevermögen überfordern würde, sondern weil es auch unmöglich wäre, das wirklich Wichtige vom Unwichtigen zu unterscheiden. Tatsächlich ist die Natur viel pragmatischer. Es ist uns nur möglich, ein verschwindend kleinen Bruchteil, nur ein Millionstel davon, nur ca. 17 bit/s, bewusst wahrzunehmen. Doch wie werden diese 17 bit laufend ausgewählt? Eine Maßnahme, die uns hilft, das Wichtige vom Unwichtigen zu trennen, besteht darin, dass gleichbleibende Reize unterdrückt werden. Ein Reiz muss sich daher zeitlich ändern, um eine Erregung bewirken zu können. Dies erklärt, weshalb wir auch in einem Lokal mit sehr schlechter Luft nach einiger Zeit den Geruch nicht mehr wahrnehmen, jedoch den Duft des servierten Essens (Reizänderung) sehr wohl.

Für die Erregung von Nerven- und Muskelzellen muss ein Reiz daher insgesamt drei Bedingungen in ausreichendem Maß erfüllen. Er muss eine ausreichende Stärke, genügend lange Dauer und ausreichend schnelle Änderung aufweisen (Abb 8.8). Dies hat zur Folge, dass Zellen sowohl von Gleichströmen als auch von Hochfrequenzströmen nicht

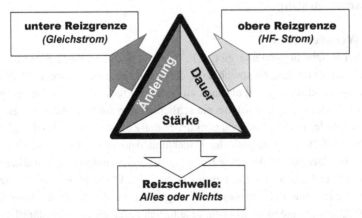

Abb 8.8: Die drei Bedingungen zur Zellerregung:Stärke, Dauer und Änderung des Reizes und daraus abgeleitete Grenzbedingungen

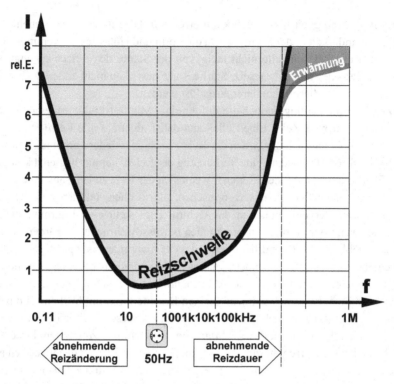

Abb 8.9: Frequenzabhängigkeit der Reizschwelle

mehr erregt werden können: Bei Gleichstrom wegen der fehlen Reizänderung und bei Hochfrequenzströmen wegen der zu kurz gewordenen Dauer der erregenden (Halb-)Periode.

8.1.3 Stromwirkung

8.1.3.1 Wechselstrom

Aus den drei Reizbedingungen ergibt sich, dass die Wirkung eines Stromes von seiner Frequenz abhängt und dass sie sowohl zu niedrigeren Frequenzen (wegen der abnehmenden Änderungsgeschwindigkeit) als auch zu höheren Frequenzen (wegen der abnehmenden Periodendauer) geringer wird, bis sie schließlich die frequenzmäßige Reizgrenze erreicht. Dies mündet in der „Badewannenkurve" der Zellerregung (Abb 8.9). Leider liegt die Netzfrequenz 50 Hz bezüglich der Dauer und Änderungsgeschwindigkeit in jenem physiologischen Bereich, in dem eine Erregung besonders gut möglich und daher die Gefährdung durch elektrische Ströme besonders hoch ist. Oberhalb der Reizgrenze von ca. 30 bis 100 kHz ist keine Zellerregung mehr möglich. Eine Wahrnehmung höherfrequenter Ströme erfolgt bei genügender Stromstärke lediglich durch einen Sekundäreffekt, nämlich wegen der Registrierung der Erwärmung durch die Temperatursensoren.

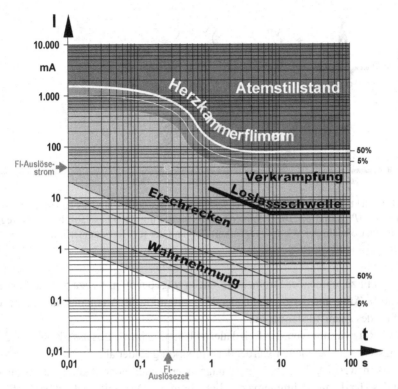

Abb 8.10: Biologische Wirkungen elektrischer 50 Hz-Wechselströme in Abhängigkeit der Einwirkungsdauer T bei Durchströmung von linker Hand zu Fuß (Füßen). (nach EN 60479-1 unter Berücksichtigung der Wahrnehmungsschwellen nach Leitgeb et al. 2005)

Die Wahrnehmungsschwelle für Ströme ist individuell sehr verschieden. Sie erstreckt sich z. B. bei 50 Hz und einer Kontaktfläche von ca. 3 cm^2 über zwei Größenordnungen (von ca. 10 μA bis zu 2 mA). Frauen sind empfindlicher als Männer und Kinder (Mädchen und Buben) unter 12 Jahren ähnlich empfindlich wie Frauen /71/. Darauf nehmen allerdings die Sicherheitsvorschriften nur bedingt Rücksicht.

Ab der Wahrnehmungsschwelle wird die Empfindung mit zunehmender Stromstärke intensiver und allmählich schmerzhaft. Wird der Wechselstrom weiter gesteigert, kommt es zur Verkrampfung der Muskulatur. Bei Durchströmung Hand – Fuß betrifft dies zuerst die Armmuskulatur, die sich immer stärker verkrampft, bis es schließlich nicht mehr möglich ist, einen ergriffenen Spannung führenden Teil loszulassen (Loslassschwelle). Bei 50 Hz und Einwirkungsdauern über 1s wurde die Loslassschwelle für die Gesamtbevölkerung wegen des Anteils an Kindern und Frauen mit **5 mA** festgesetzt (EN 60479-1), für Erwachsene wurde sie mit **10 mA** angenommen (wobei die höhere Empfindlichkeit der Frauen unberücksichtigt bleibt).

Bei weiter steigender Stromstärke verkrampft sich zunehmend auch die Brustmuskulatur, sodass es zusätzlich zu Atembeschwerden kommt. Unmittelbare Lebensgefahr ergibt sich dann, wenn die Durchströmung des Herzens stark genug wird, um Herzkammerflimmern auszulösen. Dies tritt ab etwa 40 mA auf (Abb 8.10). Die Flimmerwahrschein-

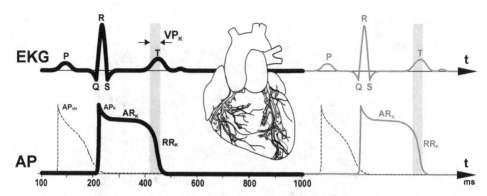

Abb 8.11: Elektrokardiogramm (*EKG*) (*oben*) und Aktionspotenziale(*AP*) einer Herzmuskelzelle des Vorhofs (AP_{VH}) und der Herzkammer (AP_K) (*unten*) mit der Phase absoluter Unerregbarkeit (AR_K), der Phase bedingter Wiedererregbarkeit RR_K und der für Herzkammerflimmern vulnerablen Phase VP_K (*grauer Balken*)

lich steigt mit zunehmender Stromstärke. Sie beträgt bei 50 mA etwa 5 % und bei 80 mA bereits 50 %. Aufgrund der zunehmenden Verkrampfung der Atemmuskulatur nimmt auch die Gefahr des Atemstillstandes zu.

Da die Reizwirkung von der Reizdauer abhängt, nehmen Loslassschwelle und Wahrnehmungsschwelle bei kleiner werdender Einwirkungsdauer ab.

Bemerkenswert ist, dass bei Einwirkungsdauern unter einer Sekunde die Wahrscheinlichkeit des Herzkammerflimmerns deutlich abnimmt. Dies zeigt sich am stufenförmigen Verlauf, wobei die Schwelle für das Herzkammerflimmern (bei gleicher Einrittswahrscheinlichkeit) bei kurzer Einwirkung bis zum 4fachen ansteigt (Abb 8.10).

Dies hat eine wichtige Konsequenz. Sie erklärt nämlich, dass der Fehlerstromschutzschalter zwar erst bei einem bereits gefährlichen (Dauerstrom-) Wert von 30 mA abschaltet, wir aber dennoch geschützt sind (siehe Kap. 8.5.2). Der Grund liegt in der Z-Kurve des Herzkammerflimmerns und darin, dass die Abschaltzeit des FI-Schalters kurz genug ist, um Herzkammerflimmern zu vermeiden (sofern seine Funktionsfähigkeit durch regelmäßige Betätigung erhalten wird, siehe Kap. 6.1.2 und Kap. 8.5.2).

Der Grund dafür liegt darin, dass das Herz nur während einer kurzen Phase des Herzschlages, nämlich nur während der Erregungsrückbildung der Herzmuskelzellen (am Anfang der T-Welle des EKGs) flimmergefährdet ist (Abb 8.11). Ist die Einwirkungsdauer kleiner als die Dauer des Herzschlages, hängt die Flimmerwahrscheinlichkeit nicht nur von der Stromstärke, sondern auch zusätzlich davon ab, ob der Stromimpuls in diese kritische (vulnerable) Phase fällt. Wirkt er später ein, löst er lediglich einen zusätzlichen Herzschlag (Extrasystole) aus, tritt er früher auf, fällt er in die Phase der noch bestehenden Unerregbarkeit der Muskelzellen und hat keine Auswirkungen.

Vulnerable Phasen der Herzmuskelzellen und damit Flimmern der Muskulatur treten auch bei Vorhof-Muskelzellen auf. Während jedoch Herzkammerflimmern ohne rechtzeitige Defibrillation tödlich ist, führt das Flimmern der Vorhofmuskulatur lediglich zu einer verringerten Pumpleistung des Herzens.

Anmerkung: *Die Beendigung des Vorhofflimmerns ist ebenfalls nur durch Defibrillation möglich, allerdings muss diese in der richtigen Phase der Herzerregung (also EKG-getriggert) erfolgen (Kardioversionsfunktion des Defibrillators), um dabei nicht unbeabsichtigt das viel gefährlichere Herzkammerflimmerns auszulösen.*

8.1.3.2 Gleichstrom

Es liegt in der Natur des Gleichstroms, dass er sich zeitlich nicht ändert. Er kann daher Körperzellen nicht direkt erregen. Dennoch ist Gleichstrom nicht ungefährlich. Dies hat zwei Gründe.

1. Im Gegensatz zu Wechselstrom, bei dem Ladungsträger um ihre Ruhelage hin und her pendeln, bewegen sich bei Gleichstrom die Ladungsträger gleichbleibend in einer Richtung, also tatsächlich zu den Elektroden. Dadurch kommt es an den Kontaktstellen (Anode und Kathode) zur Anhäufung jeweils gleichnamiger Ladungen. Dies hat zur Folge, dass sich dort die Potenzialdifferenz zwischen Zellaußenraum und Zellinnerem und damit das Membranruhepotenzial verändert. Dies führt zwar nicht zur Erregung, aber dazu, dass die Erregbarkeit der Zellen beeinflusst wird: Unter der Kathode erhöhen die positiven Kationen das Membranpotenzial und machen damit die Zellen schwerer erregbar, während unter der Anode die Ansammlung der negativen Anionen das Membranpotenzial verringern und die Zellen (z. B. für intrakorporale und von außen einwirkende Reize) empfindlicher machen. Dies kann indirekt die Gefahr des Herzkammerflimmerns erhöhen. Die Veränderbarkeit der Zellerregbarkeit kann jedoch auch therapeutisch ausgenutzt werden. So kann z. B. die unter der Kathode verringerte Zellerregbarkeit in der Gleichstromtherapie zur Schmerzbehandlung ausgenützt werden.

Anmerkung: *Die durch Gleichstrom verursachte unidirektionale Bewegung von Ladungsträgern kann therapeutisch auch zur Verabreichung von Medikamenten durch die Hautbarriere in das subkutane Gewebe verwendet werden (Iontophorese).*

2. Durch den bei Gleichstrom auftretenden Ladungstransport werden positiv geladene Wasserstoffionen (H^+) und negativ geladene OH^- Ionen der Körperelektrolyte getrennt (Elektrolyse) und sammeln sich an den jeweiligen Gegenelektroden (Abb 8.12). Dadurch können sich an der Kathode Wasserstoffionen mit Chlorionen zu Salzsäure (HCL) verbinden, während die OH^- Ionen an der Anode mit Na^+-Ionen Natronlauge (NaOH) ergeben. Da beide Reaktionsprodukte das Körpergewebe angreifen, kann Gleichstrom besonders bei Langzeiteinwirkung gravierende Gewebsschäden verursachen.
3. Die sich an der Kathode ansammelnden Wasserstoffionen können auch in die Luft entweichen und dort durch Mischung mit dem Sauerstoff der Luft das explosionsgefährliche Knallgas bilden. Diese unerwünschte Nebenwirkung kann z. B. bei elektrogalvanischen Bädern zu beachten sein.

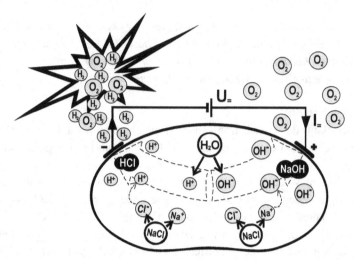

Abb 8.12: Elektrolytische Wirkung des Gleichstromes mit Säurebildung (*HCl*) unter der Kathode und Laugenbildung (*NaOH*) unter der Anode sowie Entstehung von Knallgas (H_2+O_2) an der Kathode

Anmerkung: *Knallgas kann auch bei HF-Chirurgie entstehen, wenn durch Lichtbogenbildung eine Gleichrichtung auftritt und aus Flüssigkeiten Wasserstoff freigesetzt wird (z. B. in der Harnblase bei Prostataresektion).*

Obwohl Gleichstrom Zellen nicht direkt erregen kann, kann er wahrgenommen werden. Dies geschieht ab ca. 2 mA durch ein Gefühl der Wärme oder Kribbeln. Mit zunehmender Stromstärke wird das Gefühl intensiver und schließlich schmerzhaft. Über 40 mA kann eine Störung der Erregungsausbreitung im Herzen auftreten, die ab ca. 150 mA so massiv wird, dass Herzkammerflimmern auftreten kann. Bei Einwirkungsdauern unter einer Sekunde zeigt die Flimmerschwelle ähnlich wie bei Wechselstrom einen stufenförmigen Verlauf, wobei die Schwelle für das Herzkammerflimmern bis auf 500 mA ansteigt

8.1.3.3 Herzstromfaktoren

Wenn elektrischer Strom in den Körper eintritt, verteilt er sich je nach den Leitfähigkeiten der Körpergewebe über den zur Verfügung stehenden Körperquerschnitt. Da die größte Gefahr durch den elektrischen Strom im Auslösen des Herzkammerflimmerns liegt, ist für Sicherheitsüberlegungen jener Stromanteil wichtig, der über das Herz fließt. Er hängt wesentlich davon ab, wie sehr das Herz im Durchströmungsweg liegt. Die Flimmergefahr für verschiedene Durchströmungswege wird mit Hilfe des Herzstromfaktors f_H bewertet (Tab. 8.2.). Als Vergleich dient die Durchströmung von der linken Hand zu den Füßen. Die Flimmergefahr ist bei Durchströmung von rechter Hand zu einem Fuß um 20 % geringer ($f_H = 0,8$), während die Durchströmung von der Brust zur linken Hand um 50 % gefährlicher ist ($f_H = 1,5$).

Tab. 8.2: Herzstromfaktor f_H für verschiedene Durchströmungswege /20/

Durchströmungsweg	f_H
Linke Hand – Brust	1,5
Rechte Hand – Brust	1,3
Linke Hand – Fuß (Füße)	*1*
Beide Hände – Fuß (Füße)	*1*
Rechte Hand – Fuß (Füße)	0,8
Linke Hand – Rücken	0,7
Hand (links, rechts) – Gesäß	0,7
Hand – Hand	0,4
Rechte Hand – Rücken	0,3
Fuß – Fuß	0,04

Anmerkung: *Wird man von einem Gewitter überrascht, ist es ratsam, sich mit geschlossenen Beinen auf den Boden zu hocken. Dies hat zwei Gründe: Einerseits soll die geschlossene Fußhaltung dafür sorgen, dass die mit den Füßen vom Boden abgegriffene Potenzialdifferenz (die Schrittspannung) klein ist, die sich in der Nähe eines Blitzeinschlages ergibt. Andrerseits wird so das Herz geschützt. Es fließen im Fall einer Fuß-zu-Fuß-Durchströmung nämlich nur 4 % des Stromes über das Herz ($f_H = 0,04$), sodass die Gefahr des Herzkammerflimmerns stark verringert ist. Das „Kleinmachen" durch Hinhocken hat den Sinn, die Einschlaggefahr zu verringern, die wegen des „Blitzableitereffektes" bei aufrecht stehenden Personen erheblich ist (Abb 8.13).*

Abb 8.13: Durchströmungswege bei Elektrounfällen

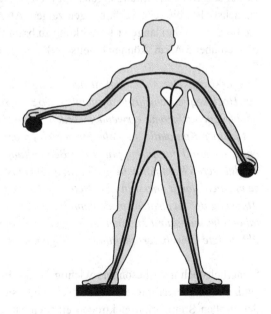

Bei einer Hand-Fuß-Durchströmung muss ab ca. 40 mA mit Herzkammerflimmern gerechnet werden. Bei ungünstigster Durchströmung z. B. Brust – Rücken bzw. Brust – linke Hand (f_H = 1,5) kann jedoch bereits ab ca. 27 mA Herzkammerflimmern auftreten. Ab ca. 16 mA ist mit Störungen der Pumpleistung des Herzens zu rechnen.

Bei elektromedizinischen Anwendungen können elektrische Ströme auch direkt in den Herzmuskel eingekoppelt werden, z. B. über einen Katheter oder durch intraoperative Berührung mit einem Anwendungsteil eines Medizingerätes. In diesem Fall ist die Flimmergefahr wesentlich erhöht. Schon bei einem geringen Strom von nur 10 µA (bei Kontaktflächen von ca. 1,2–3,1 mm²) beträgt die Flimmerwahrscheinlichkeit bereits ca. 0,2 %, bei 50 µA steigt sie schon auf 5 % und bei 200 µA sogar auf 50 % /87/. Dies ist der Grund, weshalb die Grenzwerte für Patientenableitströme von Anwendungsteilen für direkten Herzkontakt (Typ CF) 10fach niedriger festgelegt wurden als für andere Anwendungsteile (siehe Kap. 8.3.2).

8.1.4 Stromdichte

Aus dem Umstand, dass auch der Durchströmungsweg von Bedeutung ist, lässt sich erkennen, dass nicht die Strom*stärke* das entscheidende Maß für die Gefährdung ist. Tatsächlich ist es die Strom*dichte*, die für die biologische Wirkung verantwortlich ist.

Die Erregung einzelner Körperzellen beginnt ab einer Stromdichte von ca. 1 µA/cm². Die bewusste Wahrnehmung erfolgt ab etwa 10 µA/cm² /70/. Bei Stromdichten ab 1 A/cm² ist bei längerer Einwirkung bereits mit thermischen Gewebeschäden zu rechnen, die sich zunächst als weißliche Verfärbungen zeigen. Ab ca. 2 A/cm² beginnen Gewebsrötungen, die bis 5 A/cm² bei längerer Einwirkung zu bräunlichen Strommarken werden. Bei Stromdichten über 5 A/cm² können bereits Verkohlungen der Haut auftreten.

Anmerkung: *Die Abhängigkeit der biologischen Wirkung von der Stromdichte wird in der Hochfrequenzchirurgie ausgenützt, wo zum Schneiden und Koagulieren des Gewebes hochfrequente Ströme verwendet werden. Dazu werden mit Hilfe der „aktiven" Elektrode mit kleiner Kontaktfläche hohe Stromdichten erzeugt, die die Schneidewirkung verursachen, während die Auskopplung des Behandlungsstromes mit einer „Neutral"-Elektrode erfolgt, deren Kontaktfläche groß genug sein muss, um die Stromdichten ausreichend klein zu machen, damit unerwünschte Nebenwirkungen vermieden werden. Die unbeabsichtigte Ablösung der Neutralelektrode kann jedoch zu einer erheblichen Verkleinerung der Kontaktfläche und damit zu einer gefährlichen Stromdichteerhöhung führen, die eine unbeabsichtigte Gewebsverbrennungzur Folge haben kann.*

Sicherheitstechnisch besonders wichtig ist die Frage, welche Stromdichten in der Lage sind, Herzkammerflimmern auszulösen. Untersuchungen an Hundeherzen mit verschieden großen Stimulationselektroden ergaben Störungen der Pumpaktion ab 320 µA/cm² und Herzkammerflimmern ab 530 $\mu A/cm^2$, allerdings werden noch niedrigere Schwellen nicht ausgeschlossen /82/.

8.2 Spannungsbegrenzung

Elektrische Wechselspannungen werden nicht nur berührbar, wenn ein erster Fehlerfall auftritt. Potenzialdifferenzen und damit berührbare elektrische Spannungen treten im Alltag – und natürlich auch in medizinischen Bereichen – öfter auf, als uns bewusst wird. Sie können durch zwei Ursachen zustande kommen:

1. Überall dort, wo *(Leck-)Ströme* an Widerständen Spannungsabfälle erzeugen, treten Potenzialdifferenzen auf. So verursacht z. B. ein (zulässiger) Erdableitstrom eines Medizingerätes von 0,5 mA am Widerstand einer 30 m langen Schutzleiterverbindung mit einem Querschnitt von 1,5 mm² vom Gerät über die Netzleitung zur Steckdose und weiter bis zur Schutzleiterschiene des Verteilerkastens, also bei einem Widerstand von 0,356 Ω, einen Spannungsabfall von 178 mV: Dieser hebt somit das Potenzial des Gehäuses in Bezug zu anderen geerdeten Teilen entsprechend an. Bei einem fest installierten Gerät mit einem zulässigen Erdableitstrom von 5 mA ergäben sich bereits 1,78 V. Da sich jedoch z. B. in einem Operationsraum mehr als ein Gerät an einem Stromkreis befindet und sich daher die Erdableitströme im Schutzleiter bis zum Verteiler und danach erst recht bis zum Hauptverteiler der Installation summieren, sind Potenzialdifferenzen zwischen den Schutzleiterkontakten verschiedener Stromkreise auch von mehreren Volt nicht auszuschließen und erfordern daher entsprechende Abhilfemaßnahmen (siehe Kap. 8.2.2).

2. In einem *elektrischen Feld* das z. B. vom Potenzial +230V der Deckenbeleuchtung ausgeht und sich bis zum Erdpotenzial des Bodens erstreckt, nimmt jeder leitfähiger Gegenstand ein Potenzial an, das von seiner Größe und Lage im Feld (d. h. von seiner kapazitiven Kopplung) abhängt (Abb 8.17). Dies ist der Grund dafür, dass sogar zwischen zwei passiven Metallteilen elektrische Potenzialdifferenzen gemessen werden können. So kann z. B. ein isolierter Gerätewagen im elektrischen Feld, das von der an der Decke befindlichen Leuchtstoffröhre ausgeht bereits ein Potenzial von ca. 700 mV zur Erde annehmen (siehe Kap. 8.2.2).

Ab welcher Höhe eine elektrische Spannung als gefährlich anzusehen ist, ergibt sich jedoch nicht nur aus deren absoluter Höhe, sondern auch aus dem Körperwiderstand, der Art des Kontaktes und den Durchströmungsverhältnissen (siehe Kap. 8.1). Im Strom-Spannungs-Diagramm (Abb 8.14) sind die Ströme für Hand-Fuß-Durchströmung und die zugeordneten Bereiche der biologischen Wirkungen dargestellt, die sich bei verschiedenen Körperwiderständen ergeben. Daraus lässt sich erkennen, dass die Spannungspegel, die als gefährlich einzustufen sind, je nach den Widerstandsverhältnissen, vom Alltag bis zur Situation während einer Herzoperation, in weiten Bereichen variieren.

Abb 8.14: Strom-Spannungs-Diagramm mit biologischen Stromwirkungen: Die Gefährlichkeit einer Spannung ergibt sich erst im Zusammenhang mit dem wirksamen Körperwiderstand. MSELV… medizinische Schutzkleinspannung, SELV… (allgemeine) Schutzkleinspannung

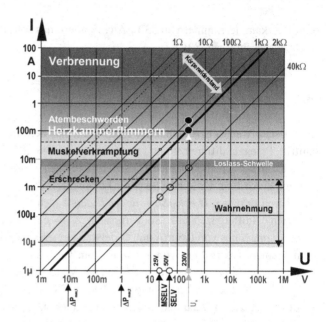

Da bei ungünstigster Durchströmung z. B. Brust – Rücken (bzw. Brust – linke Hand) bereits ab ca. 27 mA die Gefahr des Herzkammerflimmerns besteht, sind bei einem Thorax-Innenwiderstand von ca. 10 Ω schon direkt eingekoppelte Spannungen von 270 mV als potenziell lebensgefährlich anzusehen.

Bei direktem Kontakt mit dem Herzen führen bereits 10 µA (mit einer Wahrscheinlichkeit von 0,2 %) zum Herzkammerflimmern. Da das Herz einen Widerstand von nur wenigen Ohm besitzt, können daher bereits direkt eingekoppelte Spannungen von wenigen 10 µV gefährlich werden. Bei indirekter Berührung des Herzens über eine Person (mit dem Hand-zu-Hand-Körperwiderstand von 1 kΩ würde eine Potenzialdifferenz von 10 mV zur Gefahr des Herzkammerflimmerns führen.

Herzkammerflimmern kann bereits ab 10 mV Potenzialdifferenz auftreten.

Wenn daher in Operationssälen für Herz- und Thoraxchirurgie im Patientenbereich ein maximaler Potenzialunterschied von nur 10 mV zugelassen ist, bedeutet dies nicht, dass dort eine dramatisch höhere Sicherheit herrscht, sondern nur, dass die besonders ungünstigen Umstände berücksichtigt sind und dass damit (lediglich) das allgemeine Sicherheitsniveau erreicht wird.

8.2.1 Die Umstände bestimmen die Gefahr

Der Körperwiderstand hängt von der Spannungshöhe und der Kontaktfläche ab. Der Hand-zu-Hand-Gesamtkörperwiderstand liegt z. B. bei einer Kontaktfläche von 10 cm² im Bereich zwischen 10 und 40 kΩ (Abb 8.14).

Obwohl die Gefahr vom Strom bzw. der Stromdichte ausgeht, sind für die Auslegung und Beurteilung sicherheitstechnischer Schutzmaßnahmen Schutzklein*spannungen* festgelegt worden (siehe Abb. 11.14). Es sind dies:

- **SELV** (safety extra low voltage): Die erdfreie Spannung von **50 V~** bzw. **120 V =** wird aufgrund der doppelten Isolierung vom Netz und der kleinen Spannungshöhe im Alltag selbst bei direkter Berührung als sicher angesehen.
- **MSELV** (medical safety extra low voltage): Die erdfreie Spannung **25 V~** bzw. **60 V =** wird aufgrund der doppelten Isolierung vom Netz und der gegenüber der SELV nur halben Spannungshöhe auch in medizinischen Bereich als sicher angesehen. Da jedoch z. B. bei bewusstlosen Patienten nicht mit schützenden Reaktionen gerechnet werden kann, ist eine direkte Berührung nicht zulässig.
- **FELV** (functional extra low voltage): Die Spannung **50 V~** bzw. **120 V =** besitzt zwar die gleiche kleine Höhe wie die SELV, ist jedoch von Netz nicht ausreichend isoliert. Zur Sicherstellung des doppelten Schutzes ist daher eine weitere Schutzmaßnahme, z. B. Schutzerdung der berührbaren Teile, erforderlich.

8.2.2 Patientenumgebung

In Bereichen, in denen Gefahr besteht, dass an oder in den Patienten kritische Spannungen eingekoppelt werden könnten, müssen besondere Maßnahmen zur Vermeidung gefährlicher Potenzialunterschiede getroffen werden. Der Bereich, in dem dies im Krankenhaus als notwendig erachtet wird, wird als „Patientenumgebung" (früher: „Patientenbereich") bezeichnet. Dies ist jener Bereich um den Patienten, in dem bestimmungsgemäß Diagnose oder Therapie vorgesehen sind. In ihm könnte bei gleichzeitiger Berührung von Patient und Gerät oder nicht geerdeten Metallteilen eine gefährlich hohe Potenzialdifferenz an den Patienten verschleppt werden. Unter Berücksichtigung der mittleren Armspannweite wurde die Patientenumgebung von der bestimmungsgemäßen Position des Patienten allseitig bis zu einer Entfernung von 1,5 m festgelegt. Bei verstellbaren Einrichtungen (z. B. OP-Tisch, gilt diese Entfernung für alle möglichen Positionen).

Anmerkung: *Die Bettenstation zählt zum Pflegebereich. Auf ihr werden bestimmungsgemäß weder Diagnose- noch Therapiegeräte eingesetzt, daher wird dort auch keine „Patientenumgebung" angenommen (Abb 8.15).*

Je nach ihrer Ursache ist bei Potenzialdifferenzen Folgendes zu beachten:
- *Erdableitströme* von Geräten, die am Widerstand der Schutzleiterverbindung Spannungsabfälle verursachen und so die geerdeten Metallgehäuse von Geräten der Schutzklasse I auf verschiedene Potenziale heben können (Abb 8.16) betreffen
  - Geräte, die an verschiedenen Stellen des selben Stromkreises angeschlossen sind;
  - Geräte, die an verschiedenen Stromkreisen angeschlossen sind.

Potenzialdifferenzen (berührbare Spannungen) treten dann zwischen den Geräten und jenen Metallteilen auf, die unverändert auf Erdpotenzial geblieben sind, weil sie auf andere

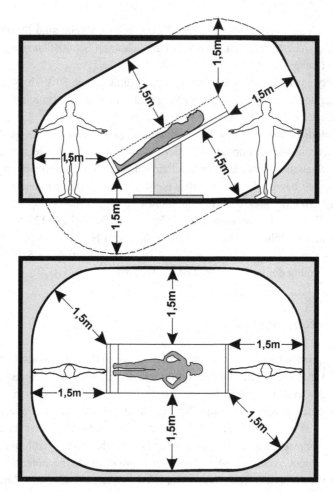

Abb 8.15: Patientenumgebung, in dem z. B. ein „besonderer Potenzialausgleich" erforderlich ist; Aufriss (*oben*) und Grundriss (*unten*)

Weise geerdet sind (z. B. Metallschränke, Metalltische, Fensterrahmen, Türzargen und Heizkörper).

Beispiel:

Dies soll an dem in Abb 8.16 dargestellten Beispiel erläutert werden. Darin verursacht z. B. der Erdableitstrom I_{E1} = 5 mA des fest angeschlossenen Röntgen-C-Bogens am Schutzleiterwiderstand R_{N1} = 0,3 Ω bis zur Steckdose und am Widerstand R_{SK1} = 0,56 Ω der 30 m langen Schutzleiterverbindung bis zur Schutzleiterschiene im Verteiler (einschließlich der Klemmwiderstände) eine Potenzialanhebung von insgesamt ΔU_{SK1} = 4,3 mV. Die Summe I_{EZ} = 10 A aller in den Verteiler fließenden Erdableitströme verursacht am Widerstand R_Z = 0,3 Ω der 55 m langen (dickeren)

Abb 8.16: Potenzialdifferenzen durch Erdableitströme im OP. *PE* Schutzleiterschiene, *PA* Potenzialausgleichsschiene, *OPV* OP-Verteiler, *HV* Hauptverteiler, R_E Erdungswiderstand

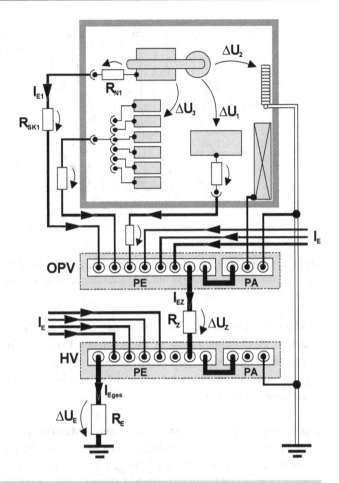

Schutzleiterverbindung zum Hauptverteiler (einschließlich der Klemmwiderstände) einen Spannungsabfall von U_Z = 3 V. Die Gesamtheit der im Hauptverteiler zusammenkommenden Erdableitströme I_{Eges} = 25 A, die über den Erdungswiderstand R_E = 6 Ω der Anlage zur Erde abfließt, verursacht eine Potenzialanhebung der Schutzleiterschiene im Hauptverteiler von ΔU_E = 150 V. Würde kein Potenzialausgleich vorgenommen werden, würde im OP daher eine gefährlich hohe Potenzialdifferenz von 153 V zwischen dem C-Bogen-Gehäuse und dem auf Erdpotenzial verbliebenen Heizkörper auftreten (ΔU_2 = 150 + 3 + 0,0043 = 153,0043 V). Durch die Potenzialausgleichsverbindung vom Heizungsrohr zum Hauptverteiler kann dieser Potenzialunterschied im OP auf 3,0043 V reduziert werden. Auch diese Spannung wäre jedoch in einem Herz-OP innerhalb der Patientenumgebung noch unzulässig hoch. Durch eine „besondere Potenzialausgleichsverbindung", die in OPs gefordert ist und mit beweglichen ansteckbaren PA-Leitern bis zum Wandanschluss und weiter bis zur Potenzialausgleichsschiene des OP-Verteilers verläuft, kann die Potenzialdifferenz jedoch auf weniger als 10 mV, in diesem Beispiel auf 4,3 mV, reduziert werden.

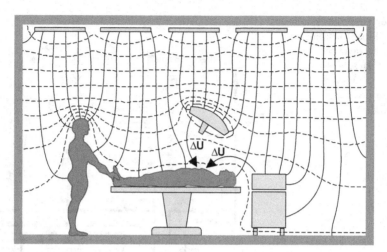

Abb 8.17: Darstellung des elektrischen Feldes durch Feldlinien (durchgehend) und Äquipotenzial-
linien (*gestrichelt*) in einem OP mit Potenzialunterschieden DU zwischen nicht geerdeten Metallteilen und dem (geerdeten) Patienten

- *Nicht geerdete Metallteile*, z. B. Metallgehäuse von Geräten der Schutzklasse II, können im elektrischen Feld z. B. zwischen den Leuchtstoffröhren an der Decke und dem
  geerdeten Fußboden, ein Potenzial annehmen und eine Spannung zu geerdeten Teilen
  aufweisen. Abb 8.17 zeigt den Verlauf der elektrischen Feldlinien und der Äquipoten-
  ziallinien in einem OP.

In der Patientenumgebung ist entweder durch Messung festzustellen, dass keine unzulässigen Potenzialunterschiede auftreten oder es müssen alle nicht bereits (z. B. im Rahmen
der Schutzklasse I) geerdeten leitfähigen Teile durch einen *„besonderen Potenzialaus-*
gleich" (mit ansteckbaren Potenzialausgleichsleitern) mit Erdpotenzial verbunden werden
(Abb 8.18).

Anmerkung: *Ein Potenzialausgleichsleiter ist zwar ebenfalls grün-gelb isoliert, unter-*
scheidet sich jedoch funktionell vom Schutzleiter dadurch, dass er nicht dem Berührungs-
schutz dient und daher im Fehlerfall bestimmungsgemäß keinen Strom führt.

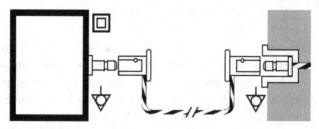

Abb 8.18: Abnehmbare Potenzialausgleichsverbindung für den besonderen Potenzialausgleich
zwischen Gerät und Installation

Anmerkung: *Der besondere Potenzialausgleich erfolgt durch eine nicht fest ange-schlossene lösbare Verbindung, indem ein am Gerät befindlicher (genormter) Potenzial-ausgleichsanschlussbolzen durch eine grün-gelb isolierte und wenigstens 4 mm² starke Potenzialausgleichsleitung mit der Potenzialausgleichsanschlussbuchse der Elektroins-tallation verbunden wird.*

In den besonderen Potenzialausgleich sind nicht nur metallische Gehäuse von nicht schutzgeerdeten Geräten einzubeziehen, sondern auch alle anderen nicht geerdeten Me-tallteile in der Patientenumgebung. Im Operationssaal sind dies z. B. der OP-Tisch, Ge-rätewagen, Instrumentenhalter, OP-Leuchten, Infusionsständer sowie metallische Tische oder Schränke, die sich in der Patientenumgebung befinden.

Anmerkung: *Es ist bereits bei der Errichtung des OPs dafür zu sorgen, dass auch Heiz-körper, metallische Fenster- und Türzargen einschließlich der leitfähigen Fußbodenbe-läge in den besonderen Potenzialausgleich einbezogen werden.*

Die Beispiele zeigen, dass je nach der anzunehmenden Gefahrensituation bereits sehr klei-ne Potenzialdifferenzen zur Lebensgefahr führen können. Im Herz-OP können 10 mV~ als gleich gefährlich anzusehen sein wie 25 V~ in der Ambulanz oder 50 V~ im Wohnzimmer (siehe Kap. 8.2.1).

> **Nicht ihr Absolutwert, sondern der wirksame Körperwiderstand
> bestimmt die Gefährlichkeit einer Spannung.**

8.3 Ableitströme

Es gibt grundsätzlich kein Material, das in der Lage wäre, eine Spannungsquelle unend-lich gut zu isolieren. Das bedeutet, dass elektrische Leckströme auch bei noch so sorgfäl-tiger Gerätekonstruktion über unseren Körper fließen, wenn wir Geräte berühren, die an Spannung angeschlossen sind. Sicherheitstechnisch werden jedoch nicht die Isolations-Leckströme gemessen. Es werden vielmehr jene „Ableitstrom" bestimmt, die fließen wür-den, wenn eine Person das Gerät berührt. Der Unterschied liegt darin, dass Leckströme mit einem Amperemeter (mit vernachlässigbarem Innenwiderstand) gemessen würden, während die Ableitströme bestimmt werden, indem die Berührungssituation elektronisch simuliert wird. Dazu wird die elektrische Nachbildung eines Patienten in den Messkreis geschaltet (Abb 8.19).

Das elektrotechnische Schutzziel bei Medizingeräten besteht darin, die im ersten Feh-lerfall fließenden Fehlerströme auf einen sicheren Wert zu begrenzen.

Abb 8.19: Messung des
Ableitstromes vom Gehäuse
zur Erde (Berührungsstrom)
mit der Patientennachbildung

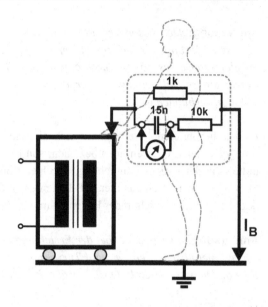

┌───┐
│ **Schutzziel ist die Begrenzung der Ableitströme und der Fehlerströme.** │
└───┘

Die Patienten-Nachbildung besteht dabei aus einer Parallelschaltung eines 1 kW Widerstandes mit einer RC-Reihenschaltung eines 10 kW Widerstandes und einer Kapazität von 15nF (Abb 8.20). Der Ableitstrom wird dadurch ermittelt, dass der an der Kapazität auftretende Spannungsabfall gemessenen und daraus auf den Strom umgerechnet wird. Dabei gilt **1 mV ≙ 1 μA**.

Die Verwendung einer frequenzabhängigen Messimpedanz hat jedoch nicht den Zweck, die Kapazität der Hautimpedanz zu berücksichtigen, da ja bei Patienten ohnedies von einer

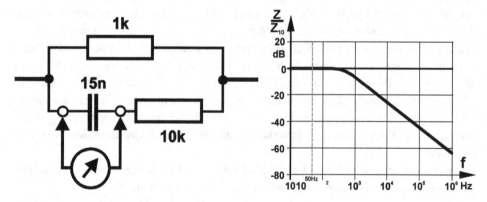

Abb 8.20: Elektrische Patientennachbildung zur Messung (und Frequenzbewertung) von Ableitströmen (*links*) und Frequenzgang der Schaltung (*rechts*), nach EN 60601–1

verletzten Haut ausgegangen wird. Sie soll vielmehr die Frequenzabhängigkeit der Zeller-regung nachbilden (siehe Kap. 8.1.2). Da die Reizschwelle jenseits der Netzfrequenz mit zunehmender Frequenz zunimmt, könnten für höhere Frequenzen auch höhere Ableitströ-me zugelassen werden. Die Messschaltung in Abb 8.20 berücksichtigt dies dadurch, dass die Impedanz mit zunehmender Frequenz kleiner wird und somit zur Erreichung des glei-chen Spannungsabfalls höhere Ströme erforderlich werden. Somit erfolgt durch die Mess-schaltung eine automatische Frequenzgewichtung ohne eine Spektralanalyse vornehmen zu müssen, wodurch auf einfache Weise auch die Bewertung von nicht-sinusförmigen Ab-leitströmen ermöglicht wird. Diese kommen z. B. durch wegen nichtlineare elektronische Bauteile oder Phasenanschnittsteuerung bei elektronischer Leistungsregelung zustande.

Anmerkung: *Da der Strom, der über den parallelen RC-Zweig fließt, bei niedrigen Fre-quenzen vernachlässigbar wird, entspricht die an der Kapazität gemessene Spannung bis zu einigen 100 Hz dem Spannungsabfall am 1 kΩ (Körper-)Widerstand. Erst bei höheren Frequenzen, bei denen ja die Reizwirkung abnimmt, wird die Parallelschaltung relevant und der über die Spannungsumrechnung ermittelte Ableitstromwert merklich kleiner als der tatsächlich fließende Gesamtstrom, was die frequenzabhängige Zunahme der Reiz-schwelle nachbildet.*

Die Begrenzung der Ableitströme und der Fehlerströme erfolgt aus mehreren Gründen:
- durch **Ableitstrom**grenzwerte soll gefährlichen Fehlerfällen **vorgebeugt** werden. Einer-seits sollen dadurch unerwünschte biologische Wirkungen vermieden werden, die sonst im Normalfall bei Berührung auftreten könnten. Andrerseits soll dadurch aber auch eine Mindestqualität der Isolation vorgegeben werden. Die gemessenen Ableitströme werden daher nicht nur danach beurteilt, ob sie schon (lebens-)gefährlich hoch sind, sondern primär, ob die Isolation noch gut genug ist.

Anmerkung: *Erhöhte Ableitstromwerte dürfen daher nicht mit dem Argument akzeptiert werden, dass sie ohnehin noch deutlich unter der Gefährdungsgrenze liegen. Wird der Ableitstrom-Grenzwert überschritten, heißt dies ja, dass sich die Isolationsverhältnisse unzulässig verschlechtert haben.*

- durch Begrenzung des **Fehlerstromes** soll eine Gefährdung ausgeschlossen werden, wenn ein Fehlerfall **eingetreten** ist, z. B. das Versagen der Isolation. Der maximal zu-lässige Fehlerstrom wird daher zur Beurteilung und Bemessung der Schutzmaßnahmen herangezogen.

Die Beurteilung der Isolationsverhältnisse über die Messung der Ableitströme hat die di-rekte Isolationswiderstandsmessung (als Strom/Spannungs-Messung) ersetzt. Dadurch sollen mögliche Schäden durch die sonst erforderliche Messspannung (z. B. 500 V) ver-mieden werden.

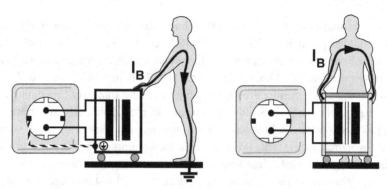

Abb 8.21: Berührungsstrom I_B vom Gehäuse zur Erde (*links*) und zwischen Gehäuseteilen (*rechts*)

Anmerkung: *Nur mehr in Fällen, in denen an den ausreichenden Isolationsverhältnissen gezweifelt wird, ist bei der wiederkehrenden Prüfung von in Verwendung befindlichen Medizingeräten eine Überprüfung durch die Isolationswiderstandsmessung vorgesehen (siehe Kap. 10.10.1.3)*

Die Sicherheitsvorschriften für Haushalts- und informationstechnische Geräte begnügen sich mit der Beurteilung der Isolation der Netzspannung gegenüber dem berührbaren Gehäuse. Im Gegensatz dazu werden bei elektromedizinischen Geräten zusätzlich auch die Isolationen gegenüber den mit dem Patienten in Berührung kommenden Anwendungsteilen und gegenüber den geerdeten Teilen überprüft, unabhängig von deren Berührbarkeit. Darüber hinaus werden nicht nur die Ableitströme im Normalfall (NC), sondern auch im ersten Fehlerfall (SFC) untersucht. Bei elektromedizinischen Geräten werden daher folgende Ableitströme gemessen:

- Erdableitstrom (NC + SCF);
- Berührungsstrom (NC + SCF);
- Patientenableitstrom (NC + SCF).

Die Messungen erfolgen im Standby-Zustand und bei vollem Betrieb des Gerätes.

8.3.1   Berührungsstrom (früher: Gehäuseableitstrom)

Der Berührungsstrom ist jener Strom, der bei eingeschaltetem Gerät (im Standby und bei vollem Betrieb) von den berührbaren Gehäuseteilen über eine Person zur Erde oder zwischen den Gehäuseteilen fließt (Abb 8.21). Damit werden die Isolationsverhältnisse aller Spannung führenden Teile (nicht nur des Netzteils) zum Anwender überprüft.

Anmerkung: *In der 3. Edition der Medizingerätevorschrift EN 60601-1 ersetzt die Bezeichnung „Berührungsstrom" die bisherige (und in Sicherheitsvorschriften für nichtmedizinische Elektrogeräte noch weiterhin übliche) Bezeichnung „Gehäuseableitstrom".*

Im Alltag, z. B. bei Verwendung von **Haushaltsgeräten** beschränkt sich die anzunehmende Berührung elektrischer Geräte auf das Gehäuse. Da Personen bei Bewusstsein sind und auf Stromreize reagieren können, wird es als sicherheitstechnisch ausreichend angesehen, Grenzwerte nur für den Gehäuseableitstrom festzulegen um eine Gefährdung zu verhindern. Der zulässige Gehäuseableitstrom beträgt für ortsfeste Haushaltsgeräte (z. B. Elektroherd oder Waschmaschine) 3,5 mA (EN 60335-1 /9/). Der Sicherheitsfaktor zur Gefährdung (5 mA Loslassschwelle für die Bevölkerung /20/), bei der sich die Armmuskeln bereits so stark verkrampfen, dass man einen umfassten Teil nicht mehr selbst loslassen kann, ist dabei nur mehr 1,5fach.

Anmerkung: *Wegen der Schutzwirkung der im Alltag vorhandenen zusätzlichen Widerstände, z. B. der Schuhe, sind die im Alltag auftretenden Berührungsströme jedoch meist wesentlich niedriger als jene Werte, die bei der Messung gemäß der Vorschrift zur Beurteilung herangezogen werden.*

Die Wahrnehmung des Berührungsstromes wird im Alltag hingenommen, wenn das Zurückzucken ohne weitere Folgen bleibt. Dies wird bei Standgeräten akzeptiert. Bei Handgeräten jedoch (z. B. Bohrmaschine, Handmixer), sollen durch den 14fach niedrigeren Gehäuseableitstrom-Grenzwert von 0,25 mA auch Wahrnehmungen und damit Schreckreaktionen („Elektrisieren") mit Sekundärfolgen vermieden werden (z. B. Sturz von einer Leiter). Wie neuere Untersuchungen gezeigt haben, schützt dies allerdings nur ca. 50 % der Bevölkerung. Empfindlichere Personen können noch Ströme bis zu ca. 10 µA wahrnehmen /70/,/71/.

Bei **elektromedizinischen Geräten** müssen berührbare Teile von Netzspannung besser isoliert sein als bei Haushaltsgeräten. Dies äußert sich im 2,5fach niedrigeren Grenzwert für den Berührungsstrom. Er beträgt im Normalfall 100 µA /13/. Der Grund liegt darin, dass im medizinischen Bereich höhere Berührungsströme mit zusätzlichen Gefahrenpotenzialen verbunden sind:

- Wenn durch die Wahrnehmung („Elektrisierung") eine Schreckreaktion ausgelöst wird, könnte diese in kritischen Situationen, z. B. am OP-Tisch, zu unkontrollierten Muskelzuckungen mit schwerwiegenden Folgen führen.
- Wenn im Operationssaal Ströme direkt in den Körper des Patienten eingekoppelt werden, weil der Anwender ihn und ein Gerät gleichzeitig berührt, könnte dies ebenfalls gravierende Folgen haben, z. B. Störungen elektronischer Implantate oder sogar Herzkammerflimmern.

8.3.2 Patientenableitstrom

Der Patientenableitstrom ist jener Strom, der bei eingeschaltetem Gerät vom Anwendungsteil (der ja bestimmungsgemäß mit dem Patienten in Kontakt ist) über den Patienten zur Erde fließt (Abb 8.22). Mit ihm werden die Isolationsverhältnisse aller Spannung führenden Teile (nicht nur des Netzteils) zum Patienten überprüft.

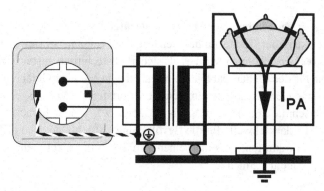

Abb 8.22: Patientenableitstrom I_{PA} von den Anwendungsteilen (über den Patienten) zur Erde

Anwendungsteile können am Patienten aufliegen (z. B. Ultraschallköpfe, EKG-Elektroden) oder sogar direkt mit seinem Körperinnern in Verbindung stehen (z. B. Endoskop) und sogar bis zum Herz herangeführt sein (z. B. invasiver Blutdruckmesskatheter). Anwendungsteile erfordern daher einen noch höheren Schutz und damit niedrigere Patientenableitströme, wenn sie für eine direkte Anwendung am Herzen vorgesehen sind (z. B. aktive Elektrode des Hochfrequenzchirurgiegerätes, Ultraschall-Applikator zur intraoperativen Untersuchung des Herzens, Angiografie-Katheter, der vom peripheren Blutgefäß bis zum Herz vorgeschoben wird).

Der Grenzwert für Patientenableitströme von Anwendungsteilen des Typs B und BF ist für den Normalfall für Wechselströme mit **100 µA~** festgelegt. Für Gleichstrom und für intrakardial verwendete Anwendungsteile des Typs CF ist er auf ein Zehntel, nämlich 10 µA (Wechsel- bzw. Gleichstrom) herabgesetzt. Dieser reduzierte Wert ist ein technischer Kompromiss: Direkt am Herzen können nämlich Wechselströme von nur 10 µA bereits bei 5 % der Patienten Herzkammerflimmern auslösen. Wegen des geringen Sicherheitsabstandes zur Gefährdungsgrenze sind daher Überschreitungen des zulässigen Patientenableitstromes bei Geräten für intrakardiale Anwendung besonders kritisch zu beurteilen. Im ersten Fehlerfall dürfen die Werte auf das jeweils 5fache auf 500 ~ (Typ B, BF) bzw. 50 µA (Typ CF) ansteigen.

Bei Geräten mit mehreren Anwendungsteilen darf der *Gesamt-Patientenableitstrom* der zusammengeschalteten Anwendungsteile des gleichen Typs im Normalfall das 5fache und im ersten Fehlerfall das Doppelte des für einen einzelnen Anwendungsteil festgelegten Grenzwertes nicht überschreiten.

8.3.3 Patientenhilfsstrom

Außer den ungewollten Patientenableitströmen, die von den Anwendungsteilen über den Patienten zur Erde fließen, gibt es noch Ströme, die von einem zum anderen Anwendungsteil durch den Patienten fließen müssen, damit eine Methode angewendet werden kann.

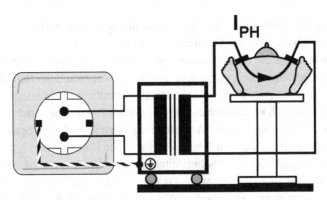

Abb 8.23: Patientenhilfsstrom I_{PH} zwischen den Anwendungsteilen (über den Patienten)

Diese Hilfsströme sollen jedoch keine biologische oder therapeutische Wirkung entfalten. Patientenhilfsströme sind z. B. für die Bestimmung von Körperwiderständen notwendig, die ja aus der Messung von Strom und Spannung ermittelt werden (z. B. Impedanz-Kardiografie, Impedanz-Plethysmografie, Impedanz-Imaging). Man nimmt Patientenhilfsströme daher nur notgedrungen in Kauf.

Patientenhilfsströme sind ebenfalls limitiert und zwar mit den gleichen Werten, wie sie für Patientenableitströme gelten. Die Messung der Patientenhilfsströme erfolgt zwischen den Anwendungsteilen (Abb 8.23).

8.3.4   Erdableitstrom

Der Erdableitstrom ist jener Strom, der bei eingeschaltetem Gerät vom Netzteil über die Isolation zu den geerdeten Teilen und in weiterer Folge im Schutzleiter abfließt. Er tritt daher naturgemäß nur bei schutzgeerdeten Geräten auf (Abb 8.24).

Abb 8.24: Erdableitstrom I_{EA} vom Netzteil zu geerdeten Teilen

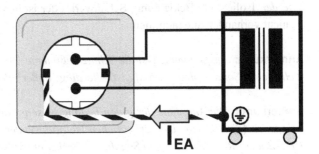

Die Messung des Erdableitstromes dient dazu, die Isolationsverhältnisse der Spannung führenden Teile zu den geerdeten Teilen zu überprüfen. Er ist aus zwei Gründen bedeutsam:

*   Im *Normalfall* fließt der Erdableitstrom im Schutzleiter. Er kann daher zwar nicht direkt auf Personen einwirken, verursacht jedoch am Widerstand der Schutzleiterverbindung einen Spannungsabfall, der das Potenzial der mit dem Schutzleiter verbundenen Teile anhebt. Dadurch können schutzgeerdete Geräte Potenzialunterschiede aufweisen, die z. B. im Operationssaal zur Verschleppung unzulässig hoher Spannungen (z. B. größer 10 mV) an den Patienten führen können (siehe Kap. 8.2.2).
*   Im *ersten Fehlerfall*, wenn der Schutzleiter unterbrochen ist, wird der Erdableitstrom jedoch unmittelbar sicherheitsrelevant. Da ihm nun der Weg über den Schutzleiter verwehrt ist, muss er nämlich auf andere Weise, z. B. über die berührten geerdeten Gehäuseteile zu Erde abfließen und addiert sich so zum Berührungsstrom.

Der Erdableitstrom muss für nicht fest angeschlossene Geräte, bei denen ja mit der Unterbrechung des Schutzleiters zu rechnen ist, **kleiner** als **500 µA** sein. Er muss nämlich so niedrig sein, dass der Berührungsstrom, zu dem er sich im ersten Fehlerfall addiert, den Grenzwert von 500 µA einhält. Wenn die Unterbrechung des Schutzleiters als erster Fehlerfall jedoch nicht anzunehmen ist (z. B. bei fest angeschlossenen Geräten oder bei Vorhandensein eines redundanten zweiten Schutzleiters) darf der Erdableitstrom 10fach höher sein, also im Normalfall **5 mA**, im ersten Fehlerfall (z. B. Unterbrechung des Neutralleiters der Netzversorgung) **10 mA** betragen.

8.4   Sicherheitstechnische Grundannahmen

So nützlich elektrische Spannungen auch sind, weil sie den Strom bewirken, der Elektrogeräte betreibt, so sind sie doch eines auch: Gefahrenquellen, vor denen man sich schützen muss. Für Schutzüberlegungen gelten in der Sicherheitstechnik folgende Grundannahmen:

*   Personen (sowohl der Patient als auch der Anwender) gelten grundsätzlich als **gut geerdet**. Isolierende Bekleidung, Schuhwerk oder isolierende Bodenbelägen werden als nicht vorhanden angenommen.

Anmerkung: *Ausgenommen ist die Schutzmaßnahme „Standortisolation", die in elektrotechnischen Sonderfällen zulässig ist, allerdings außerhalb der Medizintechnik.*

Anmerkung: *Die Annahme der guten Erdung ist sehr konservativ, weil z. B. Fußbodenbeläge im Allgemeinen einen erheblichen Isolationswiderstand zur Erde aufweisen (z. B. PVC-Boden: $R > 10^8 \Omega$), auch Schuhwerk besitzt einen Isolationswiderstand, der bereits wesentlich größer ist als der Körperwiderstand (z. B. Lederschuhe: $R \geq 15 \, k\Omega$, Schuhe mit Gummisohle: $R \geq 106 \, k\Omega$).*

*   Vom Anwender wird angenommen, dass ihm auch der Widerstand der trockenen unverletzten **Haut** einen zusätzlichen Schutz bietet, sodass als Gesamtkörperwiderstand **2 kW** angenommen wird.

Anmerkung: *Der unterschiedliche Hautwiderstand ist mit ein Grund, weshalb in der 3. Edition der Medizingerätenorm zwischen Anwender- und Patientenschutz unterschieden wird.*

Anmerkung: *Diese Annahme ist nicht mehr berechtigt, wenn die Umstände eine Befeuchtung der Haut wahrscheinlich erscheinen lassen (z. B. in Hydrotherapieräumen).*

Anmerkung: *Ein erhöhter Schutz ist daher auch im privaten Bereich in Badezimmern vorgeschrieben.*

- Beim Patienten wird angenommen, dass der Schutz der Haut wegen Verletzung und/ oder Durchfeuchtung nicht mehr gegeben ist, dass also nur der *Körperinnenwiderstand (Hand-Hand bzw. Hand-Fuß)* zu berücksichtigen ist, sodass für Patientenschutzüberlegungen nur mit **1 kΩ** gerechnet wird.

Anmerkung: *Dies entspricht zwar einem häufigen, aber nicht dem ungünstigsten Fall. So ist ja z. B. das beidhändige Berühren der Fehlerspannung bei beidbeinigem Erdkontakt mit dem halben Körperwiderstand verbunden.*

Anmerkung: *Am ungünstigsten wäre der Fall eines Patienten, der mit dem Rücken auf dem (geerdeten) Operationstisch liegt und im Fehlerfall an (bzw. in) der Brust mit der Fehlerspannung in Berührung kommt. In diesem Fall wäre der Körperwiderstand sogar um mehr als zwei Größenordnungen kleiner anzunehmen (< 10 Ω).*

- Wenn eine Person in den Stromkreis kommt (z. B. ein Gerät mit einem Isolationsfehler berührt), so wird jener Körperwiderstand berücksichtigt, der der Durchströmung von *derlinkenHand zum Fuß* entspricht. Damit wird auch angenommen, dass ein Großteil des Fehlerstroms *über das Herz* fließt (Kap. 8.1.3.3). Andere Durchströmungswege würden durch „Herzstromfaktoren" berücksichtigt werden (siehe Kap. 8.1.3.3, Tab. 8.2).

8.5 Schutzklassen

Die bisherigen Überlegungen haben gezeigt, dass für gesunde Personen bereits Ströme gefährlich sind, die nur ca. 1 % jenes Stromes betragen, der durch eine 100 Watt-Glühbirne fließt (435 mA). Um das Risiko in vertretbaren Grenzen zu halten, sind daher konstruktive Schutzmaßnahmen erforderlich. Nach dem *Prinzip des doppelten Schutzes* müssen zwei gleichwertige und von einander unabhängige Maßnahmen vorhanden sein, um auch beim Versagen einer Schutzmaßnahme (Erster Fehler) noch einen vollwertigen Schutz zu bieten. Das einzuhaltende Schutzziel besteht darin, dass auch im ersten Fehlerfall der durch den Körper fließende Strom den festgelegten Grenzwert nicht überschreiten darf.

Der zusätzliche Schutz im ersten Fehlerfall kann auf verschiedene Weise erreicht werden, nämlich durch:

- Schutzerdung berührbarer Teile (Schutzklasse I)
- zusätzliche (redundante) Schutzisolierung (Schutzklasse II)
- vollständige Netztrennung und Kleinspannung (Schutzklasse Batteriegerät)

Die Schutzmaßnahme „Schutzkleinspannung" (Schutzklasse III), die z. B. für Haushaltsgeräte zulässig ist, ist für den Schutz des Patienten nicht ausreichend.

8.5.1 Isolierungen

Als Mindestschutz gegen den elektrischen Schlag ist gefordert, dass das direkte Berühren von Spannung führenden Teilen grundsätzlich verhindert sein muss, es sei denn, die zulässigen Ableitströme werden dabei nicht überschritten.

Basisisolierung
Die wichtigste sicherheitstechnische Maßnahme ist das Umhüllen von Spannung führenden Teilen mit einer Schutzisolierung (Basisisolierung). Dabei ist jedoch zu beachten, dass der Schutz während der gesamten Lebensdauer eines Gerätes erhalten bleiben muss. Dies bedeutet, dass der Isolierstoff weder altern noch sich durch äußere Einflüsse wie Erwärmung oder chemische und mechanische Beanspruchung (z. B. bei Reinigung und/oder Desinfektion) zu stark verändern darf – oder dass die Lebensdauer vom Hersteller entsprechend eingeschränkt werden muss. Die Bedingung der Alterungsbeständigkeit erfüllen jedoch bei weitem nicht alle Materialien: Selbst der am häufigste verwendete Isolierstoff, nämlich PVC, ist zur Isolation nur bedingt geeignet: Er wird nämlich bereits bei Temperaturen über 75 Grad spröde und rissig. Derartige Temperaturen sind jedoch in Geräten keine Seltenheit und können an verschiedensten Stellen auftreten. Auch Isolationen, die sich bei Erwärmung verformen, z. B. Vergussmassen, sind als Schutzisolierung nicht geeignet.

Nicht alle Materialien sind zur Basisisolierung geeignet!

Selbst wenn Kunststoffe keinen höheren Temperaturen ausgesetzt werden, können sie mit der Zeit spröde werden und an (Schlag-)Festigkeit verlieren. Das kann sie insbesonders als Gehäusematerial nur eingeschränkt verwendbar machen. Dies musste z. B. eine Ultraschallfirma zur Kenntnis nehmen, deren Schallköpfe nach einiger Zeit immer wieder wegen Sprüngen im Gehäuse beanstandet wurden. Der Grund lag darin, dass der verwendete Gehäusekunststoff gegen das verwendete Desinfektionsmittel nicht genügend resistent war und im Lauf der Zeit spröder geworden war.

Dass sich Isolierstoffe auch ohne direkte äußere Einflüsse im Lauf der Zeit verändern können, zeigt Naturgummi. Dieser altert, wird mit der Zeit rissig und mechanisch so instabil, dass er bereits bei leichter Berührung vom Leiter abbröseln kann. Holz wiederum isoliert unzuverlässig, weil sich sein Isoliervermögen mit seinem Feuchtigkeitsgehalt verändert (da es brennbar ist, dürfte es auch aus Brandschutzgründen nicht verwendet werden). Im Haushaltsbereich sind zwar Geräte mit Holzgehäusen zu finden. Sie sind jedoch nur zulässig, wenn sie keine Schutzfunktion besitzen, z. B. weil Spannung führenden Leitungen zum Gehäuse bereits doppelt isoliert sind oder ein weil geeignetes Innengehäuse existiert. Für elektromedizinische Geräte ist Holz auch aus hygienischen Gründen grundsätzlich abzulehnen, weil es aufgrund seiner Oberflächenstruktur und der Poren nicht zuverlässig desinfizierbar ist.

Zusätzliche Isolierung
Die zusätzliche Isolierung dient als Schutzmaßnahme im ersten Fehlerfall des Versagens der Basisisolierung (Schutzklasse II). Da sie eine redundante Schutzmaßnahme darstellt, muss sie der Basisisolierung gleichwertig sein und als zweite eigenständige Isolierschicht vorgesehen sein (siehe auch Kap. 8.5.3).

Verstärkte Isolierung
In Ausnahmefällen, in denen die Realisierung zweier eigenständiger Isolationsschichten nicht möglich oder nicht sinnvoll wäre, z. B. weil für mechanisch ausreichende Schichtdicken kein Platz vorhanden ist, ist eine einzig doppelt stark bemessene „verstärkte Isolierung" zulässig (z. B. bei Isolierung der Kontaktstifte von Flach- Netzsteckern für Schutzklasse II Geräte).

Funktionsisolierung
Keine besonderen Anforderungen bestehen für Isolierungen, die nicht dem Schutz von Personen dienen, sondern lediglich das Funktionieren des Gerätes ermöglichen sollen. Für diese Zwecke können sogar Lackschichten (z. B. in Trafowicklungen) akzeptiert werden.

8.5.2 Schutzklasse I *(Schutzerdung)*

Wohl keine der Schutzmaßnahmen ist so trügerisch und wird so verkannt wie die Schutzerdung. Ihr Schutzprinzip besteht darin, den Schutz im Normalfall dadurch zu erreichen, dass berührbare Metallteile durch eine *Basisisolierung* von aktiven Teilen isoliert werden. Für den Schutz im ersten Fehlerfall, also wenn diese Isolierung schadhaft wird, ist als weitere Maßnahme ein *Schutzleiter* vorgesehen, der die berührbaren Metallteile mit Erdpotenzial verbindet. Er sollte dafür sorgen, dass die am Gehäuse auftretende Fehlerspannung U_F auf ein ungefährliches Maß begrenzt wird. Der Nachteil besteht jedoch darin, dass die Verbindung mit dem Schutzleiter als Schutz alleine nicht ausreicht (Abb. 8.25). Ein Beispiel eines Gerätes der Schutzklasse I zeigt Abb 8.26.

Abb 8.25: Symbol für
„Schutzerdung"

Meldung: Brand im Feriendorf

Heizdecke als Verursacher

Hall: Ein Kurzschluss hat einen Großbrand im Feriendorf ausgelöst. Die Ermittlungen der Brandsachverständigen ergaben, dass eine Schmelzsicherung durch einen Nagel ersetzt worden war. Dadurch konnte ein Kurzschluss nicht abgeschaltet werden und setzte die Holzkonstruktion in Brand.

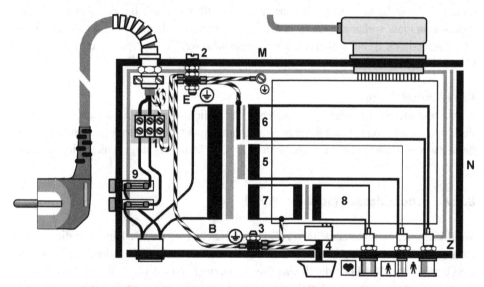

Abb 8.26: Gerät der Schutzklasse I mit Basisisolierung (*B*) und Schutzerdung (*E*) berührbarer Metallteile (*M*) sowie zusätzlicher Isolierung (*Z*) nicht geerdeter Metallteile (*N*). *1* Netzanschlussklemme mit nacheilend angeschlossenem Schutzleiter und unterlegter Isolation zum geerdeten Gehäuseboden, *2* zuverlässig gegen Lösen von außen gesicherter Schutzleiteranschluss (Schutzleitersternpunkt), *3* innere Erdungsverbindung, *4* Erdung der berührbaren Einstellregler-Welle, *5* doppelt isolierter Sekundärstromkreis, *6* doppelt isolierter Sekundärstromkreis mit geerdeter Wicklungs-Zwischenlage, *7* einfach vom Netz isolierter geerdeter Zwischenstromkreis, *8*einfach vom isolierten Zwischenstromkreis (und damit doppelt vom Netz) getrennter Ausgangsstromkreis, *9* allpolige Gerätesicherungen

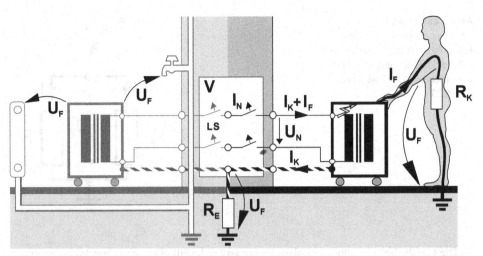

Abb 8.27: Erster Fehlerfall bei Schutzmaßnahme Schutzerdung (SK I) mit Potenzialanhebung des Schutzleiters und aller mit ihm verbundener Teile(auch in anderen Räumen!) *V* Verteilerkasten, *LS* Leitungsschutzschalter, R_E Erdungswiderstand, U_N Netzspannung, I_N Nennstrom, I_K Kurzschlussstrom, U_F Fehlerspannung, I_F Fehlerstrom, R_K Körperwiderstand

---

Die Verbindung mit dem Schutzleiter bietet noch keinen Schutz!

Dies soll genauer erläutert werden. Unserer Elektroinstallation stellt geerdete Spannungen zur Verfügung, das heißt, dass z. B. einer der beiden Leiter einer Steckdose (der blau isolierte „Neutral"-Leiter) mit Erde verbunden ist, während der andere zu ihm eine Spannung von 230 V besitzt. Im Verteilerkasten sind die Stromkreise mit Leitungsschutzschaltern (bzw. Sicherungsautomaten) gegen Überlastung abgesichert. Der Schutzleiter ist mit der Erdungsanlage des Hauses (z. B. im Erdreich vergrabene Eisenbänder) verbunden. Der gesamte Erdungswiderstand setzt sich daher aus dem Übergangswiderstand der Erdungsanlage zum Erdreich und dem Schutzleiterwiderstand der Elektroinstallation zusammen, der wiederum vom Querschnitt und der Länge der Schutzleiterverbindung im Haus bestimmt wird.

Im Fehlerfall, wenn die Netzspannung wegen des Isolationsfehlers am Gehäuse anliegt, verhindert die Schutzerdung zunächst nicht, dass die gefährliche Netzspannung berührbar wird! Der Schutzleiter sorgt lediglich dafür, dass die Netzspannung mit Erdpotenzial kurzgeschlossen wird. Dadurch fließt ein hoher Kurzschlussstrom, der im Wesentlichen nur mehr vom Erdungswiderstand bestimmt wird. Dies verhindert jedoch noch nicht, dass am Gehäuse und am Anwender weiterhin die volle Netzspannung 230 V auftritt, im Gegenteil: Der Spannungsabfall am Erdungswiderstand der Elektroinstallation bewirkt sogar, dass nun das Schutzleiterpotenzial auf das Potenzial der Netzspannung angehoben wird und dadurch zunächst auch alle anderen mit dem Schutzleiter verbundenen Geräte (z. B. E-Herd, Waschmaschine, Kühlschrank) zu Erde Netzspannung besitzen und berührungsgefährlich geworden sind (Abb 8.27).

Abb 8.28: Elektrisches
Ersatzschaltbild des Ersten
Fehlerfalls bei der Schutzmaß-
nahme Schutzerdung (SK I)
entsprechend der Situation in
Abb 8.27

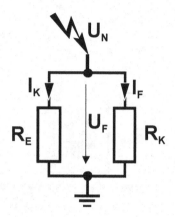

Die Gefahr besteht nun darin, dass im ersten Fehlerfall alle auf andere Weise geerdete Teile wie z. B. Heizkörper, Wasserleitung oder Gasleitungen weiterhin auf Erdpotenzial bleiben. Die Berührungsgefahr hat sich daher zunächst vervielfacht und auch auf alle anderen Räume (einschließlich Kinderzimmer) ausgeweitet!

Für den Anwender, der das schadhafte Gerät berührt, sorgt der Schutzleiter, elektrotechnisch gesehen, lediglich dafür, dass der Erdungswiderstand der Elektroinstallation zum Körperwiderstand parallel geschaltet ist (Abb 8.28). Ein Schutz ist dadurch noch nicht gegeben.

Für den eigentlichen Berührungsschutz ist daher unbedingt eine weitere Maßnahme erforderlich – und diese besteht darin, dass im Fehlerfall der Leitungsschutzschalter der Elektroinstallation (im Verteilerkasten) den Kurzschlussstrom begrenzt und die Gefahrensituation beendet, indem er den Stromkreis unterbricht, noch ehe der Kurzschlussstrom (und damit die berührbare Fehlerspannung) einen gefährlich hohen Wert erreicht hat.

Anmerkung: *Der Stromwert, bei dem der Leitungsschutzschalter den Stromkreis unterbricht, ist wesentlich größer als der Nennstrom des Leitungsschutzschalters. Er kann je nach Abschaltcharakteristik das k-fache (5- bis 10-fache) des Nennstromes betragen.*

Es sind daher der Abschaltstrom des Leitungsschutzschalters und der Erdungswiderstand der Elektroinstallation jene Parameter, die die maximale berührbare Fehlerspannung und damit den Schutz bestimmen. Die Höhe der Fehlerspannung U_F am Anwender lässt sich mit dem Kurzschlussstrom I_K und dem Erdungswiderstand R_E mit dem Ohmschen Gesetz ermitteln (Abb 8.28). Sie lautet

$$U_F = I_K \cdot R_E$$

Wenn die Schutzmaßnahme wirken soll, darf jedoch die Fehlerspannung U_F höchstens gleich der medizinischen Schutzkleinspannung U_{MSELV}[1] = 25 V~ sein. Um das zu erreichen, muss der Erdungswiderstand der Elektroinstallation die Bedingung erfüllen

$$R_E \leq U_F / I_K$$

Bei k = 10 und I_N = 16 A müsste (mit $I_K \approx k \cdot I_N$) der Erdungswiderstand der gesamten Elektroinstallation somit kleiner als 0,16 Ω sein, um einen ausreichenden Schutz zu gewährleisten. Angesichts des Umstandes, dass bereits für die Schutzleiterverbindung zwischen dem Gerätegehäuse und der Steckdose selbst für Medizingeräte fast doppelt so hohe Werte (bis zu 0,3 Ω) erlaubt sind (siehe Kap. 10.10.1.1), kann diese Forderung an die Elektroinstallation in der Praxis nicht erfüllt werden. Tatsächlich erreichen die Erdungswiderstände der Elektroinstallation ca. 10fach höhere Werte. Damit können auch Leitungsschutzschalter nicht verhindern, dass die Fehlerspannung gefährlich hoch wird.

Das führt zu einer wichtigen Konsequenz. Dies bedeutet nämlich, dass die Schutzmaßnahme Schutzerdung nur dann Schutz bietet, wenn der Kurzschlussstrom im Fehlerfall nicht erst durch den Leitungsschutzschalter, sondern durch eine weitere zusätzliche Maßnahme auf einen ausreichend niedrigen Wert begrenzt wird. Die Lösung besteht in einem zusätzlichen Gerät, dem Fehlerstromschutzschalter (FI), der ständig überwacht, ob alle Ströme, die zu den Verbrauchern fließen, über die Rückleitung auch wieder zurückkehren. Wenn dies nicht der Fall ist, ist dies ein Hinweis auf einen Isolationsfehler, und der FI schaltet den Stromkreis ab, noch lange bevor der Abschaltstrom des Leitungsschutzschalters und gefährlich hohe Fehlerspannungen erreicht werden. Aus diesem Grund sind Fehlerstromschutzschalter inzwischen für erdbezogene Stromkreise als zusätzliche Schutzmaßnahme zwingend vorgeschrieben. Diese müssen (im Allgemeinen) bereits bei einem Fehlerstrom von 30 mA abschalten. Dieser Wert ist zwar niedrig, wäre jedoch als Dauerstrom noch immer so hoch, dass Herzkammerflimmern nicht mehr ausgeschlossen werden kann. Der Schutz ist daher erst gegeben, wenn der FI auch schnell genug (innerhalb von 250 ms) abschaltet, weil nur dann die Schwelle des Herzkammerflimmerns erhöht ist (siehe Kap. 8.1.2).

Anmerkung: *Wenn der FI den Fehlerstrom auf 30 mA begrenzt, wäre im angeführten Beispiel ein 5500 fach höherer Erdungswiderstand, nämlich 833 Ω zum Schutz ausreichend. Ein so hoher Wert wird im Allgemeinen sicher unterschritten.*

Schutzerdung bietet ohne FI- Schalter keinen Berührungsschutz!

So wirksam der zusätzliche Einbau des FI-Schalters ist, verbleibt trotzdem noch ein Risiko: Die Erfahrung zeigt nämlich, dass Isolationsfehler und damit die Aktivierung des Fehlerstromschutzschalters selten sind. Das ist in diesem Zusammenhang jedoch nur eine scheinbar gute Nachricht. Bei selten betätigten Schaltern verschlechtert sich nämlich die Beweglichkeit der Schaltmechanik, sodass die Gefahr besteht, dass der FI nicht mehr bei einem ausreichend niedrigen Fehlerstrom und/oder nicht mehr schnell genug auslöst, um zu schützen. Um den Schutz zu gewährleisten, ist es daher nötig (und vorgeschrieben), die Fehlerschutzschalter mit der Prüftaste regelmäßig, z. B. 6monatlich, zu prüfen. Nur dadurch können die ausreichende Beweglichkeit der Schalterelemente und damit die Funktionstüchtigkeit zum Schutz im Fehlerfall erhalten bleiben.

Den FI nicht regelmäßig betätigen bedeutet Lebensgefahr!

Im Krankenhaus wird die regelmäßige Betätigung der vorhandenen FI-Schalter durch die technische Abteilung sichergestellt. In Arztpraxen, vor allem aber im privaten Bereich ist dies nicht gesichert.

Ein häufiger Grund dafür, dass der FI nicht geprüft wird, ist – abgesehen von Unkenntnis – dass durch Betätigung der Prüftaste des Fehlerstromschutzschalters die angeschlossenen Stromkreise ja ausgeschaltet werden, weshalb anschließend sämtliche elektrischen Uhren mühsam wieder eingestellt werden müssen. Es gibt jedoch zwei Anlässe im Jahr, wo dies ohnedies erforderlich ist: Es sind dies die Zeitumstellungen von Sommer- auf Winterzeit und umgekehrt. Nützt man diese Gelegenheiten, wird man wenigstens zwei Mal im Jahr nachdrücklich daran erinnert, den FI zu prüfen. Damit lassen sich gleich zwei Fliegen mit einer Klappe schlagen, weil die Uhren ja ohnedies neu eingestellt werden müssen. Bei dieser Gelegenheit sollte die Prüftaste des FI-Schalters (der sich im Verteilerkasten befindet) grundsätzlich gleich mehrmals betätigt werden, um die Drehgelenke der Schaltmechanik (wieder) leichtgängig zu machen bzw. zu halten.

Im privaten Bereich: Bei den jährlichen Zeitumstellungen FI prüfen!

Der große Vorteil der Schutzerdung, den Fehlfall deutlich anzuzeigen und überdies die Gefahrensituation durch Unterbrechen des Stromkreises auch zu beseitigen, muss daher mit einem Nachteil erkauft werden: Der Schutz ist nur gegeben, wenn nicht nur die Elektrogeräte selbst (einschließlich der inneren und äußeren Schutzleiterverbindungen) den Sicherheitsanforderungen entsprechen. Es muss darüber hinaus auch die Elektroinstallation einen niedrigen Erdungswiderstand, den Leitungsschutzschalter und vor allem einen zuverlässig funktionierenden Fehlerstrom-Schutzschalter besitzen. Dass diese Bedingungen auf Dauer erfüllt sind, kann nur durch periodische Überprüfung gewährleistet werden.

**Das Schutzkonzept der Schutzklasse I (Schutzerdung)
erfordert periodische Überprüfungen.**

Die in meditzinischen Bereichen vorgesehene regelmäßigen Überprüfungen (siehe Kap. 10) umfassen:

• die Überprüfung der inneren und äußeren Schutzleiterverbindungen der Geräte durch Messung der Schutzleiterwiderstände (EN 62353 /9/), siehe Kap. 10.10;

Anmerkung: *Bis vor kurzem war gleichzeitig auch die (an sich nach wie vor zu empfeh-lende) Prüfung der Schutzleiterverbindungen mit Hilfe eines Kurschlussstrom-ähnlichen Messstromes (z. B. 25 A) vorgesehen, um sicherzugehen, dass die Schutzverbindung im Kurzschlussfall auch bestehen bleibt.*

- die regelmäßige Überprüfung des Fehlerstromschutzschalters durch (mehrmalige!) Betätigung der Prüftaste;
- die wiederkehrende Funktionsprüfung des Fehlerstromschutzschalters durch Messung der Auslösezeit und des Auslösestromes.

8.5.3 Schutzklasse II (Schutzisolierung)

Die Schutzstrategie bei der Maßnahme „Schutzisolierung" besteht in der Redundanz, also darin, zusätzlich zur Basisisolierung eine eigenständige zweite Isolierung anzubringen, die im ersten Fehlerfall, also bei Versagen der Basisisolierung, noch immer einen vollwertigen Schutz bietet (EN 60601–1). Dazu sind jedoch zwei getrennte Isolationen und nicht eine einzige doppelt so stark bemessene Isolation erforderlich. Damit soll vermieden werden, dass sich ein Isolationsfehler in einer Schicht, z. B. ein Riss, zwangsläufig auch auf die andere Schicht ausbreiten kann. Eine einzige verstärkte Isolationsschicht ist nur in jenen Ausnahmefällen zulässig, wo zwei getrennte Schichten nicht realisierbar oder praktikabel wären, z. B. bei der an den Steckerstiften eines Flachsteckers hochgezogenen Schutzisolation.

Luftstrecken gelten als Isolierung, wenn dafür gesorgt ist, dass sie zuverlässig (während der gesamten erwartbaren Betriebslebensdauer) erhalten bleiben. Ein Beispiel eines Gerätes der Schutzklasse II zeigt Abb 8.29.

Der Vorteil der Schutzisolierung besteht darin, dass die Maßnahme „eigensicher" ist, dass also der Schutz von keiner zusätzlichen äußeren Bedingung abhängt (z. B. der Elektroinstallation). Damit ist der Schutz auch in weniger zuverlässigen Versorgungsnetzen gewährleistet (z. B. bei der Heimanwendung oder in Feldlazaretten). Die Eigensicherheit ist auch der Grund dafür, weshalb diese Schutzmaßnahme bevorzugt für Hand-gehaltene Werkzeuge oder Küchengeräte (ausgenommen Bügeleisen) gewählt wird. Schutzisolierung wird auch bei allen Netzanschlussleitungen angewendet.

An Geräten ist die Schutzisolierung am Schutzklassenzeichen, nämlich an zwei ineinander liegenden Quadraten, und zusätzlich meist am flachen (zweipoligen) Netzanschlusskabel und dem flachen Netzstecker erkennbar (siehe Abb. 8.30).

Anmerkung: *Erdverbindungen mit Hilfe eines Schukosteckers sind für schutzisolierte Geräte nur dann zulässig (z. B. zur Verbesserung der elektromagnetischen Verträglichkeit), wenn sie nicht für Schutzzwecke verwendet werden, damit die Unabhängigkeit des Schutzes von äußeren Maßnahmen erhalten bleibt. Die grün-gelben Funktions-Erdleitungen müssen dann jedoch sicherheitstechnisch wie Spannung führende Leitungen angesehen und daher zu berührbaren Teilen hin ebenso isoliert werden (§ 8.6.9 EN 60601-1).*

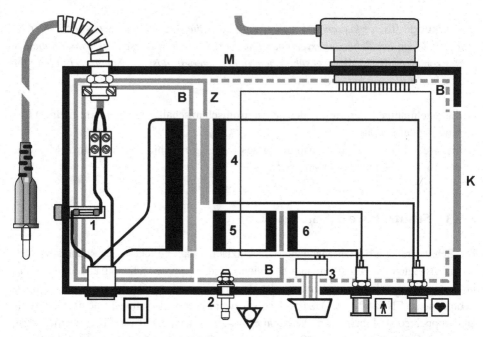

Abb. 8.29: Gerät der Schutzklasse II mit Basisisolierung (*B*) zu berührbaren Isolierstoff-Gehäuseteilen (*K*) und zusätzliche Isolierung (*Z*) zu berührbaren Metallteilen (*M*). *1* einfache Gerätesicherung, *2* Potenzialausgleichsanschlussbolzen, *3* doppelt isolierte Einstellregler-Welle, *4* doppelt isolierter Sekundärstromkreis, *5* einfach vom Netz isolierter Zwischenstromkreis, *6* einfach vom Zwischenstromkreis (und damit doppelt vom Netz) getrennter Ausgangsstromkreis

Der Vorteil, von zusätzlichen Schutzmaßnahmen der Elektroinstallation unabhängig zu sein, muss jedoch mit einem gravierenden Nachteil erkauft werden: Der Erste Fehlerfall, also ein Isolationsschaden, wird nicht erkannt. Da er nicht angezeigt wird, bleibt er bestehen. Wenn eine der Isolationsschichten beschädigt ist und dies nicht erkannt und repariert wird, ist jedoch in weiterer Folge kein doppelter Schutz gegen weitere Fehlerfälle mehr gegeben. Erkannte Isolationsschäden sind daher ernst zu nehmen und fachgerecht zu beheben!

Anmerkung: *Ein Heftpflaster ist jedoch kein geeignetes Isolationsmaterial, um Isolationsschäden zu beheben, obwohl es im Krankenhaus immer wieder zur Abdeckung von schadhaften Leitungen verwendet wird. Es ist im Gegenteil sogar so hergestellt, dass es für Luft (und Feuchtigkeit) – und damit auch für elektrische Ströme durchlässig ist. Dies täuscht daher in gefährlicher Weise einen Schutz vor, der nicht gegeben ist.*

Heftpflaster ist kein Isoliermaterial!

Abb. 8.30: Symbol
für „Schutzklasse II
(Schutzisolierung)"

Die Wahrscheinlichkeit des Versagens einer Isolation ist nicht vernachlässigbar gering. Sie wird mit ca. 1 % angenommen. Aus diesem Grund sind bei Geräten und Anlagen der Schutzklasse II zur Aufrechterhaltung der Sicherheit begleitende Maßnahmen erforderlich, in die der Anwender und der Betreiber (bzw. dessen Sicherheitstechniker) eingebunden sind, nämlich:

1. Die Isolierung ist durch den *Anwender* regelmäßig in kurzen Abständen auf sichtbaren Schäden zu kontrollieren. Besonders gefährdet ist die Isolierung von Netzkabeln und hier wiederum jene von fahrbaren Geräten (einschließlich elektrischer Krankenhausbetten), bei denen die Quetschgefahr des Kabels besonders groß ist.
2. In regelmäßigen Abständen ist eine *wiederkehrende Überprüfung* durch einen Sicherheitstechniker durchzuführen, in deren Rahmen die Isolationsverhältnisse messtechnisch beurteilt werden (siehe Kap. 10.10).

Anmerkung: *Das Prüfintervall ist vom Hersteller in der Gebrauchsanweisung festzulegen. Je nach dem Gefährdungspotenzial des Gerätes kann es 1 bis 3 Jahre betragen.*

> **Das Schutzkonzept der Schutzklasse II (Schutzisolierung)**
> **erfordert periodische Sicherheitsprüfungen.**

8.5.4 Schutzklasse interne Stromquelle (Batteriegeräte)

Der beste Schutz besteht darin, eine Gefährdung erst gar nicht entstehen zu lassen. Der Verzicht auf den Anschluss an die gefährlich hohe Netzspannung stellt daher eine wirksame Schutzmaßnahme dar, sofern das Gerät nicht selbst gefährliche Spannung erzeugt, wie z. B. Feldröntgengeräte. Aus diesem Grund wird die Batterieversorgung, wenn keinerlei zusätzliche Verbindung zum Netz besteht, als eine geeignete Schutzmaßnahme angesehen (EN 60601-1). Ein Beispiel eines Gerätes der Schutzklasse Batteriegerät (Gerät mit interner Stromquelle) ist in Abb 8.31 dargestellt.

Allerdings ist die Frage, was als „Batteriegerät" anzusehen ist, nicht immer einfach zu beantworten: Viele Geräte wie z. B. Defibrillatoren, können nämlich sowohl losgelöst vom Netz mit ihren internen Akkumulatoren betrieben werden, besitzen aber auch zusätzlich die Möglichkeit, an eine Netzsteckdose angeschlossen zu werden. Wenn Batteriegeräte einen Netzanschluss besitzen, müssen sie daher während des Netzbetriebs auch die Anforderungen der Schutzklasse I oder II erfüllen.

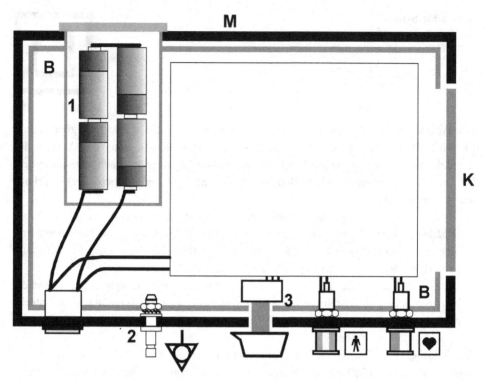

Abb. 8.31: Gerät der Schutzklasse interne elektrische Stromquelle. *B* Basisisolierung, *K* isolierender Gehäuseteil, *M* Metallteil, *1* Batteriefach, *2* Potenzialausgleichsanschlussbolzen, *3* einfach isolierte Einstellregler-Welle

Auch bei Batteriegeräten muss darauf geachtet werden, dass nicht ungewollt zu hohe Spannungen an oder in den Patienten gelangen können. Dies wäre z. B. möglich, wenn ein metallischer Teil des Gehäuses mit dem Anwendungsteil verbunden wäre: In diesem Fall könnte durch elektrische Entladung z. B. von einer elektrostatisch aufgeladenen Person oder durch einen zufälligen Kontakt mit anderen nicht potenzialfreien Metallteilen Spannungen vom Gerätegehäuse über die Verbindung mit dem Anwendungsteil direkt auf den Patienten übertragen werden. Stromkreise von Anwendungsteilen von Batteriegeräten müssen daher von derem (berührbaren) leitfähigen Gehäuse elektrisch isoliert sein!

Der Schutz durch interne Energieversorgung hat jedoch einen Nachteil: Die Kapazität der Energiequelle ist begrenzt und nimmt mit der Zeit z. B. durch Selbstentladung ab. Dies kann bei lebenswichtigen Geräten wie z. B. Defibrillatoren zum Funktionsausfall und damit zur Gefährdung des Patienten führen. Darüber hinaus kann die Abdichtung der Batterien schadhaft werden und Säure austreten. Der Zustand der Batterien bzw. Akkus ist daher regelmäßig zu überprüfen.

**Das Schutzkonzept der Schutzklasse Batteriegerät
erfordert periodische Überprüfungen.**

Elektromedizinische Geräte

9

9.1 Vorschriftenentwicklung

Elektromedizinische Geräte müssen jeweils jenen Vorschriften entsprechen, die zum Zeitpunkt ihrer Inverkehrbringung gegolten haben. Das ist eine gute und eine schlechte Nachricht. Die Gute ist, dass damit nicht gefordert ist, bereits in Verwendung befindliche Geräte laufend auf den aktuellen Vorschriftenstand nachzurüsten. Die Schlechte ist, dass es zur Beurteilung älterer Geräte erforderlich wäre, die geschichtliche Entwicklung der Sicherheitsanforderungen zu kennen. Wenn auch bei der Überprüfung älterer Geräte jeweils nur der aktuelle Vorschriftenstand eingefordert würde, führte dies dazu, dass Mängel beanstandet werden würden, die nach der ursprünglichen Vorschriftenlage gar keine wären. Darüber hinaus ist die Annahme, man läge damit auf der sicheren Seite, weil sich die Vorschriften immer in Richtung höherer Sicherheit verändern würden, nicht berechtigt. Dies belegt z. B. die 3. Edition der Grundvorschrift EN 60601-1, in der die Sicherheitsanforderungen für Anwender verringert wurden. Auch die Festlegung der „Patientenumgebung" wurde weniger streng, weil deren Ausdehnung von einst 2,5 m nun auf nur mehr 1,5 m im Umkreis der Patientenposition reduziert wurde etc..

Elektromedizinische Anwendungen, wie z. B. die Reizstromtherapie, begannen schon bald nach der Entdeckung der bioelektrischen Wirkung der Elektrizität durch Galvani im Jahr 1780. Am Beginn des 20. Jahrhunderts begann nach der Entdeckung der Röntgenstrahlung und unterstützt durch die zunehmenden elektrotechnischen Möglichkeiten der Aufschwung in der Entwicklung elektromedizinischer Geräte.

Die ersten sicherheitstechnischen Normen und Vorschriften bezogen sich zunächst noch auf die Elektrizitätsversorgung. Erst nach dem 2. Weltkrieg wurden gerätetechnische Sicherheitsanforderungen für Elektrogeräte im Allgemeinen festgelegt, die jedoch noch nicht auf die besondere Gefährdung durch Medizingeräte Rücksicht nahmen.

© Springer 2015
N. Leitgeb, *Sicherheit von Medizingeräten*, DOI 10.1007/978-3-662-44657-7_9

Abb. 9.1: Entwicklung der
Sicherheitsanforderungen an
medizinische Geräte. *ÖVE*
Österreichischer Verband für
Elektrotechnik, *VDE* Verband
Deutscher Elektrotechnik Elek-
tronik und Informationstechnik

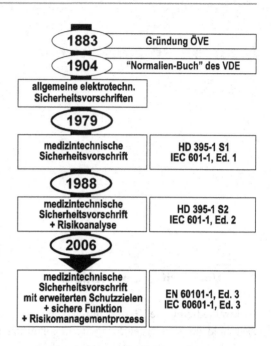

Die *erste* internationale Sicherheitsvorschrift für elektromedizinische Geräte wurde im
Jahr 1977 beschlossen (IEC 601-1:1977 /66/) und im Jahr 1979 in Form eines Europäischen
Harmonisierungsdokumentes für den europäischen Bereich übernommen (CENELEC HD
395-1:1979 /4/). Damit wurden erstmals erhöhte Sicherheitsanforderungen zum Schutz
des Patienten festgelegt (Abb. 9.1). Zusätzlich zu der generischen Vorschrift wurden in
weiterer Folge in ergänzenden Teilen 2 die Anforderungen für bestimmte Gerätearten
festgelegt, indem die allgemeinen Anforderungen der Grundvorschrift modifiziert und/
oder erweitert wurden. Die Vorschriften enthielten konkrete technische Sicherheitsmaßnahmen, die die Hersteller umzusetzen hatten.

Anmerkung: *Auf nationaler Ebene wurde in Deutschland im Jahr 1975 die erste elektromedizinische Sicherheitsvorschrift VDE 0750-1:1975, in Österreich im Jahr 1979 die
Vorschrift ÖVE 0750-1:1979 veröffentlicht.*

In der *zweiten* Ausgabe der generischen Sicherheitsvorschrift für medizinische elektrische
Geräte (IEC 601-1:1988 /64/ bzw. CENELEC HD 395-1:1988 /3/) wurde von Herstellern
außer der Erfüllung konkreter Vorgaben bereits gefordert, eine umfassende systematische
Risikoanalyse (nach der damaligen Vorschrift EN 1441) durchzuführen, mit der Vorgabe,
alle vernünftiger Weise vorhersehbaren Gefahren erkennen und beherrschen zu können.
Darüber hinaus wurde aber auch die Möglichkeit eingeräumt, Lösungen umzusetzen, die
von den detaillierten Festlegungen abweichen, wenn Hersteller nachweisen konnten, dass
dadurch das gleiche Sicherheitsniveau erreicht wird.

In der nun vorliegenden *dritten* Ausgabe der Sicherheitsvorschrift (IEC 60601-1:2005 /64/ bzw. EN 60601-1:2006 /13/) wurden nicht nur die Schutzziele erweitert und z. B. Aspekte der Gebrauchstauglichkeit und des umweltgerechten Designs aufgenommen, sondern auch Anforderungen für sicherheitsrelevante Funktionsaspekte. Darüber hinaus kam es zu einem weitgehenden Paradigmen-Wechsel. Es wird nämlich nun von Herstellern gefordert, nicht nur eine Risiko*analyse* durchzuführen, sondern einen vollständigen Risikomanagement-*Prozess* (nach EN 14971) zu unterhalten, in dem die Risikoanalyse nur mehr eines der (wiederkehrenden) Elemente ist. Der Risikomanagement-Prozess umfasst nun laufende Aktivitäten zur Risikobeherrschung, die sich über die gesamten Lebensdauer des Produktes erstrecken und auch Verifizierung, Validierung und kontinuierliche Anwendungsbeobachtung umfassen (siehe Kap. 2.2).

Bei der Anwendung der 3. Edition der EN 60601-1 ist es dem Hersteller nun in vielen Punkten ermöglicht, die für sein Produkt erforderlichen Schutzmaßnahmen aufgrund seiner Risikobewertung selbst festzulegen und umzusetzen. Damit wurde der Weg von der Einforderung detaillierter normativer Spezifikationen hin zur flexiblen gerätespezifischen Anwendung der Sicherheitsnorm beschritten. Das Risikomanagement verschafft dem Hersteller nun den Ermessensspielraum, die Sicherheitsanforderungen in Hinblick auf sein Produkt zu beurteilen und über deren Anwendbarkeit eigenständig zu entscheiden (Abb. 9.1). Dies erfordert nun jedoch auch ein vertieftes einschlägiges Fachwissen. Es wird allseits gehofft, dass die Hersteller darüber auch verfügen.

Der Ermessensspielraum, der Herstellern heute gewährt wird, erfordert nun aber auch von Zulassungsstellen und sicherheitstechnischen Prüfern mehr Einsicht in die Risikoabschätzung und Bewertung. Es ist nicht mehr ausreichend, nur die Einhaltung spezifizierter Anforderungen durch Sichtprüfung und Messung zu verifizieren, es muss auch beurteilt werden, ob die getroffenen unmittelbaren, mittelbaren, und hinweisenden Maßnahmen ausreichend sind bzw. der Verzicht auf mögliche weiteren Maßnahmen vertretbar ist, um das Schutzziel zu erreichen.

9.2 Allgemeine Anforderungen

Die Gesamt-Sicherheit bei der Anwendung medizinischer elektrischer Geräte umfasst mehrere Schutzziele, nämlich den Patienten, den Anwender, die Umgebung und die Umwelt (Abb. 9.2):

1. Der *Patient* ist durch die besondere Verbindung zum Gerät charakterisiert, weil
   - er sich direkt in Kontakt zu einem elektrischen Stromkreis oder sogar direkt in ihm befinden kann, angeschlossen entweder über Hautelektroden oder eingeführte Sonden;
   - der den Strom begrenzende Schutz der Haut fehlt;

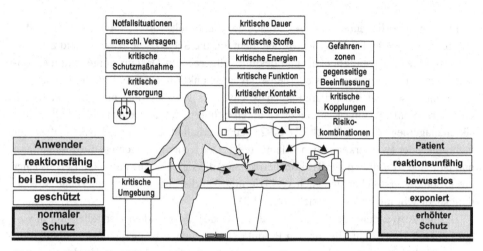

Abb. 9.2: Spezifische Risikoaspekte bei medizinischen Anwendungen

- seine Schutzreflexe durch seinen Zustand (z. B. bewusstlos, bewegungsunfähig) oder die Medikation (z. B. Schmerzmittel) beeinträchtigt oder ausgeschaltet sein können;
- sein (Über-) Leben von der Funktion des Medizingerätes abhängig sein kann;
- nicht wahrnehmbare Gefährdungen einwirken können, z. B. Röntgenstrahlung, UV-Strahlung, Laserstrahlung, radioaktive Strahlung;
- Fremdkörper in das Körperinnere eingeführt werden, die das Infektionsrisiko erhöhen können, z. B. Endoskope, Sonden, Katheter;
- mehrere Geräte gleichzeitig mit ihm (oder untereinander) verbunden sein können, wodurch sich neue Kopplungen und Beeinflussungen ergeben könnten;
- er sich auch lange Zeit in Kontakt mit Anwendungsteilen befinden kann, von denen z. B. Schadstoffe in den Körper abgegeben werden könnten oder wo Gleichströme Gewebsschäden verursachen könnten;
- er hohen Energien, Temperaturen oder Drücken ausgesetzt sein kann;
- er einem schädlichen Lärmpegel ausgesetzt sein kann (z. B. Baby- Inkubatoren, MRT);
- er in stressreichen Situationen (Notfall) gefährlichen Bedienungsfehlern ausgesetzt sein könnte;
- er einer Kombination von Risikofaktoren ausgesetzt sein kann, z. B. elektrische Energie bzw. hohen Energiedichten in Verbindung mit Flüssigkeiten, explosiblen Gasgemischen oder gefährlichen Gasen, z. B. Sauerstoff, Narkosegas.
2. Der *Anwender*, der spezifischen Risiken ausgesetzt ist durch
   - physikalische Faktoren, z. B. hohe Energien (z. B. Defibrillator, HF-Chirurgie, Ultraschall Lithotriptor), gefährliche (nicht sichtbare) Strahlung (z. B. Röntgen-, UV-, Laserstrahlung, radioaktive Strahlung);
   - gesundheitsgefährliche Stoffe, z. B. ausgeatmeten Narkosegasen, Leckagen von gesundheitsschädlichen Lasermedien, Radioisotope;

- Krankheitserreger, z. B. bei direkter Kontamination, Einatmen freigesetzter Krankheitserreger bei HF-Chirurgie;
- Kombination von Risikofaktoren, z. B. HF-Chirurgie-Funken, brennbare Gase und Sauerstoff, gefährliche Stoffe.

3. Die *Umgebung*, die ausgesetzt sein kann gegenüber
   - Netzrückwirkungen leistungsstarker elektromedizinischer Geräte, z. B. Röntgengerät;
   - physikalischen Emissionen, z. B. Röntgenstrahlung, statisches Magnetfeld (z. B. MRI), elektromagnetische Störfelder (z. B: HF-Chirurgie, Diathermie, MRI), Laserstrahlung (Laser-Chirurgie), radioaktive Strahlung (z. B. Szintigrafie);
   - chemischen Emissionen gesundheitsgefährlicher Stoffen, z. B. Anästhesiegase, Leckagen, Weichmacher von Kunststoffen;
   - verschütteter Flüssigkeit, z. B. elektrogalvanisches Bad.

4. Die *Umwelt*, die ausgesetzt ist gegenüber
   - gefährlichen Stoffen, die nach der Entsorgung von elektromedizinischen Geräten in den Boden, das Grundwasser oder in die Luft freigesetzt werden können;
   - gefährlichen Gasen, die aus dem Gerät (z. B. Kunststoffgehäuse) oder der Verpackung (z. B. imprägnierter Karton) entweichen oder im Brandfall entstehen können.

Die Gesamtsicherheit elektromedizinischer Geräte umfasst daher die Aspekte

- Gerätesicherheit (Basissicherheit und Funktionssicherheit);
- Anwendungssicherheit (unter Berücksichtigung des Kenntnisstandes des Anwenders, vorhersehbarer menschlicher Fehler, Irrtümer und erwartbarem Missbrauch, siehe Kap. 3.1);
- Versorgungssicherheit (Sicherheit der Elektroinstallation und Zuverlässigkeit der Energieversorgung, siehe Kap. 6.1.2);
- Entsorgungssicherheit (umweltgerechtes Design und sichere Entsorgung, siehe Kap. 7) (Abb. 9.3).

Abb. 9.3: Aspekte der Gesamtsicherheit

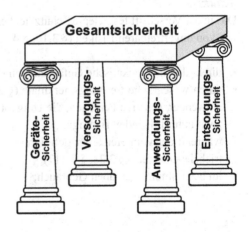

Regelwerk

Tab. 9.1: Sicherheitstechnische Grund- Vorschriften für medizinische elektrische Geräte

EN 60601-1	Medizinische elektrische Geräte – Teil 1: Allgemeine Festlegungen für die Basissicherheit einschließlich der wesentlichen Leistungsmerkmale
EN 60601-1-2	Elektromagnetische Verträglichkeit
EN 60601-1-3	Strahlenschutz für diagnostische Röntgengeräte
EN 60601-1-6	Gebrauchstauglichkeit
EN 60601-1-8	Alarme
EN 60601-1-11	Medizingeräte für häusliche Umgebung

Die allgemeinen sicherheitstechnischen Anforderungen an medizinische elektrische Geräte sind in der Grundnorm EN 60601-1 und ergänzenden allgemeinen Bestimmungen enthalten, die in den Ergänzungsnormen zum allgemeinen Teil 1 enthalten und ebenfalls anzuwenden sind (siehe Tab. 9.1). Für spezielle Gerätearten werden diese allgemeinen Anforderungen in speziellen Teilen 2 zur EN 60601 modifiziert und/oder ergänzt (derzeit über 70 spezielle Teile), z. B: EN 60601-2-22 über diagnostische und therapeutische Lasergeräte.

Die Anforderungen der EN 60601-1, Ed 3 betreffen die konstruktiven und funktionellen Aspekte der Gerätesicherheit, also die Basissicherheit und die wesentlichen Leistungsmerkmale von medizinischen elektrischen Geräten und Systemen. Diese Geräte sind dadurch gekennzeichnet, dass sie

- direkt auf den Patienten (Mensch *oder* Tier) bezogen sind, weil sie einen Anwendungsteil besitzen oder Energie zum Patienten übertragen bzw. diese Energieübertragung anzeigen
- vom Hersteller zum medizinischen Gebrauch bestimmt sind, nämlich
  – für Diagnose, Behandlung oder Überwachung des Patienten oder
  – zur Kompensation oder Linderung einer Krankheit, Verletzung oder Behinderung.

Schutzziel

Das in der Vorschrift festgelegte Schutzziel besteht darin, dass elektromedizinische Geräte frei von unvertretbaren Risiken (§ 3.10, § 4.2, § 4.7) sein müssen, die

- direkt durch physikalische Gefährdungen (Basissicherheit) (§ 3.19) oder
- durch wesentliche Leistungsmerkmale (§ 3.27) verursacht werden und den Patienten, Anwender, sonstige Personen, die Umgebung oder die Umwelt betreffen könnten und zwar unter folgenden Bedingungen
- während der vom Hersteller definierten Nutzungsdauer, also der zu erwartenden Betriebslebensdauer (§ 3.28, § 3.117);
- im bestimmungsgemäßen Gebrauch;

- bei vernünftiger Weise vorhersehbarem Missbrauch (§ 4.1);
- im Normalfall und
- im ersten Fehlerfall (§ 4.7).

Dem Hersteller ist es gestattet, von konkreten Festlegungen der Norm abzuweichen, wenn er alternative Lösungen anwendet, die zu gleichen oder geringeren Restrisiken führen (EN 60601-1).

Bezüglich der Definition eines Medizingerätes und eines Medizinproduktes unterscheiden sich die Norm und die MPD bzw. die MPV. Einerseits sind Medizinprodukte, die nicht direkt auf den Patienten bezogen sind, vom Anwendungsbereich der Gerätenorm ausgeschlossen, wie z. B. Sterilisatoren, die jedoch als Medizinprodukte gelten und daher unter die MDD fallen /45/, weil sie Krankheiten verhindern. Auch In-vitro-Diagnosegeräte (z. B. in-vitro-Blutgasanalysator), fallen nicht in den Geltungsbereich der Norm, gelten jedoch als In-Vitro-Medizinprodukte, weil sie zur Diagnose verwendet werden und daher unter die IVDD fallen /43/. Andrerseits schließt die Gerätenorm Produkte ein, die nicht in den Geltungsbereich der Medizinprodukte-Direktive fallen, wie z. B. veterinärmedizinische Geräte, weil sie unter Patient Mensch oder Tier versteht.

Das allgemein gehaltene Schutzziel ist nicht annähernd so problemlos, wie es scheint. Ähnlich wie das Kleingedruckte eines Vertrages zur Vorsicht mahnt, muss auch hier die Formulierung genau bedacht werden.

Zunächst ist zu klären, wann ein Gerät überhaupt ein *elektromedizinisches Gerät* ist. Darüber entscheidet nicht der Anwender, sondern der Hersteller in seiner Gebrauchsanweisung. Wäre dies nicht so geregelt, könnten z. B. auch Bestrahlungslampen für kosmetische Zwecke als elektromedizinische Geräte angesehen werden, wenn der Anwender sie entsprechend verwenden würde.

Waren in der 2. Ausgabe der EN 60601-1 für elektromedizinischer Geräte noch die Anwendung unter medizinischer Aufsicht gefordert, so ist diese Einschränkung nun gefallen. Dies hat wichtige Konsequenzen:

Die Vorschrift schließt nun auch elektromedizinische Geräte für die Heimanwendung bzw. Geräte mit ein, die auch für die Anwendung durch Laien vorgesehen sind, z. B. halbautomatische Defibrillatoren, die in öffentlichen Bereichen angebracht sind. Diese Erweiterung des Geltungsbereichs erfordert die entsprechende Berücksichtigung im Risikomanagement. Bei entsprechender Zweckbestimmung muss daher bei der sicherheitstechnischen Konzeption der Geräte und bei der Verfassung der Begleitinformation darauf Rücksicht genommen werden, dass nicht mehr vorausgesetzt werden kann, dass der Anwender besondere Kenntnisse über die Anwendung und die spezifischen Risiken des Gerätes besitzt oder mit dem Gerät sorgfältig und fachgerecht umgeht. Darüber hinaus muss auch bedacht werden, dass die elektrische Installation nicht die Eigenschaften und die Zuverlässigkeit aufweisen kann, wie sie im medizinischen Bereich angenommen werden können.

Ein Hersteller muss sein Gerät nicht für jede denkmögliche Anwendung, sondern nur für den **bestimmungsgemäßen Gebrauch** konstruieren. Er ist es daher auch, der dies festlegt und z. B. die Einstufung eines Bestrahlungsgerätes als Haushaltsgerät (gemäß der Norm EN 60335) oder Medizingerät (gemäß der Norm EN 60601) vornimmt. So kann er es sich z. B. nun auch ersparen, einen Fußschalter wasserdicht auszuführen, wenn er die Verwendung seines Gerätes für Operationssäle ausschließt. Der Hinweis auf den bestimmungsgemäßen Gebrauch bedeutet aber auch, dass der Anwender diesen auch kennen muss. Anwender sind daher ebenso wie Betreiber in die Verantwortung für die Sicherheit mit eingebunden (siehe Kap. 2.3.4).

Je nach Sichtweise positiv oder negativ auslegen kann man den Umstand, dass sich die Sicherheitsmaßnahmen auch oder nur auf den **Ersten Fehler** erstrecken, weil weitere gleichzeitig auftretende Fehlerfälle nicht mehr berücksichtigt werden müssen. Weitere Fehler, die zwangsläufig durch einen ersten Fehler ausgelöst werden, also Folgefehler, zählen jedoch ebenfalls noch zum Ersten Fehler (siehe Kap. 2.3.3).

Was jedoch unter dem „Ersten Fehler" zu verstehen ist, ist sehr weit zu sehen, nämlich nicht nur das Versagen einer - nicht notwendigerweise elektrischen - Schutzmaßnahme, sondern allgemein jegliches Eintreten einer vernünftiger Weise anzunehmenden anormalen Bedingung. Wenn jedoch anzunehmende anormale Umstände häufig auftreten, zählen sie nicht mehr als erster Fehler, sondern bereits als Normalfall, bei dem noch ein weiterer Fehler abgesichert werden muss (sieh Kap. 2.3.3). Der Risikomanagement-Prozess entscheidet darüber, in welcher Weise die Risiken der ersten Fehler beherrscht werden (siehe Kap. 2.2).

Es wurde bereits betont, dass der Aufwand für Sicherheit auf einem gesellschaftlichen Konsens hinsichtlich einer Kosten-Nutzen-Abwägung beruht. Das Ergebnis dieser Strategie besteht darin, dass lediglich jene Gefährdungen vermieden werden müssen, die **vernünftiger Weise** vorhersehbar sind. Was darunter jedoch konkret zu verstehen ist, ist offen gelassen. Endgültig entscheidet wohl von Fall zu Fall der Richter, was in einem konkreten Schadensfall als vorhersehbar anzusehen gewesen wäre. Im Wesentlichen versteckt sich dahinter das Murphysche Gesetz und die Verpflichtung für den Hersteller, durch die Risikoanalyse alle möglichen Fehlerfälle auf ihr Gefährdungspotenzial zu untersuchen. Dabei ist es durchaus zulässig, wenn in einem Fehlerfall ein Gerät kaputt geht, wenn es dabei in einem nach außen hin sicheren Zustand verbleibt und wenn nicht bereits der Geräteausfall an sich eine Gefährdung darstellt, wie dies z. B. bei lebenserhaltenden Geräten der Fall wäre.

Bei der Risikoanalyse ist z. B. davon auszugehen, dass sich Isolierstoffe während der zu erwartenden Betriebsdauer, z. B. wegen Materialermüdung oder -alterung oder wegen der Einwirkung der (übermäßigen) Erwärmung oder von Desinfektionsmittel verschlechtern können, dass ein versenkbares Seitengitter eines Krankenhausbettes zu Quetschungen führen könnte, wenn die Sicherheitsabstände zu gering sind und Fangvorrichtung fehlen.

Ebenso ist vorhersehbar, dass jemand irgendwann unbeabsichtigt auf den vorstehenden Kolben einer Spritzenpumpe drücken und so einen gefährlichen Bolus auslösen könnte oder dass Gasleitungen oder Batterieanschlüsse vertauscht werden können, wenn dies konstruktiv möglich ist. Hingegen muss nicht jedes Gerät explosionsgeschützt ausgeführt sein, nur weil es denkbar ist, dass eine Flasche mit brennbarer Flüssigkeit über ihm verschüttet werden könnte.

Nicht nur das Leben von Anwendern und Patienten muss geschützt sein. Der Umstand, dass auch die **Umwelt** in das Schutzziel eingeschlossen ist, hat ebenfalls Konsequenzen: Das bedeutet, dass konstruktiv auch die unbeabsichtigte Freisetzung gefährlicher Stoffe, Strahlungen und Energien unterbunden sein muss. So dürfen z. B. Anästhesiegeräte keine unzulässigen Undichtheiten aufweisen, an denen Narkosegase unkontrolliert austreten können. Röntgengeräte müssen Strahlenschutzfilter und Lasergeräte Strahlungsbarrieren besitzen, die den unbeabsichtigten Austritt von Strahlung verhindern. Es müssen auch Maßnahmen zur Vermeidung der Brandgefahr getroffen werden, indem z. B. grundsätzlich keine leicht brennbaren Materialien verwendet werden. Auch dürfen im Geräteinneren keine zu hohen Temperaturen auftreten, die z. B. zum Erweichen oder gar Heraustropfen geschmolzenen Kunststoffs führen könnten.

Grundsätzlich sind die Auswirkungen eines Fehlers möglichst auf das betroffene Gerät zu beschränken, da ja am selben Stromkreis auch lebenswichtige Geräte angeschlossen sein könnten. Dies bedeutet dass das Ausschalten des Stromkreises im Fehlerfall möglichst vermieden werden muss. Aus diesem Grund sind z. B. elektromedizinische Geräte (im Gegensatz zu Haushaltsgeräten) mit einem eigenen Überlastschutz (z. B. Gerätesicherungen) auszustatten, die noch vor dem Leitungsschutzschalter der Elektroinstallation ansprechen sollten. Aus diesem Grund ist das Übersichern, also die Verwendung von zu hohen Sicherungsnennwerten nicht zulässig.

9.2.1 Geräteklassifizierung

Medizinische elektrische Geräte können nach verschiedenen Merkmalen klassifiziert werden (Tab. 9.1), nämlich nach

- dem inhärenten Risiko,
- der Art des Schutzes gegen Elektrizität,
- dem Schutz gegen Eindringen (von mechanischen Teilen und Flüssigkeiten),
- dem Schutz gegen Explosion,
- dem Schutz gegen Überlastung,
- der Eignung für Sterilisationsverfahren und
- der zulässigen Betriebsdauer.

Tab. 9.2: Einteilung medizinischer Geräte nach Risikoklassen

Risikoklasse	Risiko
I	Kein oder vernachlässigbares Risiko
IIa	Geringes Risiko
IIb	Erhöhtes Risiko
III	Hohes Risiko

Tab. 9.3: Schutzmaßnahmen gegen den elektrischen Schlag

Schutzklasse	Schutzmaßnahme
Schutzklasse I	Schutzerdung, also Basisisolierung und Erd-verbindung mit Kurzschlussstrombegrenzung und ausreichend rascher Abschaltung durch einen Fehlerstromschutzschalter
Schutzklasse II	Doppelte Isolierung, also Basisisolierung und zusätzliche Isolierung
Schutzklasse **interne Stromquelle**	(Batteriegeräte), also erdfreie Stromkreise ohne galvanische Verbindung zu einem Versorgungsnetz

Fehlt eine explizite Kennzeichnung, gilt die default-Annahme, das Gerät hätte die Schutz-klasse I, den Eindringschutz IP20, wäre nicht explosionsgeschützt und für Dauerbetrieb vorgesehen.

Risikoklassen

Wie bereits in Kap. 1.4.3 ausgeführt, wird die Vielfalt der Medizinprodukte nach ihrem Risikopotenzial, z. B. methodisches Risiko, Kontaktdauer, Invasivitätsgrad, in 4 Risiko-klassen, nämlich I, IIa, IIb und III eingeteilt (siehe Tab. 9.2), die auch das Konformitäts-verfahren für die Marktzulassung bestimmen (Kap. 1.4.5).

Schutzklasse

Der Schutz gegen elektrischen Schlag ist im Normalfall und im ersten Fehlerfall erforder-lich (§ 6.2, § 7.2.9 EN 60601-1) (Tab. 9.3). Dazu gibt es bei Medizingeräten folgende Optionen (siehe Kap. 8.5):

Eindringschutz

Der Schutz gegen das Eindringen von Festkörpern und Flüssigkeiten (**Ingress Protection**) wird durch den Code „IP" und zwei Zahlen N_1 und N_2 angegeben (§ 6.3 EN 60601-1) (Tab. 9.4)

$$IPN_1N_2$$

Tab. 9.4: Geräteeinteilung nach den Kriterien inhärentes Risiko, elektr. Schutzmaßnahme, Explosionsschutz, Betriebsart und Sterilisationsart

Risiko	Schutz gegen			Explosion	Betriebsart	Sterilisationsart
	Elektrizität	Eindringen von				
		Teilen	Flüssigkeit			
Risikoklasse	*Schutzklasse*	IPN_1X	$IPXN_2$	*Schutzgrad*		
$I (I_M, I_S)$	SK I	IP0X	IPX0	–	S1	–
IIa	SKII	IP1X	IPX1	AP	S2	Gas
IIb	Batteriegerät	IP2X	IPX2	APG	S3	Strahlung
III		IP3X	IPX3			Temperatur
		IP4X	IPX4			
		IP5X	IPX5			
		IP6X	IPX6			
			IPX7			
			IPX8			

Tab. 9.5: Schutz gegen das
Eindringen fester Teile

Code IPN$_1$X	Schutz gegen das Eindringen von
IP0X	–
IP1X	Faust (50 mm$^\varnothing$)
IP2X	Finger (12 mm$^\varnothing$)
IP3X	Schraubenzieher (2,5 mm$^\varnothing$)
IP4X	Draht (1 mm$^\varnothing$)
IP5X	Staub (staubgeschützt)
IP6X	Staub (staubdicht)

Tab. 9.6: Schutz gegen das Eindringen von Flüssigkeit

Code IPXN$_2$	Schutz vor	Prüfbedingung
IPX0	-	(ggf. senkrechtes Verschütten)
IPX1	Tropfwasser	Senkrechte Tropfen
IPX2	Spritzwasser	Bis 15° einfallende Tropfen
IPX3	Sprühwasser	Bis 60° einfallende Tropfen
IPX4	Spritzwasser	Allseitig einfallende Tropfen
IPX5	Strahlwasser	Allseitig einwirkender Strahl
IPX6	Starkes Strahlwasser	Allseitig einwirk. starker Strahl
IPX7	Untertauchen	Zeitweiliges Untertauchen
IPX8	Untertauchen	Dauerndes Untertauchen

Die erste Zahl N_1 gibt den Schutz gegen das Eindringen fester Teile und damit die Größe der Öffnungen in einem Gerätegehäuse an. Soll über den Schutz gegenüber dem Eindringen von Flüssigkeit nichts ausgesagt werden, so wird die Zahl N_2 durch den Buchstaben „X" ersetzt. Die Schutzmaßnahmen gegen das Eindringen fester Teile reichen von keinem besonderen Schutz bis hin zur staubdichten Ausführung (Tab. 9.5).

Die zweite Zahl N_2 gibt den Schutz gegen das Eindringen von Flüssigkeit an. Soll über den Schutz gegenüber dem Eindringen von festen Teilen nichts ausgesagt werden, so wird die Zahl N_1 durch den Buchstaben „X" ersetzt. Die Schutzmaßnahmen gegen das Eindringen von Flüssigkeit reichen von keinem besonderen Schutz bis hin zur wasserdichten Ausführung (Tab. 9.6).

Elektrische medizinische Geräte müssen mindestens den Schutz gegen das Eindringen eines Fingers aufweisen, ein besonderer Feuchtigkeitsschutz ist allgemein nicht gefordert.

Fehlt die IP-Kennzeichnung, gilt als default-Annahme IP20. Wenn jedoch im bestimmungsgemäßen Gebrauch das Hantieren mit Flüssigkeit erforderlich ist, ist das Gerät vor gefährlichen Befeuchtungen bei vorhersehbarem Verschütten von Flüssigkeit zu schützen (dafür ist jedoch keine gesonderte Schutzartkennzeichnung vorgesehen). Die für die Prüfung zu verwendende Flüssigkeitsmenge ergibt sich aus der Risikoanalyse des jeweiligen Gerätes (§ 11.6.3 EN 60601-1).

Anmerkung: *Es ist nicht grundsätzlich jegliches Eindringen von Flüssigkeit verboten, sondern nur jene Befeuchtungen, die zu Gefährdungen führen könnten (z. B. durch Verschleppung der Netzspannung zu berührbaren Teilen) oder zu Fehlfunktionen und Kurzschlüssen bei funktionskritischen Geräten. Die typische Prüfmenge für den Verschüttungs-Test ist 0, 2 l Wasser (z. B. bei Reizstromgeräten mit angefeuchteten Schwammelektroden).*

Explosionsschutz
Medizinische elektrische Geräte müssen nicht grundsätzlich explosionsgeschützt ausgeführt werden. Wenn sie es jedoch sind, werden sie entsprechend gekennzeichnet. Es gibt zwei unterschiedliche Schutzgrade (siehe auch Kap. 6.2.2)

Schutzgrad „**AP**": Schutz vor Entzündung von Gemischen explosionsfähiger Gase mit Luft (Symbol: aufgestelltes Dreieck mit abgerundeten Ecken in einem grünen Kreis).

Schutzgrad „**APG**": Schutz vor Entzündung von Gemische explosionsfähiger Gase mit Sauerstoff (Symbol: aufgestelltes Dreieck mit abgerundeten Ecken in einem grünen Balken).

Betriebsart
Der Betrieb von Geräten führt zur Erwärmung, die mit der Zeit exponentiell bis zu einer Beharrungstemperatur ansteigt (Abb. 9.4). Transformatoren und Motoren müssen so bemessen werden, dass die Isolation dem Temperaturanstieg standhalten kann. Wenn Geräte nicht gesondert gekennzeichnet sind, wird angenommen, dass sie für den *Dauerbetrieb* (S1) vorgesehen sind (§ 7.2.11 EN 60601-1).

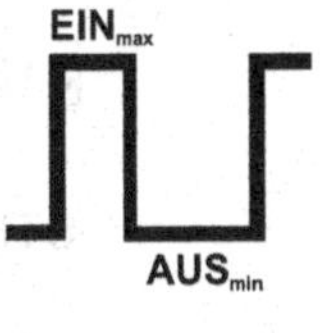

Abb. 9.4: Symbol für „eingeschränkte Betriebsdauer"

Abb. 9.5: Temperaturverlauf
bei Dauerbetrieb (S1), Kurzzeitbetrieb (S2) und Aussetzbetrieb (S3)

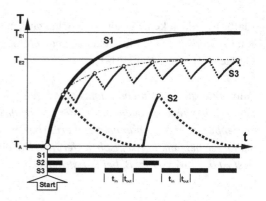

Ist die bestimmungsgemäße Betriebsdauer eingeschränkt, so muss der zulässige Ein-
schaltzyklus spezifiziert werden, indem die maximale Einschalt- und die Mindest-Ab-
schaltdauer in Minuten angegeben werden (siehe Abb. 9.4).

Es wird unterschieden zwischen

Kurzzeitbetrieb (S2), bei dem noch vor Erreichen der Beharrungstemperatur eine Ab-
kühlpause vorgesehen ist, die lange genug ist, um die Ausgangstemperatur zu erreichen;

Aussetzbetrieb (S3), bei dem im ungünstigsten zulässigen Fall eine periodische Ab-
folge gleicher Lastspiele angenommen wird. In diesem Fall reichen die Abkühlpausen
nicht aus, um die Ausgangstemperatur zu erreichen, insgesamt ergibt sich zeitlich eine
sägezahnförmige Annäherung an die Beharrungstemperatur (Abb. 9.5).

Sterilisation

Sterilisationsverfahren können Geräte oder Geräteteile thermisch zerstören (z. B. piezo-
elektrische Ultraschallwandler), durch chemische Reaktionen oder Bestrahlung (Radioly-
se) schädigen oder die Materialeigenschaften verschlechtern. Hersteller müssen daher die
vorgesehenen Reinigungs-, Desinfektions- und Sterilisationsverfahren in der Gebrauchsanweisung angeben. Geräte oder Geräteteile, die für die Sterilisation vorgesehen sind,
müssen entsprechend klassifiziert werden (§ 6.4 EN 60601-1). Produkte, die sterilisiert
wurden, werden auf der Endverpackung mit der Aufschrift $\boxed{\text{STERILE}}$ gekennzeichnet.

Die zulässigen Sterilisationsverfahren werden wie folgt gekennzeichnet:

$\boxed{\text{STERILE}}\ \boxed{\text{EO}}$ mit Ethylenoxid sterilisiert

$\boxed{\text{STERILE}}\ \boxed{\text{R}}$ durch Bestrahlung sterilisiert

$\boxed{\text{STERILE}}\ \boxed{\text{⌡}}$ durch Erhitzung sterilisiert

$\boxed{\text{STERILE}}\ \boxed{\text{A}}$ durch antiseptische Verfahren sterilisiert

Abb. 9.6: Symbol für „Alarm"

9.2.2 Alarme

Neben der inhärenten Sicherheit durch konstruktive Maßnahmen, wie z. B. die Begrenzung der Ausgangswerte, stellt die Signalisierung von Gerätezuständen, Gefahrensituationen und Fehlerfällen ein wichtiges Instrument zur Risikobeherrschung dar. Berücksichtigt man jedoch die zunehmende Anzahl von Geräten, die gleichzeitig Alarme abgeben können (z. B. mehrere an einem Intensivpatienten angewendete Geräte und die Vielzahl von Geräten z. B. auf einer Intensivstation), müssen von den gleichzeitig auftretenden Signalisierungen jene bevorzugt erkannt werden, die ein dringliches Handeln erfordern. Aus diesem Grund werden die Signale in der Ergänzungsnorm EN 60601-1-8 /17/ zur Grundnorm EN 60601-1 /13/ nach der Dringlichkeit ihrer Botschaft eingeteilt und so strukturiert, dass sie aufgrund ihrer optischen und akustischen Eigenschaften richtig zugeordnet werden können. Es gilt folgende Einteilung (Abb. 9.6):

- *Warnsignale*: Sie signalisieren Situationen *hoher* Priorität, die sofortiges Handeln erfordern, weil bei deren Nichtbeachtung reversible oder irreversible Verletzungen bis zur Todesfolge möglich sind;
- *Vorsicht-Signale*: Sie signalisieren Situationen *mittlerer* Priorität, die rasches Handeln erfordern;
- *Informations-Signale*: Sie erfordern erhöhte Aufmerksamkeit oder die Beachtung eines spezifischen Umstandes, erfordern jedoch keine unmittelbare Handlung und besitzen daher *niedrige* Priorität. Sie können aber weiter unterteilt werden in *kritische* und *allgemeine* Informationen.

Die verschiedenen Alarm-Prioritäten (hoch, mittel und niedrig) werden durch die Formgebung der Symbole (Abb. 9.7), durch die Farbgebung von Leuchtsignalen und durch die zeitliche Struktur von akustischen Signalen codiert (§ 7.5 EN 60601-1).

Abb. 9.7: Grundformen von Symbolen zur Kodierung der Priorität (von *links* nach *rechts*: Verbot, Warnung, Gebot, kritische Information, allgemeine Information)

9.2.3 Warnhinweise

Warnhinweise

Warnhinweise weisen auf eine bestehende Gefahr hin. Wenn keine speziell genormten
Warnhinweise verwendet werden (Tab. 9.7), ist das allgemeine Warnzeichen zu verwenden, das durch einen erläuternden Text ergänzt wird, z. B.:

GEBRAUCHSANWEISUNG BEACHTEN!

NUR AN SCHUTZKONTAKT- STECKDOSEN ANSCHLIESSEN!

**STECKVERBINDUNG UND PATIENTEN NICHT GLEICHZEITIG
BERÜHREN!**

**ANSCHLUSS AN DIE EINGEBAUTE MEHRFACHSTECKDOSE
KANN DIE SICHERHEIT VERRINGERN!**

INSTALLATIONSHINWEISE BEACHTEN!

**BEI AUFSTELLUNG AUF LEICHTE TRENNMÖGLICHKEIT VOM
NETZ ACHTEN!**

**SPANNUNGSUNTERBRECHUNGEN VERMEIDEN - NUR AN USV-
SPANNUNGSQUELLE ANSCHLIESSEN!**

**VORSICHT, DER UNSACHGEMÄSSE AUSTAUSCH DER
LITHIUMBATTERIE KANN ZUR GEFÄHRDUNG FÜHREN!**

**BEI NICHTBENÜTZUNG: BATTERIE ENTFERNEN, SÄURE KANN
AUSTRETEN!**

STERILISATIONSHINWEISE BEACHTEN!

WARTUNGSHINWEISE BEACHTEN!

KIPPGEFAHR!

NICHT ALS HAUSMÜLL ENTSORGEN!

GERÄT NICHT OHNE ERLAUBIS DES HERSTELLERS ÄNDERN!

Verbotshinweise

Verbotshinweise fordern die Unterlassung gefährlicher Handlungen. Wenn keine speziell
genormten Verbotszeichen verwendet werden (Tab. 9.8), ist das allgemeine Verbotszeichen zu verwenden, das durch einen erläuternden Text ergänzt wird, z. B.:

NICHT FÜR EXPLOSIONSGEFÄHRDETE BEREICHE GEEIGNET!
NICHT DEM SONNENLICHT AUSSETZEN!
NICHT ÖFFNEN!
NICHT STÜRZEN!

Tab. 9.7: Beispiele für spezielle Warnhinweisschilder

Symbol	Bedeutung
	Achtung, Hochspannung!
	Achtung, Brandgefahr!
	Achtung, Explosionsgefahr!
	Achtung, explosionsgefährlicher Bereich!
	Achtung, elektrostatische Entladungen!
	Achtung, magnetisches Gleichfeld!
	Achtung, elektromagnetische Hochfrequenzfelder!
	Achtung, optische Strahlung!
	Achtung, Laserstrahlung!
	Achtung, ionisierende Strahlung!
	Achtung, gesundheitsschädlicher Stoff!
	Achtung, giftiger Stoff!
	Achtung; biologische Gefahr!

Gebotshinweise

Gebotshinweise fordern ein vorgeschriebenes Handeln ein. Wenn keine spezifischen Gebotszeichen verwendet werden (Tab. 9.9), ist das allgemeine Gebotszeichen zu verwenden und durch einen erläuternden Text zu ergänzen, z. B.:

Tab. 9.8: Beispiele für spezielle Verbotsschilder

Symbol	Bedeutung
	Nicht wiederverwenden!
	Nicht resterilisieren!
	Feuer entzünden verboten!
	Rauchen verboten!
	Handy benützen verboten!
	Zutritt für Herzschrittmacherpatienten verboten!
	Zutritt für Patienten mit Metallimplantaten verboten!
	Einbringen metallischer Teile und Uhren verboten!

VOR ELEKTRODENBEFESTIGUNG HAUT REINIGEN!

VOR ÖFFNEN NETZSTECKER ZIEHEN!

NUR ZUGELASSENES ZUBEHÖR BENÜTZEN!

VOR VERSCHIEBUNG TRANSPORTSICHERUNGEN
ANBRINGEN!

Allgemeine Hinweise

Allgemeine Hinweise beziehen sich auf Informationen für richtiges Handeln zur Vermeidung von Schäden. Beispiele für Hinweissymbole sind in Tab. 9.10 angeführt.

Tab. 9.9: Beispiele für spezielle Gebotsschilder

Symbol	Bedeutung
	Gebrauchsanweisung lesen!
	Leitfähiges Schuhwerk tragen!
	Handschuhe benützen!
	Schutzbrille tragen!
	Atemschutz benützen!

Kritische Informationen

Kritische Informationen sind solche, die keine unmittelbare Handlung erfordern, sondern eine wichtige Information zur Schaffung von Problembewusstsein oder für vorbeugend richtiges Verhalten darstellen, z. B. durch den Hinweis auf Materialien, die Latex oder Phthalate enthalten (Abb. 9.8 und 9.9).

Allgemeine Informationen

Allgemeine Informationen erfordern kein Handeln sondern dienen zur Mitteilung eines Sachverhaltes. Wenn es keine spezifischen Symbole gibt, können Textzeichen bzw. Begriffe durch Umrahmung hervorgehoben werden (Abb. 9.10). Beispiele für allgemeine Informationen ohne spezifische Symbole sind in Tab. 9.11 angeführt. Beispiele für spezifische Symbole mit allgemeinen Informationen enthält die Tab. 9.12.

9.2.4 Anwendungsteil

Unter einem Anwendungsteil werden (nur) jene Teile verstanden, die bestimmungsgemäß mit dem Patienten in Kontakt kommen müssen (Abb. 9.11). Sie können jedoch mit Patientenstromkreisen und sonstigen Teilen in Verbindungen stehen, die einen gleich erhöhten Schutz erfordern. So ist z. B. die EKG Klebeelektrode der Anwendungsteil, das Zuleitungskabel als Patientenanschluss und die Eingangsverstärkerschaltung als sonstiges Teil anzusehen (siehe Abb. 9.6).

Tab. 9.10: Hinweis-Symbole

Symbol	Bedeutung
 ⧖	Verwendbar bis … (zum angegebenen Datum)
 ⚠	Statische Entladungen vermeiden!
 ⚟	Vorsicht, zerbrechlich!
 ⇈	diese Seite nach oben!
 ☂	vor Nässe schützen!
 ☼	vor direkter Sonneneinstrahlung schützen!
 60°Cmax … 0°Cmin	zulässiger Temperaturbereich
 ▽	hoher Schwerpunkt, kopflastig!
 ⬚	nicht stapeln!
 ♻	nicht als Hausmüll entsorgen!

Abb. 9.8: Symbol „Produkt enthält Latex"

Abb. 9.9: Symbol „Produkt enthält Phthalat"

Abb. 9.10: Symbol für
„Seriennummer"

Tab. 9.11: Beispiele für allgemeiner Informationen ohne spezifische Symbole

Symbol	Bedeutung
SN	Seriennummer
LOT	Los-Nummer
REF	Katalognummer
STERILE	Steriles Produkt
CONTROL	Kontrollmaterial zur Funktionsüberprüfung
IVD	In-Vitro-Diagnostik Produkt

Tab. 9.12: Beispiele für Symbole mit allgemeiner Information

Symbol	Bedeutung
 ▙▙▙	Hersteller
 ⋀⋁	Herstellungszeitpunkt (mit beigefügtem Datum)
 📖 i	Gebrauchsanweisung
 ♲	Wiederverwertbares Produkt

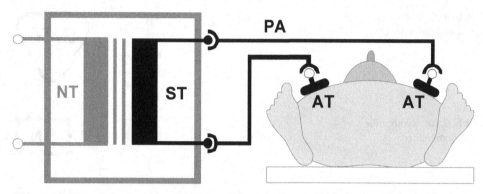

Abb. 9.11: Kontaktierung eines Patienten; *NT* Netzteil, *AT* Anwendungsteil, *PA* Patientenanschluss, *ST* sonstiges Teil mit AT-äquivalentem Schutz

Anmerkung: *Diese Unterscheidung stellt eine Erleichterung dar, weil nun z. B: die Biokompatibilitätsanforderungen nur für Anwendungsteil – und nicht auch für Anschlusskabel gelten.*

In elektrischer Hinsicht können Anwendungsteile geerdet (Typ B) oder erdfrei sein (Typ F), wobei hinsichtlich der Isolierung von aktiven Teilen noch unterschieden wird zwischen Typ BF und Typ CF (Tab. 9.13). Darüber hinaus können Anwendungsteile auch gegenüber der Einwirkung von Hochspannungen während der Defibrillation geschützt sein. Der Schutzgrad des Anwendungsteils wird durch Symbole gekennzeichnet, die an der Anschlussstelle des Gerätes, bzw. bei gesondert vermarktetem Zubehör am Zubehör, anzubringen sind. Tabelle 9.13 fasst die Symbole für Anwendungsteile zusammen.

Tab. 9.13: Bildsymbole zur Kennzeichnung von Anwendungsteilen

Symbol	Bedeutung
🧍	**Typ B**: geerdetes Anwendungsteil
🧍	**Typ BF**, von Erde isoliertes Anwendungsteil
❤	**Typ CF**: von Erde isoliertes, für die direkte Anwendung am Herzen geeignetes Anwendungsteil
⊣🧍⊢	defibrillatorgeschütztes Anwendungsteil, Type B
⊣🧍⊢	defibrillatorgeschütztes Anwendungsteil, Type BF
⊣❤⊢	defibrillationsgeschütztes Anwendungsteil, Type CF

10 Sicherheitstechnische Prüfung

10.1 Weshalb prüfen?

Medizinprodukte müssen die grundlegenden Anforderungen während der gesamten erwartbaren Betriebslebensdauer erfüllen. Dies kann jedoch durch konstruktive Maßnahmen alleine nicht sichergestellt werden, sondern erfordert auch die Einbindung des Betreibers und Anwenders. Der Grund liegt darin, dass eine Reihe von Umständen wiederkehrende (periodische) sicherheitstechnische Prüfungen (und daraus abzuleitende Maßnahmen) unverzichtbar machen (Abb. 10.1):

1. Die *elektrotechnischen Sicherheitskonzepte* beruhen wesentlich auf wiederkehrenden Überprüfungen. Ohne sie kann z. B. bei Schutzklasse I (Schutzerdung) die zuverlässige Erdung berührbarer Teile und rechtzeitige Abschaltung im Fehlerfall nicht sichergestellt werden. Bei Schutzklasse II hingegen (doppelte Schutzisolierung) ist ohne sie ein Schaden an einer der beiden Isolationen nicht erkennbar und kann daher nur durch Messung festgestellt werden, bei Schutzklasse interne Stromquelle (Batteriegeräte) kann ohne sie die Entleerung des Akkus (und ggf. das Auslaufen von Säure) nicht rechtzeitig erkannt werden (z. B. Defibrillator).
2. Durch *Alterung* könnte die Sicherheit bis zu einem unvertretbaren Ausmaß vermindert werden, z. B. Alterung von Gummi-Isolation, Versprödung von Kunststoffen.
3. Durch *Verschleiß* oder Verschmutzung könnten Luft- und Kriechstrecken gefährlich verschlechtert werden, z. B. leitfähige Verstaubung durch den Abrieb von Kohlebürsten von Gleichstrommotoren (z. B. Zentrifuge) oder Ansammlung brandgefährlicher Papierflusen (z. B. EKG-Schreiber).
4. Durch *Korrosion* und/oder mechanische Verformung aufgrund des Kontaktdrucks könnten sich elektrische Anschlüsse verschlechtern und Kontaktwiderstände unzuläs-

© Springer 2015
N. Leitgeb, *Sicherheit von Medizingeräten*, DOI 10.1007/978-3-662-44657-7_10

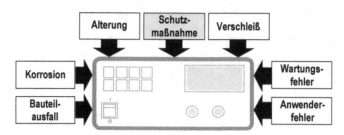

Abb. 10.1: Gründe für periodische Überprüfungen außer der Schutzmaßnahme selbst

sig erhöhen, was Funktionsstörungen oder an den Kontaktstellen gefährliche Temperaturerhöhungen bewirken könnte.

5. Durch *Ausfall* sicherheitsrelevante Bauteile, z. B. Thermosicherungen oder Strombegrenzer, könnte das Risiko erhöht werden.

6. Durch *unterbliebene Wartung* könnte sich der sicherheitstechnische Zustand gefährlich verschlechtern, z. B. unterbliebener Austausch von Dichtungen und damit Befeuchtung von Kontaktstellen, verschmutzte Luftfilter und damit Übererwärmung im Gerät.

7. *Anwenderfehler*, also Irrtum, Fehler und/oder anzunehmender Missbrauch könnten zu Sicherheitsmängeln führen.

Der Hersteller ist nach dem Produkthaftungsgesetz 10 Jahre lang für Folgeschäden haftbar, die durch sein mangelhaftes Produkt verursacht worden sind. Da wiederkehrende Überprüfungen im Allgemeinen (außer bei fail-safe Design) einen integralen Bestandteil des Sicherheitskonzeptes bilden, sind Hersteller verpflichtet, den Umfang der Prüfungen und das Prüfintervall in der Gebrauchsanweisung anzugeben. Dies wiederum verpflichtet Betreiber dazu, diese Vorgaben einzuhalten.

Vor Beginn einer Prüfung ist daher die Gebrauchsanweisung hinsichtlich etwaiger spezieller Vorgaben des Herstellers zu sichten. Da Betreiber Bestandsverzeichnisse und Aufzeichnungen über wiederkehrende Prüfungen zu führen haben, ist es üblich, bei Übernahme von Geräten auch die Festlegungen des Herstellers zur wiederkehrenden Prüfung in das Gerätebuch als Prüfspezifikationen aufzunehmen.

Trotz der gesetzlichen Forderung, Geräte nach den anerkannten Regeln der Technik zu bauen, trotz Sorgfaltspflicht und Produkthaftungsgesetz, das Hersteller zum Unschuldsnachweis verpflichtet und auch für Folgeschäden haftbar macht, ist es nach wie vor eher die Regel als die Ausnahme, dass Medizingeräte Sicherheitsmängel aufweisen, wenn sie nicht von Benannten Stellen überprüft worden sind. Der Grund liegt darin, dass bei der Geräteentwicklung nach wie vor die Realisierung der Funktion im Vordergrund steht und das sicherheitstechnische Bewusstsein und erst recht die Kenntnis über und Einhaltung von Sicherheitsvorschriften einen geringen Stellenwert besitzen. Die CE-Kennzeichnung stellt daher keine Garantie für Mängelfreiheit dar: Die verpflichtende Baumusterprüfung von Medizingeräten durch die prüferfahrenen Benannten Stellen wird ja für die überwiegende Mehrheit der Medizingeräte gar nicht gefordert. Sie ist erst für die Geräte mit erhöhtem Risikopotenzial ab der Risikoklasse IIb vorgesehen, und kann selbst dann durch ein vollständiges Qualitätsmanagementsystem vermieden werden (Kap. 1.4.5). Für die eigene Konformitätsprüfung durch den Hersteller gibt es jedoch keine mit Europaprüfstellen vergleichbare Anforderungen, weder hinsichtlich der Prüfkompetenz noch der Prüferfahrung des Personals oder der eingesetzten Prüfmittel.

Daraus folgt, dass nicht nur Geräte, die durch den Gebrauch mangelhaft werden können, sondern auch Neugeräte einer genauen Sichtkontrolle unterzogen werden sollten, möglichst noch bevor die Rechnung zur Bezahlung freigegeben wird.

Genaue Sichtkontrolle von Neugeräten erspart späteren Ärger!

Die sicherheitstechnische Prüfung von in Verwendung befindlichen elektromedizinischen Geräten (einschließlich der Eingangsprüfung vor Inbetriebnahme) ist in der Norm EN 62353 geregelt. Darin ist vorgesehen, dass sicherheitstechnische Überprüfungen vorzunehmen sind

- bei der Geräteübernahme (Eingangsprüfung),
- in den vom Hersteller vorgesehenen Intervallen (wiederkehrende Prüfung);
- nach Reparatur eines Gerätes;
- nach Änderungen des Gerätes in Abweichung von den Herstellerangaben.

Anmerkung: *Das Umrüsten laut Gebrauchsanweisung ist keine Änderung.*

Die Prüfungen haben folgende Schritte zu umfassen

1. *Inspektion*, bestehend aus einer äußeren Sichtprüfung. Wird dies vom Hersteller gefordert oder ergeben sich bei der äußeren Sichtprüfung Hinweise auf innere Mängel, ist jedoch auch eine Sichtprüfung des Geräteinneren verpflichtend.
2. *Messungen* der sicherheitstechnischen Parameter, z. B. des Schutzleiterwiderstandes (bei SK I-Geräten), der Ableitströme zur Erde, zum Gehäuse und zum Patienten und, wenn Gründe vorliegen, des Isolationswiderstandes zwischen Netzteil und berührbaren Gehäuseteilen und Anwendungsteilen.
3. *Funktionsprüfungen* nach den Angaben des Herstellers einschließlich der messtechnischen Überprüfung von sicherheitsrelevanten Ausgangswerten.

Zusätzlich zur wiederkehrenden Überprüfung durch Sicherheitstechniker ist auch der *Anwender* zur Überprüfung verpflichtet. Er muss sich nämlich vor jeder Inbetriebnahme über den ordnungsgemäßen Zustand eines Gerätes zu überzeugen. Es ist ja nie auszuschließen, dass ein Gerät auch bei kurzer Abwesenheit zwischenzeitlich vom Tisch gestoßen und beschädigt wurde, dass beim Putzen oder in der Hektik der Anwendung Flüssigkeit in das Gerät eingedrungen ist oder dass zu stark an einem Netzkabel gezerrt und die Isolation oder die Zugentlastung schadhaft geworden ist. Derartige Mängel lassen sich bereits von außen erkennen. Sollten sich Zweifel am ordnungsgemäßen Zustand ergeben, ist eine innere Sichtkontrolle und bzw. oder die Messung der Sicherheitskenngrößen durch einen Sicherheitstechniker zu fordern.

Anmerkung: *Diese Kontrollverpflichtung ist analog zur gesetzlichen Verpflichtung von Autofahrern, sich vor Antritt jeder Fahrt vom ordnungsgemäßen Zustand des Fahrzeuges zu überzeugen. Auch wenn dies nicht konsequent umgesetzt werden sollte, würde dies im Schadensfall eingefordert werden.*

Grundsätze
Für die wiederkehrende Prüfung gelten folgende Grundsätze:

1. Die Beurteilung darf nach jenem Vorschriftenstand erfolgen, der bei der Herstellung des Gerätes gegolten hat. Es müssen nicht die letztgültigen Anforderungen angewendet werden. Dies bedeutet, dass eine Nachrüstung auf den aktuellen Stand nicht gefordert werden muss, es sei denn, die seinerzeitige Lösung würde nach dem aktuellen Stand der Technik ein nicht mehr akzeptierbares Risiko bedeuten. Dies bedeutet jedoch auch, dass ein Prüfer die Entwicklung des Vorschriftenstandes kennen sollte, um vermeidbare Adaptierungskosten zu ersparen (siehe Kap. 9.1).
2. Das Ergebnis der Prüfung ist (z. B. im digitalen „Gerätebuch") zu dokumentieren. Dabei sind zunächst grundsätzlich alle erkannten Mängel anzuführen. Eine vorweggenommene Bewertung darf nicht dazu führen, letztlich akzeptierte Mängel nicht anzuführen, da nicht dokumentierte Mängel im Ernstfall als nicht erkannt gewertet werden würden. Außerdem sind die angeführten Mängel ja auch ein Leistungsnachweis.

Nicht genannt, heißt nicht erkannt!

---

3. Erst nach ihrer Dokumentation sind die Mängel nach ihrer Sicherheitsrelevanz zu bewerten.
4. Die Bewertungsregeln sind nicht starr: Mängel können jeweils nur im Zusammenhang mit der Geräteart und -funktion, der Risikostufe, den Umständen der Anwendung und den Gegebenheiten der Gesundheitseinrichtung bewertet werden.

Die Mängelbewertung muss die Begleitumstände berücksichtigen!

10.2 Wer darf prüfen?

Die wiederkehrende Prüfung medizintechnischer Geräte stellt ein erhebliches Auftragsvolumen und damit auch die Verlockung dar, sich trotz ungeeigneter Ausbildung und ungenügender Ausrüstung ein Stück vom Wirtschaftskuchen abzuschneiden. Es muss dabei jedoch betont werden, dass mit der Prüftätigkeit auch Verantwortung und persönliche Haftung in Schadensfällen verbunden sind.

Die sicherheitstechnische Prüfung medizinischer elektrischer Geräte darf sich nicht auf das bloße Messen der allgemeinen elektrotechnischen Kenngrößen wie Schutzleiterwiderstand und Ableitströme beschränken, sondern muss je nach Gerätetyp auch die Überprüfung der sicherheitsrelevanten medizintechnischen Funktionsaspekte und Ausgangsgrößen mit einschließen. Für die Prüfung sind daher folgende Voraussetzungen zu erfüllen:

- Die gewerberechtliche *Befugnis*.
- Einschlägige gesetzliche und medizintechnische *Fachkenntnisse*. Bereits die Sichtprüfung außen und innen kann nur sinnvoll durchgeführt werden, wenn der/die Prüfende über ein vertieftes Wissen über die anzuwendenden Anforderungen und damit über die Gesetze, Verordnungen und Vorschriften verfügt. Der europäische Paradigmenwechsel mit der Betonung der eigenständigen Herstellerverantwortung im Rahmen des gerätespezifischen Risikomanagements hat auch in der Medizintechnik Auswirkungen. Dies bedeutet, dass es nun auch bei der sicherheitstechnischen Überprüfung nicht reicht, bloß Checklisten mechanisch abzuarbeiten, sondern dass auch vorhandene Risikosituationen und –kombinationen erkannt und Mängel unter Berücksichtigung der spezifischen Gerätekonstellation verantwortungsbewusst beurteilt werden müssen. Dies erfordert fundierte medizintechnische und gerätetechnische Fachkenntnisse.

> **Meldung: Tödliche Verwechslung Lachgas statt Sauerstoff**
> **Innsbruck:** Ein 40-jähriger OP-Gehilfen starb im Rahmen einer Bandscheibenoperation, weil die Lachgas- und Narkosegasanschlüsse des Narkosegerätes vertauscht worden waren. Ein Techniker und die Narkoseärztin wurden wegen fahrlässiger Tötung zu jeweils neun Monaten bedingter Freiheitsstrafe verurteilt.
>
> Der Techniker wurde bestraft, weil er die sicherheitstechnische Überprüfung mangelhaft durchgeführt und die Prüfplakette mit dem Hinweis „alle Funktionen in Ordnung" angebracht habe. Die Anästhesistin wurde verurteilt, weil sie das Narkosegerät vor Inbetriebnahme nicht ausreichend überprüft und auf Alarme nicht entsprechend reagiert habe.

- Mängel erkennen und beurteilen zu können, benötigt neben theoretischem Wissen auch praktische *Erfahrung*. Die Anforderungen sind je nach der zu überprüfenden Gerätevielfalt und Geräteart verschieden. Es herrscht jedoch Einigkeit darüber, dass vor der selbständigen und eigenverantwortlichen Prüfung eine Periode der Prüfung unter Anleitung und Kontrolle erfahrener Kollegen absolviert werden muss.
- Die erforderlichen *Prüfmittel* müssen vorhanden sein. Sie müssen auch überwacht und regelmäßig kalibriert werden. Darüber und über Reparaturen müssen, z. B. in einem Prüfmittelbuch bzw. einer Datei, entsprechende Aufzeichnungen geführt werden.

- Die Tätigkeit muss qualitätsgesichert erfolgen. Die Anforderungen an Prüf- und Über-
  wachungsstellen sind in einschlägigen Normen (z. B. EN 17020 /22/, EN17025 /22/)
  geregelt. Diese Normen erfordern nicht nur das Führen von Aufzeichnungen über die
  Prüfmittel, sondern auch deren periodische und dokumentierte Kalibrierung durch anerkannte Kalibrierstellen.
- Um der Haftung bei fehlerhaften Prüfungen gerecht werden zu können, wird der Abschluss einer *Haftpflichtversicherung* gesetzlich gefordert.

Anmerkung: *In Österreich sind die Anforderungen an Prüfende im Medizinproduktegesetz und in dessen Betreiberverordnung festgelegt.*

10.3 gerätetechnische Schutzziele

Das gerätetechnische Schutzziel besteht nicht darin, jegliche Berührung von Spannung
führenden Teilen zu verhindern, sondern sicherzustellen, dass sowohl im Normalfall als
auch im ersten Fehlerfall bei Kontakt mit berührbaren Teilen die Grenzwerte für die dann
wirksamen Ströme, Energien und Spannungen nicht überschritten werden (EN 60601-1).
Dies bedeutet, dass als gerätetechnische Schutzmaßnahme auch ausreichend hochohmige
Schutzwiderstände zulässig sind, um die Berührungsströme zu begrenzen.

In Ausnahmefällen können zu gering bemessene Isolierstrecken akzeptiert werden,
wenn nachgewiesen werden kann, dass bei ihrem Kurzschluss die (für den Normalfall
festgelegten) Schutzziele eingehalten bleiben.

Bei der Begrenzung von Strömen wird berücksichtigt, dass wegen nichtlinearer Bauteile (z. B. Transformatoren) und/oder durch Phasenanschnittsteuerung bei elektronischer
Leistungsregelung immer häufiger auch nicht-sinusförmige Ströme auftreten, die Gemische verschieden frequenter Anteile darstellen. Wie in Kap. 8.1.3 gezeigt wurde, hängen
jedoch die biologischen Wirkungen von Strömen von deren Frequenz ab. Aus diesem
Grund werden die bei Berührung auftretenden Ströme nicht mit einem Amperemeter, sondern mit einer die Frequenz bewertenden Messschaltung ermittelt, die den Patienten mit
seinem Körperwiderstand und die Reizempfindlichkeit seiner Nerven- und Muskelzellen
simuliert (siehe Kap. 8.3).

Als *berührbar* gelten alle Teile, auch Bereiche hinter Klappen und Abdeckungen, die
ohne Werkzeug zugänglich sind.

Anmerkung: *Als berührbar werden nicht nur alle äußeren Teile sondern auch Teile im
Geräteinneren angesehen, die ggf. durch Öffnungen kontaktiert werden können. Die
Beurteilung erfolgt durch einen Norm-Prüffinger und mit Norm-Prüfstiften, nämlich mit
einem 15 mm langen Stift der sich von 4 mm auf 3 mm an seiner Spitze verjüngt und durch
einem 10 cm langen frei hängenden Stab mit 4 mmDurchmesser (EN 60601-1).*

Als *Werkzeug* werden alle Hilfsmittel angesehen, auch Münzen oder Schlüssel, nicht jedoch z. B. Fingernägel (EN 60601-1)

Um die Schutzziele zu erreichen, müssen elektromedizinische Geräte zwei eigenständige Schutzmaßnahmen besitzen. Diese sind jedoch nach ihrer Zweckbestimmung zu beurteilen, nämlich, ob sie dem Schutz des Anwenders oder dem Schutz des Patienten dienen. Für Anwender gelten verringerte Schutzanforderungen.

10.3.1   Anwender

Bei der Kontaktierung von berührbaren Teilen durch den Anwender dürfen gemäß EN 60601-1 die frequenzbewerteten *Berührungsströme* folgende Werte nicht überschreiten:

100 µA im Normalfall und
500 µA im ersten Fehlerfall.

Der *Erdableitstrom* von Geräten darf im Normalfall bis zu 5 mA betragen und im ersten Fehlerfall bis 10 mA ansteigen. Es ist jedoch zu berücksichtigen, dass sich im ersten Fehlerfall (Unterbrechung des Schutzleiters) der Erdableitstrom zum Berührungsstrom addiert. Da auch in diesem Fall der Berührungsstrom-Grenzwert 500 µA eingehalten bleiben muss, bedeutet dies indirekt, dass überall dort eine Begrenzung des Erdableitstromes auf < 500 µA gilt, wo mit der Unterbrechung der Schutzleiterverbindung als Erstem Fehlerfall gerechnet werden muss. Dies trifft auf alle nicht fest angeschlossenen Geräte zu, sofern sie keine zweite redundante Schutzleiterverbindung aufweisen.

Anmerkung: *Der Anschluss eines Potenzialausgleichsleiters gilt nicht als redundante zweite Schutzleiterverbindung.*

Wenn der gleichzeitige Kontakt mit dem Patienten unwahrscheinlich ist (und in der Gebrauchsanleitung auf die Vermeidung des Kontaktes hingewiesen wird), dürfen die Grenzwerte der Berührungsströme bei folgenden Teilen überschritten werden:

*   Kontakte von Steckverbindungen
*   Kontakte von Sicherungshalten, die von außen zugänglich sind
*   Kontakte von Lampenfassungen, die beim Tausch der Lampe zugänglich werden,
*   Kontakte für austauschbare Teile, die ohne Werkzeug zugänglich sind, auch wenn sie sich unter Abdeckungen befinden (z. B. Leuchten von Drucktastern, Signallampen, Batterien, Schreibfedern, Einsteckmodule).

Allerdings sind für derartige Teile und innere Teile, die mit dem Prüfstift und/oder Prüfstab zugänglich werden, die berührbaren Spannungen und Energien begrenzt. Die Grenzwerte für den Normalfall *und* den ersten Fehlerfall sind (EN 60601-1):

30 V~ berührbare *Wechselspannung* (42,4 V_{Spitze}) oder
60 V_ berührbare *Gleichspannung,*

Tab. 10.1: Grenzwerte in μA für Patientenableitströme im Normalfall

Strom[a]	Wechselstrom		Gleichstrom	
	Typ B, BF	Typ CF	Typ B, BF	Typ CF
Berührungsstrom	100		10	
Patientenableitstrom[b]	100	10		
Patientenhilfsstrom				

[a] Im ersten Fehlerfall dürfen die Werte jeweils auf das 5fache ansteigen
[b] Der Gesamt-Patientenableistrom der zusammengeschalteten Anwendungsteile von jeweils gleichem Typ darf auf das jeweils Doppelte ansteigen

wobei die gespeicherte Energie 20 J (bei einem Potenzialunterschied bis zu 2 V) und die Leistung 240 VA nicht für länger als 1 min übersteigen darf.

Nach der Trennung von der Stromquelle können in Geräten z. B. wegen der in den Kapazitäten gespeicherten Energie noch Spannungen berührbar sein. Die verbliebene Restspannung bzw. -ladung dürfen jedoch folgende Werte nicht überschreiten (EN 60601-1):

60 V$_=$(Gleich-)*Spannung* oder, falls dieser Wert überschritten wird,
45 μC elektrische *Ladung*.

Diese Bedingungen gelten bei Berührung des Geräteinneren nach Netztrennung und Öffnen des Gehäuses sowie an den Kontakten von Steckerstifte ab 1s nach Herausziehen aus der Steckdose. Diese Anforderung ist für Geräte von besonderer Bedeutung, die große Kondensatoren besitzen, z. B. Defibrillator, Impulslaser.

10.3.2 Patient

Patientenableitstrom
Der Grenzwert für Patientenableit(wechsel-)ströme (Tab. 10.1) ist unter Normalbedingungen für Anwendungsteile des Typs B und BF mit **100 μA** festgelegt (EN 60601-1). Für am Herzen verwendbare Anwendungsteile des Typs CF ist er jedoch auf ein Zehntel, nämlich auf **10 μA** herabgesetzt.

Patientenableit(gleich-)ströme dürfen im Normalfall bei keinem Typ von Anwendungsteilen größer als **10 μA** sein. Im ersten Fehlerfall dürfen die Werte jeweils auf das **5fache** ansteigen.

Zusätzlich gilt bei Geräten mit mehreren Anwendungsteilen die Bedingung, dass der Gesamt-Patientenableitstrom der zusammengeschalteten Anwendungsteile des gleichen Typs im Normalfall das **5fache** und im ersten Fehlerfall das **Doppelte** der für den einzelnen Anwendungsteil des Typs festgelegten Grenzwerte nicht überschreiten darf.

Patientenhilfsstrom
Für Patientenhilfsströme gelten die gleichen Begrenzungen wie für Patientenableitströme.

10.4 Mängelbewertung

Mängel an elektromedizinischen Geräten sind nicht selten. Während bei Neugräten der Hersteller noch zur (kostenlosen) Mängelbehebung aufgefordert werden kann (Kap. 1.5.7), ist bei bereits in Verwendung befindlichen Geräten die Entscheidung, wie bei erkannten Mängeln weiter vorzugehen ist, besonders heikel.

Die Mängelbehebung verursacht nicht nur Kosten, sondern kann auch damit verbunden sein, dass ein Gerät einige Zeit lang nicht zur Verfügung steht. Eine wichtige und verantwortungsvolle Aufgabe besteht daher darin, erkannte Mängel in Hinblick auf ihre sicherheitstechnischen Konsequenzen kompetent zu bewerten. Allerdings gibt es dafür keine festen Regeln. Mängel müssen stets in Zusammenschau mit den individuellen Umständen beurteilt werden, z. B. in Hinblick auf die Art des Gerätes, sein inhärentes Risiko, die Bedeutung für den Patienten und die verfügbaren Alternativen. Derselbe Fehler kann daher in einem Fall tolerierbar und in einem anderen kurzfristig zu beheben sein.

Es hat sich bewährt, die Mängelbewertung nach folgender Abstufung vorzunehmen:

Mängelstufe 1 (tolerierbare Mängel): Dies sind sicherheitstechnisch unbedeutende Mängel, die aufgrund der gegebenen Umstände keine weiteren Maßnahmen erfordern, z. B. ein fehlendes Typenschild – vorausgesetzt, dass es keine Informationen enthält, die konkrete Handlungen oder erhöhte Vorsicht erfordern würden. So ist z. B. die fehlende Nennstromangabe unkritisch, wenn der Strom genügend klein ist und das Gerät nicht an eine Mehrfachsteckdose angeschlossen werden soll. Bei einem Nennstrom über 16 A wäre die Information jedoch sicherheitsrelevant, weil sonst z. B. bei einer Reparatur der Netzanschlussleitung nur ein normaler (für diesen Fall ungeeigneter) Schukostecker angebracht werden könnte, wodurch eine normale Steckdose und ihr Stromkreis, die üblicher Weise nur für 16 A dimensioniert sind, gefährlich überlastet werden würden. Ein verbeultes Metallgehäuse könnte jedoch akzeptiert werden, wenn die Sichtprüfung ergeben hat, dass die geforderten Isolationsbedingungen dadurch nicht beeinträchtigt worden sind und keine hygienische Bedenken (z. B. erschwerte Desinfizierbarkeit) bestehen.

Mängelstufe 2 (mittelfristig zu behebende Mängel): Darunter werden Mängel verstanden, die sicherheitstechnisch zwar relevant sind, aber keine akute Gefahr darstellen. Aus diesem Grund kann bei diesen Mängeln auf eine sofortige Außerbetriebnahme des Gerätes verzichtet und eine befristete Weiterverwendung toleriert werden. Wie rasch die Mängelbehebung zu erfolgen hat, hängt von der Art des Mangels und den verfügbaren Ressourcen ab. So stellt z. B. eine defekte Netzkontrollleuchte eines Gerätes keine akute Gefährdung dar, auch ein fehlender oder defekter Knickschutz der Netzanschlussleitung könnte befristet toleriert werden, wenn dies der Zustand des Netzkabels und die Begleitumstände erlauben, z. B. weil der Zustand des Netzkabels an der Einführungsstelle noch mängelfrei ist und die Aufstellungs- oder Verwendungsart des Gerätes keine häufigen mechanischen Überbeanspruchungen der Netzleitung erwarten lassen.

Anmerkung: *Wenn am Netzkabel jedoch bereits Anzeichen übermäßigen Knickens zu sehen wären, wäre allerdings zu bedenken, dass dies eine Gefährdung darstellen könnte,* *z. B. weil bereits einige Litzen des Schutzleiters gerissen sein könnten und dieser somit im Fehlerfall den Kurzschlussstrom nicht mehr führen könnte. In diesem Fall wäre eine Schutzleiterprüfung oder die Messung des Schutzleiterwiderstandes zur Bewegung der Knickstelle vorzunehmen.*

Mängelstufe 3 (unmittelbar zu behebende Mängel): Darunter werden akut gefährliche Mängel verstanden, die es erfordern, ein Gerät sofort außer Betrieb zu setzen und die Weiterverwendung zuverlässig zu verhindern. Ob der Mangel behoben werden kann oder das Gerät auszuscheiden ist, hängt von der Art des Mangels, dem Alter des Gerätes und den finanziellen und/oder personellen medizintechnischen Ressourcen der Gesundheitseinrichtung ab. Eine schadhafte Netzleitung mit blanken berührbaren Leitern ist z. B. auch befristet nicht mehr tolerierbar, sondern erfordert eine Sofortmaßnahme. Weitere Beispiele nicht tolerierbarer Mängel sind ein unterbrochener Schutzleiter oder ein defekter Alarm z. B. eines EKG-Monitors. Auf welche Weise die Weiterverwendung des Gerätes unterbunden wird, hängt von den dafür getroffenen Vereinbarungen ab. Die Maßnahmen reichen von der Anbringung eines Warnhinweises, der sofortigen Mitnahme des Gerätes bis zum Abzwicken des Netzsteckers.

Anmerkung: *Das Beheben von Isolationsschäden durch Umwickeln mit Wundpflaster ist besonders kritisch einzustufen, das es eine Sicherheit vortäuscht, die nicht vorhanden ist. Dadurch wird die Gefährdung sogar noch erhöht: Ein Wundpflaster ist keine geeignete elektrische Isolation!*

10.5 Dokumentation

Die Norm EN 62353 für wiederkehrende Prüfungen sieht vor, dass über die Ergebnisse der Prüfungen während der gesamten Verwendungsdauer bis zur Ausscheidung eines Gerätes Aufzeichnungen (z. B. in Form eines Gerätebuches) zu führen sind. Die *erstgemessenen Werte* werden dabei als Bezugswerte angesehen, die zum Vergleich mit den jeweils aktuell gemessenen Werten dienen, um Verschlechterungen erkennen und bewerten zu können.

Anmerkung: *Unter erstgemessenem Wert versteht man den erstmals, z. B. im Verlauf der Geräteübernahme, erhobenen Wert. Er ist (erst) nach Reparatur oder Änderungen am Gerät zu aktualisieren.*

Um die aktuellen Ergebnisse der Dokumentation richtig zuordnen zu können, muss es möglich sein, jeden Prüfling als *Individuum* identifizieren zu können. Es reicht daher nicht, bloß den Gerätetyp festzuhalten, es muss auch die Serien- und/oder Inventarnummer dokumentiert werden, um dass Gerät bei der nächsten periodischen Prüfung eindeutig wiedererkennen zu können. Dies ist nicht nur dann erforderlich, wenn z. B. in einer Gesundheitseinrichtung mehrere baugleiche Geräte verwendet werden. Selbst wenn dies nicht der Fall wäre, könnte seit der letzten Überprüfung z. B. ein Austausch des Gerätes nach einer Reklamation vorgenommen, zufällig ein Ersatzgerät für das in Reparatur befindliche Gerät zur Verfügung gestellt worden oder zwischenzeitlich die Anschaffung eines weiteren baugleichen Gerätes erfolgt sein.

Die Dokumentation muss Folgendes enthalten (§ 6.1 EN 62353):

- Bezeichnung der Prüfstelle;
- Name der prüfenden Person;
- eindeutige Identifizierung des Prüflings (z. B. Typ, Seriennummer, Inventarnummer);
- erforderliches (bestimmungsgemäßes) Zubehör;
- Ergebnisse der Sichtprüfung(en);
- durchgeführte Prüfungen und Messungen;
- Messergebnisse unter Angabe der Messvorschrift und des Messgerätes;
- Ergebnisse der Funktionsprüfung(en);
- Mängelbewertung(en);
- abschließende sicherheitstechnische Bewertung;
- Datum;
- Unterschrift der prüfenden Person.

Wenn ein Gerät als in Ordnung beurteilt wurde, ist es durch einen Aufkleber zu kennzeichnen, in dem der Termin der *nächsten* periodischen Überprüfung mit Monat und Jahr (MM/JJJJ) angegeben ist.

Wurden nicht tolerierbare Mängel festgestellt, muss der Betreiber schriftlich über die Mängel und die resultierenden Risiken informiert werden. Sind die festgestellten Mängel so gravierend, dass ein Weiterbetrieb nicht vertretbar ist, ist das Gerät außer Betrieb zu nehmen und eindeutig zu kennzeichnen.

10.6 Sichtprüfung: Augen auf!

Wer je aus dem Liebestaumel erwacht und seine Angebetete nach einigen Monaten mit neuen Augen gesehen hat, wird bestätigen können: Wir sind nicht in der Lage, die Welt so zu sehen, wie sie ist. Dies war auch gar nicht das Ziel der Evolution. Von unseren Sinnen, vor allem den Augen, brandet ständig die enorme Informationsflut von ca. 11 Millionen Bit/s auf unser Gehirn ein. Die bewusste Verarbeitung dieser Informationsmenge würde unser Gehirn hoffnungslos überfordern. Wir können nämlich nur ca. ein Millionstel davon, nämlich lediglich ca. 17 bit/s bewusst wahrnehmen (Abb. 10.2). Unser Gehirn muss daher ständig eine enorme Auswahlaufgabe leisten, um aus dem riesigen Informationsangebot jene Anteile herauszufiltern, die für die jeweilige Situation (überlebens-) relevant sind. Wie diese Filterung erfolgt, wird durch unser angeborenes Verhalten und durch erworbene Wahrnehmungsgewohnheiten bestimmt. Wahrnehmen und insbesondere zu Sehen muss man nämlich lernen.

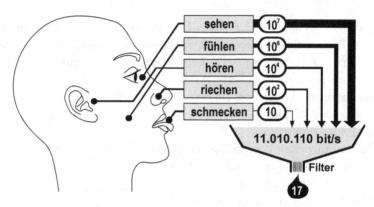

Abb. 10.2: Die dem Gehirn weitergeleitete Informationsmenge und der bewusst wahrnehmbarer Informationstropfen (Zahlen in bit/s)

Aus diesem Grund bestimmen der persönliche Hintergrund, unsere Erfahrungen und unsere Interessen wesentlich mit, was von dem Aufgenommenen in unser Bewusstsein dringt. So wird im Alltag z. B. eine modebewusste Frau unwillkürlich die Kleidung anderer Frauen registrieren, während einem Autonarren wiederum Automarken auffallen werden.

Anmerkung: *Unsere selektive Wahrnehmung zeigt sich auch darin, dass Informationen, die unsere Meinung unterstützen, stärker wahrgenommen werden, als jene, die mit ihr nicht übereinstimmen oder diese sogar in Frage stellen. So zeigen Untersuchungen, dass uns z. B. von Nachrichtensendungen die Informationen über jene Partei am besten in Erinnerung bleiben, der wir besonders nahe stehen.*

Sehgewohnheiten und *Erfahrung* bestimmen daher auch das Ergebnis von sicherheitstechnischen Sichtprüfungen. Bloßes Hinschauen reicht nicht. Mängel erkennen zu können, muss nämlich erlernt und geübt werden.

Mängel erkennen muss erlernt und geübt werden!

In Bezug auf die Sichtprüfung medizinischer Geräte bedeutet dies, dass es nicht genügt, bloß „die Augen offen zu halten"! Wer nicht weiß, worauf zu achten ist, wird auch nicht in der Lage sein, Sicherheitsmängel zu erkennen. Doch selbst das Wissen über die anzuwendenden Sicherheitsvorschriften und grundlegenden Sicherheitsanforderungen allein ist für eine kompetente Sichtkontrolle zu wenig: Ebenso wichtig sind Systematik und Disziplin: Wessen Aufmerksamkeit unkoordiniert von einem offen-sichtlichen Mangel zum anderen springt, der wird meist noch andere Unzulänglichkeiten übersehen.

Sichtkontrolle erfordert Wissen, Systematik und Disziplin!

Die Ziele der Sichtkontrollen sind naturgemäß je nach Anlassfall unterschiedlich. Es lassen sich zwei Fälle unterscheiden:

1. Die umfangreichste und genaueste Sichtkontrolle, sowohl außen als auch innen, ist bei der *Eingangsprüfung* bzw. bei der Erstprüfung von (Neu-) Geräten ratsam, insbesondere, wenn kein Prüfnachweis existiert. Werden zum Zeitpunkt der Übernahme Mängel übersehen, ist die Chance auf eine (kostenlose) Behebung durch den Hersteller vertan und das Risiko für möglichen späteren Ärger oder Sicherheitsrisiken erhöht.

Genaue Eingangsprüfungen vermeiden spätere Sorgen!

---

2. Bei *periodischen Überprüfungen* kann man an der Gerätedokumentation erkennen, ob die sicherheitstechnischen Eigenschaften eines Gerätes bereits durch eine vorangegangene Überprüfung kontrolliert worden sind. Die Aufmerksamkeit bei der wiederkehrenden Sichtprüfung richtet sich daher darauf, ob in der Zwischenzeit durch den Gebrauch an sich, durch Überbeanspruchung, Verschleiß oder Alterung die Sicherheit beeinträchtigt worden sein könnte. Eine Sichtprüfung im Inneren eines Gerätes ist nur dann erforderlich, wenn sich bei der äußeren Sichtprüfung der Verdacht auf Mängel im Geräteinneren ergibt, z. B. weil das Gehäuse verbeult ist, weil beim Schütteln Geräusche auf gelockerte Bauteile hindeuten, weil Spuren an Geräteöffnungen auf das Eindringen von Flüssigkeit hinweisen oder stark verschmutzte Luftfilter Übererwärmungen (und damit Isolationsprobleme) wegen behinderter Kühlung vermuten lassen.

10.6.1   Überblick

Vor Beginn der Sichtprüfung ist es wichtig, sich über die Funktion des Gerätes, die Schutzmaßnahmen, die bestehenden methodischen Risiken und über mögliche zusätzliche Risikofaktoren Klarheit zu verschaffen. Dies ermöglicht es einerseits, die Aufmerksamkeit für charakteristische Mängel zu schärfen und andrerseits, die Risikobewertung entsprechend vornehmen zu können.

Bei medizinischen Systemen ist zu beachten, dass Komponenten ausgetauscht, ergänzt oder entfernt worden sein könnten. Es wird daher kontrolliert, ob sich die Konfiguration gegenüber der vom Hersteller vorgesehenen bzw. der bei der letzten Überprüfung dokumentierten Zusammenstellung geändert hat.

Besondere Aufmerksamkeit erfordern sicherheitskritische Gerätemerkmale, wenn sie kombiniert auftreten wie z. B. große Energie, Hochspannung, Funkenbildung, Bewegung, Flüssigkeit, Gas, Druck, Temperatur, elektromagnetische Felder und Strahlung. In Tab. 10.2 sind sicherheitskritische Gerätemerkmale gelistet, die besondere Aufmerksamkeit erfordern und daraus folgende Prüfaspekte zusammengestellt, auf die dann besonders zu achten ist:

Tab. 10.2: Besondere Aufmerksamkeit erfordernde Gerätemerkmale

Merkmal	erhöhte Aufmerksamkeit bezüglich
lebenserhaltende Funktion	Funktion, Alarmfunktion, ggf. Akkus, Zubehör
Notfallgerät	mechanischer Zustand, Feuchtigkeitsschutz, Funktion, Alarmfunktion, ggf. Akkus, Zubehör
Biosignal-Überwachung	Funktion, Alarmfunktion, ggf. Akkus, Zubehör
Heimgerät	Benützungsschäden, Begrenzung der Ausgangswerte, Zubehör, laienverständliche Gebrauchsanweisung
kritischer Patientenkontakt	desinfektionsbedingte Materialverschlechterung (z. B. Risse im Gehäuse). *Vorsicht, Infektionsgefahr!*
kritischer Körperbereich	Patientenableitstrom, Patientenhilfsstrom
extrakorporaler Blutkreislauf	Funktion, Feuchtigkeitsschutz, Alarmfunktion, Zubehör, Verbindungsstücke
medizinisches System	Ableitströme, Gesamt-Anschlussleistung, Komponenten
kritischer Anwendungsort	Aufstellung, Explosionsschutz, Störbeeinflussung
fahrbares Gerät	Standfestigkeit, Feststellbarkeit, Netzleitung
bewegte Teile	Standfestigkeit, Klemmgefahr, Abnutzung, ggf. Not-Aus
Umgang mit Flüssigkeit	Schutz bei Verschütten (Öffnungen, Gerätestecker)
kritische Temperatur	Isolation (Verfärbung, Versteifung, Risse)
kritischer Druck	Anschlüsse (Leckagen), Alarmfunktion, Zubehör
kritische Gase	(Farb-)Kennzeichnung, Anschlüsse (Sicherheitsabstände), Vorhandensein brennbarer Stoffe
kritische Messfunktion	Kalibrierung, ggf. Alarmfunktion
kritische Stoffabgabe	Dosiergenauigkeit, Feuchtigkeitsschutz, Verschmutzung, Zubehör, Alarmfunktion
kritische Energieabgabe	Ausgangswerte, Zubehör, Alarmfunktion
kritische Strahlung	Strahlenschutzeinrichtungen, Schutzausrüstung, Alarmfunktion, ggf. Schlüsselschalter, Türverriegelung
elektromagnetische Felder	Aufstellung (Störbeeinflussung), ggf. Alarmfunktion

10.6.2 Gebrauchsanweisung

Die Gebrauchsanweisung ist ein in seiner Bedeutung auch von Herstellern häufig unterschätztes Dokument. Sie darf lediglich bei Produkten der Klasse I oder IIa entfallen, wenn sie für die sichere Anwendung nicht erforderlich ist /32/,/53/. Sie ist jedoch neben den Geräteaufschriften das wichtigste Kommunikationsmittel des Herstellers mit dem Anwender und Betreiber und ein wesentliches Element zur Risikobeherrschung, aber auch zur Begrenzung möglicher Haftungsansprüche (siehe Kap. 1.5.8 und 10.6.1).

Die Gebrauchsanweisung definiert und beschränkt nicht nur den Anwendungsbereich und die erwartbare Betriebsdauer. Sie legt auch Verpflichtungen auf und zwar dem Anwender (z. B. Aufstellungs-, Anwendungs- und Warnhinweise, Kontraindikationen) und dem Betreiber (z. B. Umfang der Wartung, Umfang und Intervalle von periodischen Überprüfungen).

Der Prüfer ist gesetzlich verpflichtet, die wiederkehrende Prüfung in jenen Intervallen und in jenem Umfang (Sicherheits- und Funktionsprüfungen) durchzuführen, die der Hersteller in der Gebrauchsanleitung festgelegt hat und muss daher die Gebrauchsanweisung bzw. deren entsprechenden Abschnitte kennen.

Grundsätzlich müssen die beizulegenden Informationen den Ausbildungsstand des Anwenders berücksichtigen, insbesondere, wenn die Anwendung auch durch Laien vorgesehen ist. Die Gebrauchsanweisung muss in einer „zumutbaren Sprache" und Übersetzungsqualität verfasst sein. In Österreich und Deutschland muss sie zwingend in Deutsch sein. Informationen können sich auch am Produkt und seiner Verpackung befinden, müssen aber jedenfalls auch in einer beigelegten Gebrauchsanweisung enthalten sein. Sie umfassen die Zweckbestimmung, Indikationen und Kontraindikationen, Anwendungshinweise, Gefahrenhinweise, technische Daten, Informationen über Aufstellungs- und Betriebsbedingungen, Angaben zur periodischen Inspektion, Überprüfung und Wartung, zur Lebensdauer (z. B. Ablaufdatum) und zur umweltgerechten Entsorgung. Diese grundlegende Anforderung bedeutet jedoch auch, dass es dem Hersteller z. B. nicht erlaubt ist, Informationen über die wiederkehrende sicherheitstechnische Überprüfung oder Wartung mit dem Hinweis vorzuenthalten, dass diese Arbeiten nur durch das von ihm autorisierte Personal geleistet werden dürfen.

10.6.3 Geräteaufschriften

Geräteaufschriften müssen so dauerhaft sein, dass sie während der gesamten erwartbaren Betriebs-Lebensdauer lesbar bleiben. Sie müssen so groß und so platziert sein, dass sie von der beim Betrieb zu erwartenden Position des Anwenders aus deutlich lesbar sind. Bei ortsveränderlichen Geräten dürfen sie auch an Seiten- oder Hinterwänden angebracht sein.

Die geforderten Geräteaufschriften (EN 60601) sind in Tab. 10.3 zusammengefasst.

10.6.4 Die Visitenkarte: das Typenschild

Es entspricht nicht nur der Höflichkeit, sondern auch der gesunden Vorsicht, sich bei der ersten näheren Begegnung vorzustellen und bekannt zu machen... oder würden Sie sich jemandem anvertrauen, der Ihnen völlig unbekannt ist und den Sie sich nicht einmal genauer angesehen haben?

In ähnlicher Weise ist es vernünftig und wichtig, sich vor Beginn der Prüfung auch mit einem Gerät vertraut zu machen und z. B. abzuklären, ob es sich tatsächlich um ein

Tab. 10.3: Geforderte Geräteaufschriften, falls zutreffend

Gegenstand	Inhalt
Hersteller	Name und Anschrift
Geräteart	Modell- und/oder Typenbezeichnung
Stromversorgung	neben Anschlussstelle:Netzversorgung: Netzspannung und Phasen, Nennstrom oder Nennleistung Netzteil: Modell oder Type
Anwendungsteil(e)	Schutzgrad
Sicherheitshinweise	Warnhinweise, Gebote und Verbote mit Text und/oder Symbolen
Leistungsaufnahme	Nennstrom oder Nennleistung
Schutzgrad	Schutzklasse, Eindringschutz
Betriebsart	Symbol mit Zeitangaben
Sicherungswerte	neben (zugänglichen) Sicherungshaltern:Spannung, Strom und Auslösecharakteristik
Kühlbedingungen	z. B. Versorgung mit Wasser oder Luft
Hochspannungsausgang	Warnsymbol

elektromedizinisches Gerät handelt, ob und welche sicherheitskritische Funktionen es besitzt, welche Schutzmaßnahmen bei ihm angewendet wurden und ob es hinsichtlich seiner Netzspannung oder Stromaufnahme für den Anschluss an die Steckdose oder den Einsatz in der vorgesehenen Umgebung überhaupt geeignet ist. So könnte z. B. ein UV-Bestrahlungsgerät nicht zur medizinischen Anwendung vorgesehen sein, ein Gerät, das aus den USA oder Japan kommt, wo die Netzspannung nur ca. halb so groß ist, wie in Europa, beschädigt werden, wenn ein vorhandener Spannungswahlschalter nicht auf 230 V umgestellt ist und ein leistungsstarkes Gerät mit einer Stromaufnahme über 16 A für die übliche Schukosteckdose nicht geeignet sein. Schließlich wäre ja auch noch in der Gebrauchsanweisung nachzusehen, ob bei der Anwendung oder Prüfung des Gerätes besondere Hinweise zu beachten sind.

Damit dies alles und mehr leicht erkannt werden kann, ist der Hersteller verpflichtet, an jedem Gerät Geräteaufschriften und eine „Visitenkarte" in Form des Typen- bzw. Leistungsschildes anzubringen. Dieses befindet sich meist an der Rückseite des Gerätes und enthält die wichtigsten technischen Informationen in Form von Zahlen und genormten Symbolen. Um die Visitenkarte daher lesen zu können, ist es erforderlich, mit der genormten Kennzeichnung vertraut zu sein. Machen Sie selbst einmal einen Test anhand des Beispiels in Abb. 10.3 und versuchen Sie, die angeführten Informationen den Zeichen und Symbolen des Typenschildes (ohne vorher den Begleittext zu lesen) zuzuordnen!

Die Gestaltung des Typenschildes ist nicht genormt, sondern dem Hersteller überlassen. Die komprimierte Information des Beispiels in Abb. 10.3 bedeutet: Es handelt sich um ein Lasergerät der Laserklasse 3B (laut Laserwarnschild), ein elektromedizinisches Gerät der Risikoklasse IIb (wegen der Gefährlichkeit der Laserstrahlung), das die EG-Baumusterprüfung bezüglich der grundlegenden Anforderungen bestanden hat und

Abb. 10.3: Leistungsschild eines elektromedizinischen Lasergerätes der Laserklasse 3B der Risi-koklasse IIb, schutzisoliert, geeignet für drei verschiedene Spannungsebenen, mit dreiphasigem Netzanschluss (erfordert daher einen speziellen Netzstecker), mit erdfreiem Anwendungsteil, mit Schutz vor Berührung aktiver Teile mit dem Finger, Spritzwasserschutz, Explosionsschutz gegen-über Mischungen mit Luft, für Kurzzeitbetrieb, mit erhöhtem Anwendungsrisiko, typengeprüft und mit marktüberwachtem Vertrieb, mit einer erwartbaren Betriebslebensdauer bis 15 Jahre nach Her-stellung, wonach es nicht mit dem Hausmüll entsorgt werden darf

qualitätsgesichert hergestellt wurde (folgt aus CE-Kennzeichen mit Kenn-Nummer der Europaprüfstelle), das die Typprüfung nach der zutreffenden (Laser-) Gerätevorschrift be-standen hat und dessen Vertrieb am Markt überwacht wird (folgt aus dem VDE-Sicher-heitszeichen). Das Gerät ist doppelt isoliert (Schutzklasse II laut dem Symbol mit den zwei ineinander liegenden Quadraten), explosionsgeschützt gegenüber explosionsfähigen Gemischen mit Luft (gemäß dem runden AP-Schutzzeichen, links Mitte), vor Berührung gefährlicher Teile mit dem Finger geschützt (gemäß IP-Code IP2X) und weist einen er-höhten Feuchtigkeitsschutz (Spritzwasserschutz) auf (IPX2). Es besitzt einen von Erde isolierten Anwendungsteil (Symbol mit dem im Quadrat befindlichen Männchen) und ist für Kurzzeitbetrieb mit 45s Betrieb und nachfolgender 10minütiger Pause vorgesehen (Symbol mit Zeitangaben rechts Mitte). Die erwartbare Betriebslebensdauer ist auf 15 Jahre ab Produktionsdatum begrenzt (Datum nach Sanduhr in Verbindung mit dem Datum nach dem Fabrik-Symbol) und darf nicht mit dem Hausmüll entsorgt werden (durchkreuz-tes Mülltonnen-Symbol).

Das Gerät ist für drei Nennspannungen einstellbar (folgt aus den mit Schrägstrichen getrennten Spannungswerten). Die richtige Spannungseinstellung ist daher zu überprüfen. Die Kontrolle der eingestellten Netzspannung ist unbedingt erforderlich, da bei falscher Einstellung im ungünstigsten Fall Ströme bis 38 A fließen würden, die zu einer gefähr-lichen Übererwärmung nicht nur im Gerät, sondern auch in der Elektroinstallation führen könnten. Bei 230 V besitzt es einen Nennstrom von 18 A. Dieser ist somit größer, als es die üblichen Schuko-Steckdosen zulassen. Die Netzleitung muss daher einen größeren Querschnitt aufweisen. Sie darf bei Reparatur nicht mit den üblichen 16 A-Schukosteckern ausgestattet werden, um das Einstecken in normale Steckdosen zu ermöglichen.

Das Beispiel sollte demonstrieren, dass ein Typenschild sehr vielfältige und sicherheitstechnisch bedeutsame Informationen enthalten kann, deren Ignorierung ein erhebliches Risiko darstellen würde. Darüber hinaus zeigt es, dass es aufgrund der Kenntnis des Typenschildes nötig sein kann, auch die Eignung der Versorgung (am Beispiel des versorgenden Stromkreises der elektrischen Installation) zu überprüfen. Die Erfahrung zeigt, dass z. B. bei einem Anschluss eines leistungsstarken Gerätes an einen Stromkreis nur der Leitungsschutzschalter im Verteiler gegen ein Modell mit erhöhtem Nennwert ausgetauscht worden sein könnte, während die Verdrahtung weiterhin nur für kleinere Nennströme geeignet wäre. In Verbindung mit dem Risiko einer falschen Spannungseinstellung (bei 110 V-Einstellung würden sogar 38 A fließen) bestünde somit sogar erhöhte Brandgefahr.

Anmerkung: *Im Rahmen der periodischen Überprüfung der Elektroinstallation wäre grundsätzlich auch die Übereinstimmung der Verdrahtung mit den Nennwerten der Schutzorgane zu überprüfen.*

10.7   Sichtprüfung außen

Die äußere Sichtprüfung ist ein unverzichtbarer Teil der Inspektion und wiederkehrenden Prüfung elektromedizinischer Geräte. Wegen der Vielfalt des Gerätedesigns und der Erscheinungsformen der Geräte ist ein systematisches Vorgehen unverzichtbar. Es empfiehlt sich, die äußere Sichtprüfung konsequent und systematisch in einer stets gleichbleibenden Reihenfolge der Prüfschritte durchzuführen:

Nach der allgemeinen Beurteilung des Gerätes und seiner Eigenschaften (z. B. Standfestigkeit) folgt der Blick den Weg der Spannungsversorgung vom Netzstecker über die Netzleitung zur Einführungsstelle in das Gerät, dem Netzschalter und den Einstellteilen bis zu den Ausgängen und dem Zubehör. Dies lässt sich in den 10 Prüfschritten der äußeren Sichtprüfung zusammenfassen (Abb. 10.4):

1. Allgemeine Geräteübersicht
2. Gehäuse (einschließlich Öffnungen)
3. Netzstecker
4. Netzkabel bis zur Einführungsstelle (Knicksschutz und Zugentlastung)
5. Sicherung(en)
6. Netzschalter
7. Anzeigen
8. Bedienungselemente
9. Anschlüsse (Anwendungsteile, Signalein-, -ausgänge, Potenzialausgleich)
10. Anwendungsteile und Zubehör

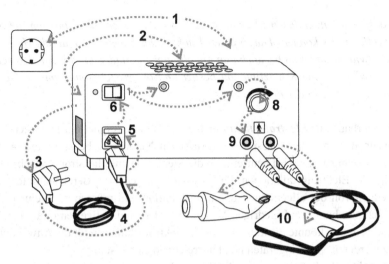

Abb. 10.4: Systematische Prüfreihenfolge bei der äußeren Sichtprüfung vom 1...Überblick, 2... Gehäuse(öffnungen), 3...Netzstecker, 4...Netzkabel bis -einführungsstelle, 5...Gerätesicherungen, 6...Netzschalter, 7...Anzeigen, 8...Bedienungselemente, 9...Anschlüsse, 10...Anwendungsteile und Zubehör

1. Gerät

Vor der eigentlichen Sichtprüfung des Gerätes sind die Versorgungs- und Aufstellungs-bedingungen zu überprüfen. Dazu ist es erforderlich, die Anforderungen für das Gerät zu kennen. Wesentliche Informationen finden sich am Typenschild. Es enthält die Anschluss-bedingungen z. B. die elektrischen Nennwerte für Strom und Spannung, ggf. Anschluss-druck für Luft- oder Kühlwasserversorgung.

Die Schutzklasse des Gerätes lässt sich nur dann leicht bestimmen, wenn alle konstruk-tiven Regeln eingehalten wurden. Die Schutzklasse II (Schutzisolierung) erkennt man am entsprechenden Symbol, Batteriegeräte an der fehlenden Netzanschlussmöglichkeit (Netzkabel oder Kaltgerätestecker). Die Schutzklasse I (Schutzerdung) muss nicht spe-ziell gekennzeichnet sein. Man kann davon ausgehen, dass Schutzerdung vorliegt, wenn keines der anderen Merkmale zutrifft. Notwendige, aber nicht hinreichende Hinweise auf Schutzerdung sind ein Schukostecker, eine dreiadrige Netzanschlussleitung, zweipolige Geräte-Absicherung und berührbare metallische Gehäuseteile. Ist dies zur Beurteilung nicht ausreichend, muss ggf. durch eine innere Sichtprüfung Klarheit verschafft werden.

Anmerkung: *Auch Geräte der Schutzklasse II dürfen eine dreiadrige Netzanschlusslei-tung mit Schuko-Stecker und ein (doppelt isoliertes) Metallgehäuse besitzen. Allerdings darf die (Funktions-) Erdverbindung nicht zu Schutzzwecken (z. B. Erdung von Gehäuse-teilen) verwendet werden. In diesem Fall muss das Gerät jedoch (wie bei SK II) allpolig abgesichert sein).*

Anmerkung: *Die angeführten Merkmale reichen daher noch nicht aus, um auf Schutzerdung schließen zu können. Durch einen Blick in das Innere oder durch Messung des Schutzleiterwiderstandes zu berührbaren Metallteilen kann abgeklärt werden, ob ein vorhandener Erdleiter eine Schutzfunktion besitzt und ob es sich somit um ein Gerät der Schutzklasse I handelt oder nicht.*

- Ob die vorhandene *Elektroinstallation* für das Gerät geeignet ist, lässt sich beurteilen, wenn dessen Schutzklasse und elektrischen Nennwerte bekannt sind. Aufgrund des Gerätenennstroms wird beurteilt, ob die Steckdose und die Stromkreisabsicherung ausreichen. Elektroinstallationen für medizinisch genutzte Bereiche unterscheiden sich jedoch von der allgemeinen Elektroinstallation und müssen z. B. einen 30 mA-Fehlerschutzschalter und niedrigen Netzinnenwiderstand aufweisen (Kap. 6.1.2). Bei Heimanwendung könnte die konventionelle Elektroinstallation für die Anwendung von schutzgeerdeten Medizingeräten nicht ausreichend sicher sein.
- Die *Anschlussbedingungen* für Druckluft, Wasser oder medizinische Gase (z. B. Sauerstoff) werden mit den Spezifikationen der Anschlüsse verglichen und die Verwechslungssicherheit der Gasanschlüsse kontrolliert.

Anmerkung: *Gasanschlüsse müssen mit verwechslungssicheren NIST-Verbindungen ausgestattet und durch Beschriftung und/oder Farbcode eindeutig gekennzeichnet sein.*

- Die *Aufstellungsbedingungen* des Gerätes werden kontrolliert in Hinblick auf
  - *Belüftungsmöglichkeit* (sind Lüftungsgitter frei, Filter noch ausreichend sauber?);
  - *Temperaturbedingungen* (könnten zu eng benachbarte Geräte oder in der Nähe befindliche Heizkörper zur Übererwärmung im Gerät beigetragen haben?);
  - *elektromagnetische Verträglichkeit* (sind z. B. störempfindliche Geräten wie EMG-, EEG-Gerät zu nahe an Störquellen wie Verteilerkästen, elektrische Steigleitungen, Diathermiegeräte oder HF-Chirurgiegeräte?). Dabei ist zu beachten, dass Wände keinen Schutz gegen elektromagnetische Felder bieten! Könnte das Gerät selbst zur Störquelle für die Nachbarschaft werden, weil es elektromagnetische Störfelder aussendet (z. B. Dialysegerät, HF-Chirurgiegerät, Magnetresonanzgerät)?;
  - *Explosionsgefahr*, wenn das Gerät oder dessen Fußschalter in explosionsgefährlichen Bereichen aufgestellt sind (steht es in der Zone M oder G? Ist ein konstruktiver Explosionsschutz vorhanden? Sind Geräterollen elektrostatisch leitfähig?);
  - *sonstige* kritische Umgebungseinwirkungen, (gibt es Anzeichen von einwirkender Feuchtigkeit (z. B. Korrossion), Verschmutzung?).

Die allgemeine Beurteilung von Geräten erfolgt nach den Anforderungen der EN 60601-1. Medizingeräte müssen nämlich sein:
- *standfest:* Geräte dürfen in der ungünstigsten Position nicht nur auf ebenen Flächen, sondern auch bis wenigstens 5° Neigung nicht kippen. Daher Vorsicht bei Geräten, die einen hohen und/oder variablen Schwerpunkt besitzen, die also schmal und hoch gebaut sind oder höhenverstellbare, schwenkbare oder ausladende Teile besitzen (z. B.

Dentalröntgengerät, Patientenhebevorrichtung, Laborgerät, Bestrahlungsgerät). Gerätefüße sind auf Vollzähligkeit und sichere Befestigung zu kontrollieren. Fahrbare Geräte müssen eingebremst werden können, damit unbeabsichtigte Bewegungen im Stand oder während des Transports verhindert werden (§ 9.4.3 EN 60601-1).

- *robust*: Geräte müssen der rauen Behandlung des bestimmungsgemäßen Gebrauchs standhalten (z. B. Druckeinwirkung, Fall aus geringer Höhe, bei fahrbaren Geräten Anfahren gegen eine 2 cm hohe Stufe). Dies gilt insbesondere bei Notfalleinsatz oder Laienanwendung – das heißt jedoch nicht, dass derartige Prüfungen bei der periodischen Überprüfung vorgenommen werden sollten!
- *verletzungssicher*: Geräte dürfen keine gefährlichen Ecken, Kanten oder Grate aufweisen, nicht quetschen oder klemmen. Auf Klemm- und Quetschgefahr ist besonders bei verstellbaren Teilen mit einer scherenden Bewegung zu achten (z. B. Krankenhausbetten, höhenverstellbare Geräte, sich absenkende Geräte wie z. B. Patientenlifter). Verletzungsgefahr kann auch durch rotierende Teile bestehen, z. B. bei Zentrifugen.
- *stabil*: Teile, die Patienten tragen oder halten, müssen z. B. für eine Last von mindestens 135 kg (mit einem Sicherheitsfaktor von wenigstens 2,5) ausgelegt sein (§ 9.8.2 EN 60601-1), sofern der Hersteller es nicht anders angegeben hat.

2. Gehäuse

Gehäuse stellen ein wesentliches Element des Berührungsschutzes dar. Dieser muss während der gesamten erwartbaren Betriebsdauer gewährleistet sein. Schutzgehäuse dürfen sich nur mittels Werkzeug öffnen lassen. Bei Kunststoffgehäusen ist auf typische mechanische Schwachstellen wie z. B. Lüftungsgitter und Kühlschlitze, aber auch auf Risse zu achten. Bei infektionsgefährdeten Geräten ist zu prüfen, ob sich durch Desinfektion eine Materialverschlechterung, z. B. Aufrauung, Versprödung, Verformung, ergeben haben könnte. Metallgehäuse könnten Verformungen und Dellen aufweisen.

Anzeichen von Verformungen, Beschädigung, durch Übererwärmung verursachte Verfärbungen, von Flüssigkeitsresten oder übermäßiger Verschmutzung (z. B. bei Lüftungsgittern bzw. Luftfiltern) sind bedenklich: Wenn sie festgestellt werden, muss durch eine *innere Sichtkontrolle* abgeklärt werden, ob dadurch verursachte sicherheitsrelevante Veränderungen vorliegen.

Geräteöffnungen sind zu beurteilen. Der Anwender-Berührungsschutz ist mangelhaft, wenn Spannung führende Teile wie Lötstellen auf Platinen, blanke Bauteilfüße oder nur basisisolierte Verdrahtung durch Öffnungen von außen (auch z. B. nach Aufklappen von Abdeckungen) direkt oder mittels Prüfstift und –stab berührbar sind.

Anmerkung: *Der Prüfstift zur allseitigen Prüfung ist 1,5 cm lang und verjüngt sich von 4 mm auf 3 mm Durchmesser, der frei hängende Prüfstab (4 mm Durchmesser, 10 cm Länge) wird für Öffnungen an der Oberseite verwendet.*

Alles ohne Werkzeug Zugängliche gilt als berührbar!

3. Netzstecker

Geräte müssen eine Vorrichtung besitzen, mit der sie allpolig vom Netz getrennt werden können. Dies muss nicht unbedingt ein Netzschalter sein. Die Netztrennung darf auch direkt durch Ziehen des Netzsteckers erfolgen (§ 8.11.1 EN 60601-1). Netzstecker dürfen jedoch nicht mit mehr als einer Netzanschlussleitung ausgestattet sein.

Die Gehäuse von Netzsteckern zählen zu den mechanisch am stärksten beanspruchten Teilen. Sie sind daher oft schadhaft. Wenn möglich, sind daher Stecker grundsätzlich (auch bei bloßer „äußerer Sichtprüfung") aufzuschrauben und die Leitungsanschlüsse innen zu kontrollieren. Wenn die Befestigung der Leiter durch Schraubklemmen erfolgt, dürfen Litzenleiter nicht direkt geklemmt werden (Gefahr der Querschnittsverringerung durch Litzenbruch). Sie dürfen auch nicht lötverzinnt sein (Gefahr sich verschlechternder Kontaktierung wegen Verformung des Lötzinns durch den Kontaktdruck). Der Schutzleiter muss nacheilend angeschlossen und das Kabel von Zug entlastet sein.

Stecker für Gleichspannungsquellen sind so auszuführen, dass gefährliche Verpolungen verhindert sind (§ 8.2.2 EN 60601-1).

4. Netzanschlussleitung

Die Leiter des Netzkabels müssen einen Mindestquerschnitt von 0,75 mm² Cu aufweisen, bei Nennströmen bis 10 A 1 mm² Cu, bis 16 A 1,5 mm² Cu. Das Netzkabel ist entlang seiner gesamten Länge auf Isolationsschäden zu kontrollieren. Mechanisch besonders gefährdet sind Netzkabel von fahrbaren Geräten (einschließlich Krankenhausbetten). Bewegte Netzkabel dürfen nicht wärmer als 60°C werden. Es ist daher besonders bei Heizkörpernähe auf Veränderungen durch Übererwärmung zu achten, z. B. auf Versprödung oder Verfärbung. Der Schutzleiter muss ein Bestandteil der Netzleitung sein und darf nicht getrennt geführt werden.

An der Einführungsstelle in das Gerät muss das Netzkabel vor zu starker Krümmung geschützt sein (Krümmungsradius $\geq$ 1,5fache des Kabeldurchmessers), (§ 8.11.3.6 EN 60601-1). Der Biegeschutz kann eine versteifende Umhüllung aus Isolierstoff sein, z. B. eine ausreichend lange Isolierstofftülle oder –spirale, oder durch entsprechende Formgebung der Einführungsstelle erreicht werden, z. B. eine trompetenförmige Erweiterung der Öffnung. Eine Metallspirale, wie sie früher z. B. an Bügeleisen zu finden war, ist dafür nicht zulässig. Bei fest angeschlossenen Geräten (also ohne Netzstecker) kann auf einen Biegeschutz verzichtet werden.

Das Netzkabel muss an der Einführungsstelle so befestigt sein, dass die Leiter vor Zug und Verdrehen mechanisch entlastet sind und das Kabel weder herausgezogen noch in das Gerät hineingestoßen werden kann (§ 8.11.3.5 EN 60601-1). Die Wirksamkeit der Zugentlastung kann von außen einfach durch eine Zug- und Druckprobe überprüft werden. Das Verknoten der Leitung, wie es z. B. bei Deckenlampen im Haushalt häufig zu finden ist, oder das Klemmen durch eine Schraube, die direkt auf das Kabel drückt, sind verboten (§ 8.11.3 EN 60601-1).

Kaltgerätestecker sind dann besonders kritisch zu beurteilen, wenn das Gerät vor Verschütten von Flüssigkeit geschützt werden muss (z. B. Reizstromgerät). In diesem Fall könnte nämlich verschüttete Flüssigkeit direkt oder durch Kapillarwirkung zu den Steckerkontakten vordringen und die Netzspannung nach außen hin verschleppen und berührbar machen.

5. Sicherungen

Im Gegensatz zu Haushaltsgeräten müssen elektromedizinische Geräte vor Überlast und Kurzschluss geschützt sein (§ 8.11.5 EN 60601-1). Geräte mit einer Erdverbindung (Schutzklasse I mit Schutzleiter bzw. Schutzklasse II mit Funktionserdleiter) müssen allpolig abgesichert sein, bei Geräten der Schutzklasse II ohne Erdverbindung reicht eine einpolige Absicherung. Von außen zugängliche Sicherungen müssen bezüglich des Berührungsschutzes kontrolliert werden. Ihre Kontakte dürfen weder direkt mit dem Finger, noch unter Zuhilfenahme des Sicherungseinsatzes berührt werden können. Es ist auch zu überprüfen, ob die Sicherungsnennwerte (Spannung, Strom und Auslösecharakteristik) auf dem Gerät angegeben sind und die aktuell eingesetzten Sicherungen den Angaben entsprechen. (Nach einem Kurzschluss könnten ja zur schnellen Instandsetzung gerade verfügbare Sicherungseinsätze verwendet worden sein, die mit den geforderten Werten nicht übereinstimmten.) Der Nennwert der Sicherung muss ausreichen, um den Nennstrom des Gerätes zuverlässig führen zu können. Ein zu großer Sicherungswert ist jedoch nicht zulässig, weil sonst das Konzept gefährdet wird, die Auswirkungen eines Fehlers auf das betroffene Gerät zu beschränken und unnötiges Unterbrechen des gesamten Stromkreises zu verhindern.

6. Netzschalter

Elektromedizinische Geräte müssen zwar allpolig vom Netz trennbar sein, dies muss jedoch nicht unbedingt durch einen Schalter erfolgen. Auch das Ziehen des Netzsteckers wäre als allpolige Trennung zulässig. Wenn aber ein Netzschalter vorhanden ist, so muss er alle auf ihn anzuwendenden Bedingungen erfüllen (z. B. mindest 2 mm Öffnungsweite besitzen und allpolig schalten). Einpolige Schalter sind daher als Netzschalter nicht zulässig. Im Gegensatz zu Haushaltsgeräten dürfen in Netzkabeln von Medizingeräten keine Netzschalter eingebaut sein (§ 8.11.1 EN 60601-1). Wo der Netzschalter am Gerät angebracht wird, bleibt zwar dem Hersteller überlassen, doch muss sein Schaltzustand in der Position des bestimmungsgemäßen Gebrauchs klar erkennbar sein.

Schaltzustände müssen mit dem genormten Symbol „ **I** " und „ **O**" gekennzeichnet sein (siehe Tab. 10.5). Wippschalter müssen so montiert sein, dass die Einschaltung nach oben oder nach rechts erfolgt. Wenn eine Netzkontrollleuchte vorhanden ist, muss sie grün leuchten (§ 7.8 EN 60601-1).

7 Anzeigen

Die Farben von Signalleuchten sind nicht frei wählbar (§ 7.8 EN 60601-1). Es müssen nämlich die Festlegungen für Alarmsignale (EN 60601-1-8) eingehalten werden (siehe Kap. 9.2.2). Aus der Farbgebung und der zeitlichen Struktur akustischer und/oder optischer Alarmsignale muss die Dringlichkeit einer erforderlichen Handlung ableitbar sein (Tab. 10.4). Bei Alarmen mit hoher oder mittlerer Priorität, bei deren Nichtbeachtung

Tab. 10.4: Merkmale optischer Anzeigen

Priorität	Farbe	Blinkfrequenz	Bedeutung
hoch	rot	1,4–2,8 Hz	sofortiges Handeln erforderlich
mittel	gelb	0,4–0,8 Hz	rasches Handeln erforderlich
niedrig	türkis	keine	keine unmittelbare Handlung nötig
keine	grün	keine	betriebsbereit
	sonstige Farben	keine	sonstige Informationen

reversible oder irreversible Verletzungen oder gar der Tod möglich sind, muss daher die Dringlichkeit außer durch die Farbe auch noch durch eine höhere Blinkfrequenz signalisiert werden.

Die Farbe Rot ist grundsätzlich ausschließlich für Warnungen vorgesehen, die eine unmittelbare Gefahr anzeigen oder dringendes Handeln fordern. Eine rote Netzkontrollleuchte, wie sie z. B. in Haushaltsgeräten oder universellen Mehrfachsteckdosen erlaubt wären, ist daher für Medizingeräte nicht zulässig.

8 Bedienelemente

Bedienelemente müssen durch eine Skala, einen Zeiger oder durch eine Angabe gekennzeichnet sein, aus der eindeutig hervorgeht, in welcher Richtung sich der Ausgangswert vergrößert (§ 7.4.2 EN 60601-1). Kann der Ausgangswert gefährlich hoch werden, müssen die Bedienelemente so gestaltet sein, dass eine unbeabsichtigte Verstellung verhindert ist, z. B. durch zwei unabhängige Handlungen wie Eintippen & Quittieren, Schutzabdeckung aufheben & verstellen (§ 12.4 EN 60601-1). Die Farbe Rot darf nur für Bedienelemente zur Abschaltung im Notfall verwendet werden, z. B. für Not-Aus Schalter (§ 7.8.2 EN 60601-1).

Bei der Sichtprüfung ist auf das Vorhandensein vorgesehener Schutzklappen, die ausreichende Befestigung von Drehknöpfen (kein Lockern oder Abziehen), die Übereinstimmung der Minimum-Stellung mit der angebrachten Markierung und das Vorhandensein eines Anschlages zur Vermeidung des Überdrehens oder Durchdrehens zu achten. Darüber hinaus ist im Sinne der Gebrauchstauglichkeit und der Vermeidung von Bedienungsfehlern auch auf die Verwechslungssicherheit und auf die eindeutige Zuordnung zu den Funktionen zu achten. Dazu gehört auch die normgerechte Kennzeichnung. In Tab. 10.5 sind die wichtigsten Symbole für Schaltelemente zusammengestellt.

9 Anschlüsse

Geräteanschlussstellen müssen eindeutig gekennzeichnet sein. Dies kann durch Symbole oder Beschriftung erfolgen (Tab. 10.6). Geräteanschlüsse müssen konstruktiv so gestaltet sein, dass gefährliche Verwechslungen verhindert sind. Dies betrifft nicht nur die Verwechslungsmöglichkeit von Anwendungsteilen, sondern auch von externen Verbindungen zu Systemkomponenten. Um gefährliche Verwechslungen zu vermeiden, dürfen z. B. Gerätesteckdosen keine Netzstecker aufnehmen können. Anschlüsse und Stecker für Patientenleitungen dürfen keine unbeabsichtigte Erdung des Patientenstromkreises zulassen (§ 8.5.2 EN 60601-1).

Tab. 10.5: Kennzeichnung
von Schaltelementen

Symbol	Bedeutung
◯	Netzschalter „Netz Ein"
		Netzschalter „Netz Aus"
⏻	Taster: „Ein" / „Aus"
⏼	Taster: „Standby"
⊖	Taster „Ein"
▽	„Not-Aus"
⊙	„Geräteteil Ein"
◯	„Geräteteil Aus"
◡	„Geräteteil Standby"
◇	„Funktion Ein"
▽	„Funktion Aus"
▽	„Funktion Standby"

Um Unfälle durch Verwechslung zu verhindern und die unbeabsichtigte Erdung von Patienten beim Lösen der Verbindung zu vermeiden, dürfen Patientenleitungen grundsätzlich nicht mit Bananensteckern versehen sein. Medizingeräte dürfen auch keine Steckerbuchsen für Bananenstecker aufweisen. Wenn die Lösung der Verbindung gefährlich ist, müssen Patientenanschlüsse gegen unbeabsichtigte Trennung mechanisch gesichert (z. B. verriegelt) sein (z. B. Nerven- und Muskelstimulator, Dialysegerät, Lasergerät).

Anmerkung: *Dass Verwechslungen von Patientenanschlussleitungen gefährlich werden können, zeigt folgender tragische Unfall: Als eine Mutter ihr Kind im Krankenhaus besuchte, zog die Krankenschwester die EKG-Anschlusskabeln vom Gerät ab, um dem*

Kind mehr Bewegungsfreiheit zu ermöglichen. Ordentlich, wie Mütter nun einmal sind, wollte die Mutter am Ende der Besuchszeit die Verbindung wiederherstellen, blickte auf die Bananenstecker der Kabel und nach möglichen Anschlussstellen. Sie glaubte, diese an der farbigen Netzsteckdose über dem Bett gefunden zu haben (siehe Kap. 6.1.2.1), steckte die Stecker dort hinein und versetzte so ihrem Kind einen tödlichen Stromschlag.

Bei Geräten mit Anschlüssen für brennbare oder verbrennungsfördernde Gase muss ein Sicherheitsabstand von wenigstens 20 cm zu elektrischen Steckverbindungen eingehalten sein (z. B. bei medizinischer Versorgungseinheit, Sauerstoffbeatmungsgerät). Gasanschlüsse müssen farbneutral und mit der Aufschrift der Gasart versehen sein oder die Gasart durch die genormte Farbkennzeichnung (ISO 32, /67/) angeben.

Bei Gasen wird durch die Farbkennzeichnung primär die Art der Gefährdung signalisiert, also brennbar bzw. explosiv, giftig oder korrosiv, inert oder oxidierend. Einige häufig verwendete Gase werden durch spezielle Sonderfarben gekennzeichnet (Tab. 10.7).

Anmerkung: *In den DACH-Ländern Deutschland, Österreich, Schweiz und Ungarn ist wegen der seit 2006 vollzogenen Umstellung der alten Farbkennzeichnung besonders auf die Verwechslungsgefahr zwischen Sauerstoff (alt: blau – nun weiß) und Lachgas (alt: weiß – nun blau) zu achten. Tödliche Verwechslungen sind bereits aufgetreten.*

10 Anwendungsteile und Zubehör

Gegenüber den früheren Ausgaben der Norm EN 60601-1 wurde nun die Festlegung, was unter einem Anwendungsteil zu verstehen ist, geändert /13/. Es wird nun zwischen Anwendungsteil, Patientenanschluss und sonstigen Teilen unterschieden (siehe Kap. 9.2.4). Unter dem Anwendungsteil versteht man nur mehr jene (auch nicht leitfähigen) Teile,

Tab. 10.6: Kennzeichnung von Geräteanschlüssen

Symbol	Bedeutung
🔲	Anwendungsteil (Type BF)
▽	Potenzialausgleich
⊕→	Signaleingang
⊙→	Signalausgang
▯	Handschalter
⌖	Fußschalter

Tab. 10.7: Farbkennzeichnung medizinischer Gase nach ISO 32, /67/

Bedeutung	Farbe
brennbar bzw. *explosiv*	*rot*
giftig oder korrosiv	*gelb*
inert	*grün*
oxidierend	*hellblau*
Sauerstoff	weiß
Lachgas	blau
Stickstoff	schwarz
CO_2	grau
Druckluft	weiß/schwarz

die beim bestimmungsgemäßen Gebrauch *zwangsläufig* mit dem Patienten in physischen Kontakt kommen *müssen* (§ 3.8). Andere (nicht unbedingt berührbaren) Teile, die mit dem Anwendungsteil elektrisch leitfähig verbunden sind, werden als Patientenanschlüsse oder sonstige Teile bezeichnet (§ 3.9). Je nach dem für den Patienten erwachsenen Risiko können daher auch andere Teile als der Anwendungsteil (z. B. Patientenanschlüsse) den gleich hohen Schutz benötigen wie der Anwendungsteil selbst.

Daher ist z. B. die EKG-Elektrode ein Anwendungsteil, das mit ihr leitfähig verbundene Anschlusskabel stellt den Patientenschluss dar und die kontaktierten elektronischen Schaltkreise bis zur Trennstelle zum Netzteil sind sonstige Teile, die den gleichen Schutz erfordern wie der Anwendungsteil (Abb. 10.5). Die Auflagefläche des OP-Tisches ist der

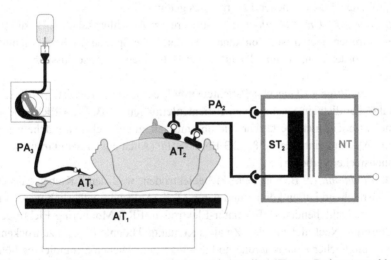

Abb. 10.5: Beispiele für die Abgrenzung des Anwendungsteils (*AT*) zum Patientenanschluss (*PA*) und sonstigen wie Anwendungsteile zu behandelnden Teile (*ST*). *NT* Netzteil, AT_1 Auflagefläche des Operationstisches (Tücher gelten nicht als ausreichende Isolation); AT_2 EKG-Elektrode (einschließlich nicht leitfähiger Kleberand bis zum Stecker); PA_2 EKG-Anschlusskabel; ST_2 EKG-Verstärkerschaltung bis zur Trennstelle zum Netzteil; AT_3 Infusionskanüle; PA_3 Flüssigkeitssäule bis zur Tropfkammer

Anwendungsteil, auch wenn der Patient von ihm meist durch Zwischenlagen getrennt ist. Bei Infusionspumpen ist die Kanüle der Anwendungsteil, das Infusionsbesteck eine „Patientenanschlussleitung", die die Verbindung zur Tropfenkammer herstellt.

Bei der Sichtprüfung der Anwendungsteile und des Zubehörs ist z. B auf Folgendes zu achten:

- die *Kennzeichnung* (mit dem Symbol gemäß Tab. 10.6): Anwendungsteile für Patientenstromkreise müssen erdfrei (also Typ BF oder CF) sein (§ 8.3 EN 60601-1). Die Kennzeichnung muss in der Nähe des Patientensteckers erfolgen, es sei denn, es gibt keine Möglichkeit dazu; in diesem Fall darf der Anwendungsteil am Typenschild gekennzeichnet werden (§ 7.1.10 EN 60601-1);
- die *Vollzähligkeit* des benötigten Zubehörs;
- die *Eignung*: Anwendungsteile und Zubehör können für die Sicherheit entscheidend sein. Am Markt angebotenes Zubehör kann, muss aber nicht für das Gerät geeignet sein. So ist z. B. der Widerstand einer HF-Chirurgie-Neutralelektrode auf die Alarmgrenze der Überwachungsschaltung im Gerät abgestimmt, die die (Teil-)Ablösung der Neutralelektrode rechtzeitig erkennen soll. Alternative Produkte könnten daher die Alarmierung gefährlich verzögern, wenn sie andere Widerstände besitzen. Ebenso funktionsrelevant ist z. B. das Besteck von Infusionspumpen, weil dessen Innen-Dimensionen die Dosierung bestimmen. Da bei Neuanschaffungen von Lasergeräten nicht immer auch auf die Eignung der bereits vorhandenen Schutzbrillen geachtet wird, ist z. B. zu kontrollieren, ob die beim alten Gerät befindliche Laserschutzbrille (noch) für die Wellenlänge des neuen Lasergerätes geeignet ist.
- die *mechanische Unversehrtheit*, insbesondere der Anschlusskabel, z. B. zu HF-Chirurgieelektroden. Deren Isolation kann z. B. durch die Spitzen der Krokoklemmen beschädigt worden sein, die im OP häufig zum Befestigen der Anschlusskabel verwendet werden;
- dass die *zufällige Erdung* von Patientenstromkreisen verhindert ist. So dürfen z. B. Kontakte bei distalen Steckern von Patientenleitungen (z. B. EKG-Elektroden, Reizstromelektroden) nicht berührbar sein und müssen zu einer ebenen Fläche wenigstens 0,5 mm Abstand einhalten (§ 8.5.2.3 EN 60601). (Auch aus diesem Grund sind daher Bananenstecker verboten).
- das *Ablaufdatum*, (z. B. von Selbstklebeelektroden, weil deren Kleber danach nicht mehr ausreichend haften könnte und deren (Teil-)Ablösung gefährlich werden könnte z. B. bei selbstklebenden Defibrillator-Elektroden, EKG-Monitoring-Elektroden oder HF-Chirurgie-Neutralelektroden. Zu altes Kontaktgel könnte z. B. im zu trockenen Zustand zu ungleicher Kontaktierung und damit zu gefährlichen Stromdichteerhöhungen an der Reizstromtherapie-Elektrode oder der HF-Chirurgie-Neutralelektrode führen.
- *Abnützung* und *Alterung*, bei wiederverwendbaren Gummielektroden, z. B. Risse oder ungleich veränderte Oberflächen, die zu lokalen Stromdichteerhöhungen und damit zu Verbrennungen führen könnten.

10.8 Sichtprüfung innen

Während eine äußere Sichtkontrolle auch (eingeschränkt) der Anwender vornehmen kann, ist die Überprüfung des Geräteinneren nur fachlich geeigneten Personen vorbehalten, die sich der möglichen Gefährdungen und Konsequenzen bei geöffneten Geräten bewusst sind (z. B. die Schädigung von Bauelementen durch eingekoppelte elektrostatische Entladungen). Zur Beurteilung z. B. von Luftstrecken kann es erforderlich sein, durch leichten Druck mit dem Finger zu prüfen, wie weit sich Leiter verschieben lassen. Es kann auch nötig sein, durch sanftes Ziehen (aber nicht durch festes Rütteln!) zu testen, ob Leiter noch fest genug angeschlossen oder Bauteile noch ausreichend befestigt sind. Wie die Erfahrung zeigt, neigen besonders weniger erfahrene Prüfer dazu, derartige mechanische Kontrollen zu übertreiben und so lange oder fest zu rütteln, bis sich zuvor ausreichend befestigte Leiter an den Anschlussstellen tatsächlich gelöst haben. Es muss daher auf die Gefahr hingewiesen werden, dass ein Gerät „zu Tode geprüft wird" und bei zu rauer „Sichtkontrolle" in einem schlechteren Zustand hinterlassen werden könnte, als es vorgefunden wurde. Das Rütteln und Verbiegung ist daher zu vermeiden, wenn zur Beurteilung auch bereits der Augenschein ausreicht.

Geräte nicht durch grobes Rütteln „zu Tode prüfen"!

Vor Besprechung der inneren Sichtprüfung ist die Frage zu klären, ob bei einem Gerät überhaupt die Möglichkeit gegeben sein muss, es zu öffnen. Grundsätzlich ist es erlaubt, ein Medizingerät z. B. als vergossenes oder verschweißtes "Wegwerfprodukt" zu konzipieren, das im Fehlerfall nicht geöffnet können werden muss, weil es dann durch ein neues ersetzt werden soll (fail-safe Design). Wenn jedoch Wartungs- und Instandsetzungsarbeiten vorgesehen sind, die ein Öffnen erforderlich machen, muss dies ohne Zerstörung möglich sein. Dies gilt auch, wenn während der erwartbare Betriebslebensdauer des Gerätes innere Sichtkontrollen zur Gewährleistung der Sicherheit anzunehmen sind. Durch Spezialschrauben, die Sonderwerkzeug erfordern, kann der Zugang jedoch auf besonders geschultes Personal (das dieses Werkzeug besitzt) beschränkt werden.

Grundsätzlich ist bei der Sichtprüfung alles zu beurteilen, was nach Öffnen der Abdeckung erkennbar wird. Das weitere Zerlegen eines Gerätes ist für die innere Sichtprüfung nicht gefordert.

Ist schon die Vielfalt der äußeren Erscheinungsformen von Geräten groß, so gilt dies umso mehr für den inneren Aufbau. Zusätzlich kommt hier noch dazu, dass die Packungsdichte der Bauelemente und Platinen groß sein kann und die Übersicht erschwert ist. Die Sichtprüfung des Geräteinneren erfordert daher in besonderem Maß eine gleichbleibende systematische Vorgangsweise.

Besondere Aufmerksamkeit erfordert die innere Sichtprüfung, wenn im bestimmungsgemäßen Gebrauch mit zusätzlichen Risikofaktoren zu rechnen ist, wie z. B. mechanische

Bewegungen von Geräteteilen, Verschütten von Flüssigkeit, erhöhte Sauerstoffkonzentrationen oder der Anwesenheit verbrennungsgefährlicher Gase.

Vor Beginn der inneren Sichtprüfung empfiehlt es sich, sich einen Überblick darüber zu verschaffen, welche Bereiche für den Anwenderschutz (z. B. Netzteil) und welche für den Patientenschutz (z. B. Ausgangsstromkreise) relevant sind.

Die Sichtprüfung beginnt anschließend, indem zunächst systematisch dem Verlauf der Spannungsversorgung gefolgt wird, von der Einführungsstelle in das Gerät bis zur Netzanschlussstelle. Anschließend werden (sofern zutreffend) Schutzleiterverbindungen bzw. Funktionserdverbindungen und danach, wieder der Netzspannung folgend, die Sicherungen und die Verdrahtung zu den Netzspannung führenden Komponenten kontrolliert, von der Anschlussstelle des Netzkabels bis zu der Trennung zu den Anwendungsteilen (bzw. Patientenanschlüssen). Der Netztrafo ist das wichtigste sicherheitstechnische Bauteil. Ihm wird besondere Aufmerksamkeit gewidmet. Es folgt die Sichtung der Isolation zu berührbaren Teilen und zum Anwendungsteil, die Kontrolle des Verlaufs der Verdrahtung zwischen Netz- und Anwendungsteil und zwischen Stromkreisen, insbesondere jene verschiedener Spannungshöhe (z. B. Netzspannung, Elektronikpegel, Hochspannung). Soweit ohne Ausbau möglich, werden die Luft- und Kriechstrecken auf Platinen und den Anschlussbuchsen überprüft. Abschließend werden die verwendeten Einzelteile sowie die sicherheitskritischen Stellen überprüft, bei denen es z. B. zu Übererwärmung, mechanischer (Über-) Beanspruchung oder zu Leckagen gekommen sein könnte.

Aus dieser Vorgangsweise ergeben sich die *10 Prüfschritte der inneren Sichtprüfung* (Abb. 10.6):

1. Spannungsversorgung (Einführung bis Anschlussstelle);
2. Erdverbindungen (Schutz- bzw. Funktionserde);
3. Sicherungen (Anzahl und Platzierung);
4. Netzteil-Verdrahtung (Netzanschluss bis zu den Trennstellen);
5. Netztransformator (Isolation, Trennung, sekundärseitige Absicherung);
6. Isolation (zum Gehäuse, zum Anwendungsteil, zwischen Spannungsebenen);
7. Verdrahtung der Sekundärstromkreise (Trennung von Stromkreisen, Befestigung, thermische und mechanische Belastung);
8. blanke Teile (Luft- und Kriechstrecken);
9. Bauteile (Befestigung, Nenndaten);
10. sicherheitskritische Stellen.

1. Spannungsversorgung

Netzkabel gehören zu jenen Komponenten die mechanisch besonders gefährdet sind und deren Beschädigung im Laufe der erwartbaren Betriebslebensdauer anzunehmen ist. Es steht jedoch dem Hersteller frei, wie er das Netzkabel im Gerät anschließt. Es stehen folgende Varianten zur Verfügung:

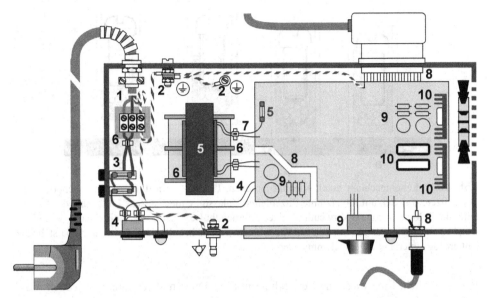

Abb. 10.6: Prüfreihenfolge bei der inneren Sichtprüfung; 1 Spannungsversorgung, 2 Erdverbindungen, 3 Sicherungen, 4 Netzteil-Verdrahtung, 5 Netztransformator mit sekundärseitiger Absicherung, 6 Isolationsverhältnisse, 7 Verdrahtung der Sekundärstromkreise, 8 Luft- und Kriechstrecken (blanke Teile), 9 Bauteile, 10 sicherheitskritische Stellen

X-Verbindung: Das Netzkabel ist mit üblichem Werkzeug auswechselbar.

Y-Verbindung: Beim Auswechseln des Netzkabels sind besondere Sicherheitsaspekte zu beachten, z. B. Explosionsschutz oder Abdichtungen. Für das Auswechseln des Netzkabels ist daher Sonderwerkzeug erforderlich (z. B. Dreikant-Schraubendreher), über das definitionsgemäß nur entsprechend ausgebildete Fachkräften verfügen sollten.

Z-Verbindung: Das Auswechseln des Netzkabels ist nicht vorgesehen und daher zerstörungsfrei nicht möglich, z. B. vergossene Anschlussstellen, verklebtes Gehäuse.

Da das Gerät geöffnet ist, kann die Zugentlastung genauer betrachtet werden. Diese muss auch das Hineinstoßen und Verdrehen des Kabels verhindern. Eine Zugentlastung durch Kabelbinder ist z. B. nicht ausreichend, weil dadurch das Hineinstoßen und Verdrehen nicht verhindert ist. Wenn das Netzkabel auswechselbar ist, ist bei der Sichtprüfung zu kontrollieren, ob dies einfach und ohne Lösen innerer Befestigungen oder Verbindungen möglich ist. Dies bedeutet, dass z. B. Befestigungsschrauben der Zugentlastung keine anderen Bauelemente befestigen dürfen.

Die Netzanschlussstelle muss leicht zugänglich sein. Die Leiter müssen an festen Anschlusspunkten, in der Regel an fest montierten Netzklemmen, angeschlossen werden (§ 8.11.4 EN 60601-1). Das Anschließen von Netzleitungen an anderen festen Anschlusspunkten (z. B. EMV-Filter, interne Leitungsschutzschalter) ist nur in begründeten Sonder-

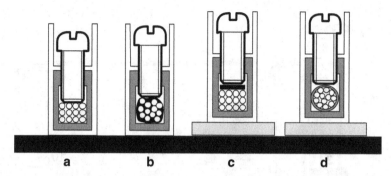

Abb. 10.7: Leiteranschluss durch Klemmschrauben. Unzulässig: **a** direkter Schraubendruck auf Leiterlitzen; **b** Druck auf lötverzinnte Litzenleiter. Zulässig: **c** mechanische Entlastung der Litzenleiter durch Metallzunge; **d** Verwendung einer Adernendhülse. Unzulässig: Kein Schutz gegen Entweichen einer 8 mm langen Litze an den Klemmstellen **a** und **b**, zulässig: Schutz durch überstehende isolierende Unterlage an den Klemmstellen **c** und **d**

fällen möglich. Eine fliegende Verbindung mit der inneren Verdrahtung ist jedoch nicht zulässig.

Werden zum Anschluss der Litzenleiter Klemmschrauben verwendet, darf ihr Verdrehen die geklemmten Litzen keinem mechanischen Zug aussetzen. Die Netzanschlussklemmen müssen daher zur Zugentlastung der geklemmten Litzen z. B. mit einer dazwischen liegenden Metallzunge ausgestattet sein oder die Litzen sind durch übergestülpte Adernendhülsen zu schützen (Abb. 10.7). Schraubenlose Netzklemmen sind nur zulässig, wenn sie kein besonderes Zurichten der Leiter außer dem bloßen Verdrillen von Litzen erfordern. Daher dürfen z. B. Lötverzinnen, Kabelschuhe oder Ösen nicht erforderlich sein.

Anmerkung: *Das Lötverzinnen von Litzenleitern, die mit Schrauben direkt geklemmt werden, ist nicht nur in der Medizintechnik grundsätzlich verboten. Der Grund liegt darin, dass das Lötzinn wegen seines niedrigen Schmelzpunktes schon bei vergleichsweise geringer Erwärmung dem Klemmdruck nachgibt und sich verformt. Dadurch wird der Kontakt verschlechtert und die Erwärmung (proportional $I^2.R$) an der Kontaktstelle noch verstärkt, wodurch Verformung und Kontaktverschlechterung noch weiter zunehmen. Durch diese sich verstärkende Rückkopplung ist die Zuverlässigkeit der Verbindung grundsätzlich in Frage gestellt. Bei hohen Strömen kann es zu brandgefährlichen Erwärmungen bis zum Aufglühen der Kontakte kommen.*

> **Geklemmte Litzenleiter dürfen nicht lötverzinnt werden!**

Die Klemmstellen müssen von einander und zu anderen Teilen so isoliert sein, dass eine entweichende 8 mm lange Litze weder mit anderen Netzleitern noch mit berührbaren Metallteilen (z. B. dem Gehäuseboden) in Verbindung kommen kann. Häufig muss deshalb unter dem Klemmblock eine ausreichend überstehende Isolierung zum Metallboden angebracht werden (Abb. 10.7).

2. Erdverbindungen

Bei der Kontrolle der von der Netzanschlussstelle wegführenden Erdverbindungen sind zwei Fälle, nämlich Schutzleiter- und Funktionserdverbindungen zu unterscheiden:

Schutzleiterverbindungen (bei Geräten der Schutzklasse I): Jene Abschnitte, die von der Netzanschlussstelle wegführen, müssen bis zu den Sicherungen mindestens den gleichen Querschnitt besitzen wie die Leiter des Netzkabels. Der Querschnitt der anderen Schutzleiterverbindungen muss so groß sein, dass der jeweilige Kurzschlussstrom sicher geführt werden kann. Kleinere Querschnitte sind daher in jenen Bereichen erlaubt, in denen der Kurzschlussstrom durch Gerätesicherungen begrenzt ist. Es ist jedoch nicht zulässig, die Schutzleiterverbindung teilweise über eine Platine zu führen, weil es dadurch meist zu einer unzulässigen Querschnittsverringerung kommt, die im Kurzschlussfall zur Unterbrechung der Schutzleiterverbindung führen könnte.

Der Schutzleiter ist an der Anschlussstelle so zu verbinden, dass er nacheilt und sich daher bei einem Zug auf die Netzleitung erst nach den Phasenleitern lösen würde. Die Anschlussstelle des Schutzleiters ist möglichst nahe am Netzanschluss vorzusehen und mit dem Schutzerdungssymbol (Tab. 10.8) zu kennzeichnen. Der Anschluss ist mechanisch gegen unbeabsichtigtes Lösen z. B. mit Fächerscheiben oder Sprengring zu sichern. Bei Kontaktierung von Leichtmetall (Aluminium) ist zusätzlich am Gehäuse eine Federscheibe anzubringen, um die isolierende Oxidschicht zu durchbrechen und eine zuverlässige Kontaktierung zu erreichen (Abb. 10.8). Bei lackierten Blechen ist der Lack an der Schutzleiteranschlussstelle zu entfernen oder eine Fächerscheibe zur Durchbrechung der Lackschicht vorzusehen.

Die Schutzleiterverbindung darf von außen nicht lösbar sein. Durch das Gehäuse gesteckte Befestigungsschrauben müssen daher zunächst mit einer Kontermutter gesichert werden, die ihrerseits durch eine Zahnscheibe oder einen Sprengring vor Lösen gesichert werden muss (Abb. 10.8).

Die Schutzleiterverbindung muss mit möglichst geringem elektrischem Widerstand erfolgen. Von den berührbaren Teilen zur Anschlussstelle im Gerät darf der Widerstand

Tab. 10.8: Kennzeichnung von Erdungsanschlüssen

Symbol	Bedeutung
⏚ (im Kreis)	Schutzerde
⏚	Funktionserde (Betriebserde)
⏚ (mit Bogen)	funkentstörte Funktionserde
⏛	Schaltungsmasse

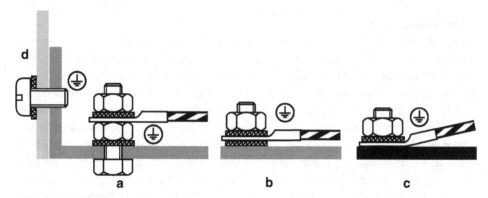

Abb. 10.8: Anforderungen für Schutzleiteranschlüsse: **a** von außen zugängliche Schutzleiteranschlussschraube mit Fächerscheibe und Kontermutter zum Schutz gegen Lösen von außen und einer weiteren Fächerscheibe zur mechanischen Sicherung der Befestigungsmutter; **b** von außen nicht zugänglicher Schutzleiteranschluss mit Fächerscheibe zur zuverlässigen Kontaktierung von Leichtmetall, z. B. Aluminium, (Durchbrechen der Oxidschicht) und einer weiteren Fächerscheibe zur mechanischen Sicherung der Befestigungsmutter; **c** von außen nicht zugänglicher Schutzleiteranschluss an Nicht-Leichtmetall, z. B. Weißblech, mit Fächerscheibe zur mechanischen Sicherung der Befestigungsmutter; **d** Gehäuseverschraubung zur Schutzerdung der Seitenwand mit Fächerscheibe zur mechanischer Sicherung der Schraubverbindung

0,1 Ω nicht überschreiten. Zwar kann dieser Wert nur durch eine Messung kontrolliert werden, bei der Sichtprüfung ist jedoch darauf zu achten, dass die Erdung berührbarer Teile über möglichst wenige zusätzliche Klemmstellen verläuft. Da der Kontaktwiderstand an jeder Klemmstalle zum Gesamtschutzleiterwiderstand beiträgt, ist zu empfehlen, die Erdverbindungen zu den verschiedenen Geräteteilen von einem zentralen Schutzleitersternpunkt aus vorzunehmen.

Bei der Sichtkontrolle ist auf Korrosionsanzeichen zu achten, die auf einen verschlechterten Kontakt hindeuten. Korrosion wird durch die elektrolytische Wirkung der Gleichspannung begünstigt, die sich ergibt, wenn Schraube und Mutter aus unterschiedlichen Metallen gefertigt sind (Volta'sche Kontaktspannung).

Die Erdung weiterer Gehäuseteile durch Gehäuseschrauben ist zulässig, wenn diese Schrauben – wie auch bei allen anderen Schutzleiterverbindungen – gegen zufälliges Lösen mechanisch (z. B. durch Zahnscheiben oder Sprengringe) gesichert sind oder ausreichende Redundanz durch die anderen Befestigungsschrauben gegeben ist (Abb. 10.8).

Funktionserdverbindungen: Sie sind auch bei Geräten der Schutzklasse II zulässig, z. B. zur Erdung von Metallschirmen zur besseren elektromagnetischen Verträglichkeit, sie müssen dann jedoch wie aktive Leiter behandelt und daher von berührbaren Metallteilen doppelt isoliert sein. Bei der Sichtkontrolle ist daher darauf zu achten, wie die Funktionserdverbindungen von der Netzleiteranschlussstelle aus verlegt sind. Anschlussstellen müssen mit dem Funktionserdsymbol (Tab. 10.8) gekennzeichnet sein. Funktionserdleiter dürfen keine Schutzfunktion besitzen, um das Konzept der Eigensicherheit bei Geräten der Schutzklasse II nicht in Frage zu stellen.

3. Sicherungen

Im Gegensatz zu Haushaltsgeräten müssen elektromedizinische Geräte einen eigenen Überlastschutz, z. B. Netzsicherungen, besitzen. Damit soll erreicht werden, dass im Kurzschlussfall der Fehler auf das Gerät beschränkt und der Ausfall des gesamten Stromkreises – und damit möglicher Weise anderer lebenswichtiger Geräte – verhindert wird. Um dies zu erreichen, darf der Nennwert der Sicherung nicht zu groß sein. Er muss so klein gewählt werden, dass der Nennstrom noch sicher geführt werden kann.

Die Anzahl der erforderlichen Netzsicherungen hängt von der Art der Schutzmaßnahme ab:

- Geräte, die eine Erdverbindung aufweisen (Schutzklasse I oder Schutzklasse II mit Funktionserdanschluss) müssen allpolig abgesichert sein;
- bei netzbetriebenen Geräten ohne Erdverbindung (Schutzklasse II) reicht eine einpolige Absicherung;
- Batteriegeräte müssen nur abgesichert sein, wenn der Kurzschluss (brand-) gefährlich ist. Dies kann der Fall sein, wenn das Produkt aus Leerlaufspannung und Kurzschlussstrom größer als 15 W ist.

4. Netzteil-Verdrahtung

Bei der Beurteilung der inneren Verdrahtung im Netzteil sind folgende wichtige Aspekte zu beachten

1. Grundsätzlich ist im Gerät an jeder *Anschlussstelle* das Lösen eines Leiters als Erster Fehlerfall anzunehmen – und zwar unabhängig von der Art der Verbindung! Bei der Sichtprüfung ist daher immer zu überlegen, welchen Aktionsradius ein frei gewordener Leiter besitzt und welche Folgen daher das Lösen eines Leiters haben könnte (z. B. Trennstrecken überbrücken oder Spannung verschleppen). Dies gilt sowohl für Netz- als auch für Sekundärstromkreise.

Das Lösen eines Leiters an der Anschlussstelle ist (als SFC) immer anzunehmen!

Wenn das Lösen eines Leiters eine Gefährdung darstellen könnte, z. B. wenn das frei gewordene Ende Kontakt mit berührbaren Metallteilen oder Patientenstromkreisen bekommen könnte, ist in den meisten Fällen Abhilfe einfach und billig möglich: Es reicht bereits, den Leiter an der Anschlussstelle zusätzlich mechanisch zu sichern. Dies kann z. B. durch einen Schrumpfschlauch geschehen, der über den Kabelschuh hinweg fixiert ist – oder indem ein Leiter mit einem Kabelbinder einfach nahe an der Anschlussstelle mit einem weiteren Leiter so zusammengebündelt wird, dass sein dadurch verkürzter Aktionsradius beim Lösen keine Gefährdung mehr darstellt (das gleichzeitige Lösen eines zweiten Leiters würde ja bereits den 2. Fehlerfall darstellen und ist daher sicherheitstechnisch nicht mehr zu berücksichtigen).

2. Es ist zu prüfen, ob Leiter von Stromkreisen *verschiedener Spannungsebenen* einander berühren könnten (z. B. 230 V-Netzspannung und 5 V Logik-Spannung oder Hochspannung an Bild- bzw. Laserröhren) und ob die Leiterisolationen dann für die höhere Spannungsebene noch ausreichend bemessen sind. Nach der Grundregel für Schutzüberlegungen, wonach zu gering bemessene Isolationen als nicht vorhanden und die betroffenen Leiter daher sicherheitstechnisch als blank anzusehen sind, wäre z. B. eine geforderte doppelte Isolierung zwischen Stromkreisen nicht mehr gegeben, wenn einer der Leiter für die Bemessungsspannung nicht ausreichend isoliert wäre.

Zu gering isolierte Leiter gelten als blank!

Dabei ist es erlaubt, durch leichten (!) Druck auf einen Leiter festzustellen, wie weit er sich (während der Gerätelebensdauer) verschieben könnte. Es ist die ungünstigste Lage zu beurteilen. Kann es zur Berührung von Leitern mit nicht gleichwertiger Isolation kommen, so ist entweder durch Verlegen der Leiter selbst oder durch einen zusätzlichen Isolierschlauch eine ausreichende Isolation zu herzustellen.

3. Es ist die Trennung über den gesamten Verlauf der Verdrahtung zu kontrollieren. Die doppelte Isolierung muss überall zwischen Netz- und Sekundärstromkreisen erhalten bleiben. Es ist besonders darauf zu achten, dass die einfach isolierten Netzleiter keine *blanken Stellen* von Sekundärstromkreisen (z. B. Lötstellen, blanke Bauteilbeine) berühren können. Zur Kontrolle ist es dabei wieder erlaubt, wenn erforderlich, leichten Druck auf den Leiter auszuüben.

4. Lötstellen an fliegend zusammengeschlossenen Leitern sind durch Isolierschläuche zuverlässig zu isolieren. Diese müssen dazu so angebracht sein, dass sie sich nicht verschieben können oder ihre Verschiebung irrelevant ist, z. B. durch Kabelbinder an beiden Enden, Isolierschlauch über die gesamte Länge oder aufgeschrumpfte Isolierschläuche.

5. Netztransformator

Der Netztransformator ist das wichtigste sicherheitstechnische Bauteil eines elektromedizinischen Gerätes. Er hat nicht nur die Aufgabe, die Netzspannung in die verschiedenen im Gerät benötigten Spannungsebenen umzuwandeln, sondern auch, die doppelte Isolierung von Sekundärstromkreisen vom Netz und ggf. auch die Isolierung vom Erdpotenzial sicherzustellen. Netztransformatoren müssen daher ausreichende Isolierungen aufweisen. Dies kann durch verschiedene Bauformen erreicht werden, z. B. durch einen Isolierstoff-Spulenkörper mit zwei getrennten Kammern für Primär- und Sekundärwicklungen oder durch einen gemeinsamen Spulenkörper oder einen ringförmigen Eisenkern (Ringkerntrafo), wo sich Primär- und Sekundärwicklungen konzentrisch übereinander befinden und durch Isolierstoff-Zwischenlagen von einander getrennt sind (Abb. 10.9).

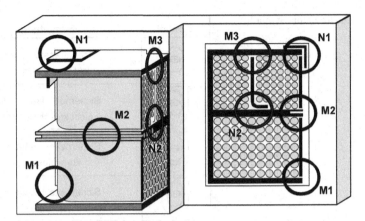

Abb. 10.9: Sichtprüfungspunkte an einem Trafo mit Mängeln (*M*) und ohne Mängel (*N*). *M1* zu geringe Kriechstrecke zum Trafokern. *M2* zu schmale Nut, daher Kriechstreckenverlängerung unwirksam und zu geringe Kriechstrecke zwischen Primär- und Sekundärwicklung. *M3* zu geringe Kriechstrecke zwischen Wicklungen wegen stumpf abschließender Isolierstoffzwischenlage (zerstörungsfrei nicht sichtbar), *N1* kein Mangel: Isolierstoffwinkel verlängert die Kriechstrecke zum Trafokern, *N2* kein Mangel: Isolierstoffzwischenlage ist Kriechstrecken verlängernd hochgezogen (zerstörungsfrei nicht sichtbar)

1. In Hinblick auf die Isolation werden beim Aufbau von Transformatoren häufig Fehler gemacht. Der Grund liegt meist darin, dass bei der Herstellung nicht konsequent genug darauf geachtet wird, die Kriechstrecken ausreichend zu bemessen bzw. einzuhalten, die ein Leckstrom entlang von Oberflächen, aber auch durch Spalten und Ritzen auf dem Weg von einer zur anderen Wicklung oder zum Trafokern zurücklegen kann.
   Für Netzspannung muss die Kriechstrecke z. B. für doppelte Isolierung zwischen Primär- und Sekundärwicklungen 7 mm betragen; zum geerdeten Kern hin müssen 4 mm vorgesehen sein. Die Überprüfung der Isolationsverhältnisse am Trafo ist selbst durch eine bloße Sichtkontrolle leicht möglich, wenn man weiß, worauf zu achten ist. Wichtige Kontrollpunkte sind die Innenecken zum Trafokern und bei einer Zweikammerwicklung der Trennsteg zwischen Primär- und Sekundärwicklungen. Dort werden die geforderten Kriechstrecken häufig unterschritten (Abb. 10.9). Besonders oft ist dies der Fall, wenn Wicklungskammern sehr voll gewickelt sind.

> **An vollen Wicklungskammern sind Kriechstrecken häufig unterschritten!**

Nicht von außen erkennbar, aber häufig sind Fehler innerhalb der Wicklung, meist weil die Isolierung stumpf abschließt und am Wickelkörper nicht Kriechstrecken verlängernd hochgezogen wurde.

2. Auch wenn das Gerät primär durch Netzsicherungen vor Überlast geschützt sein muss, müssen Transformatoren auch sekundärseitig gegen Überlast geschützt sein. Dies kann

Tab. 10.9: Transformator- Symbole

Symbol	Bedeutung
⊖	Trenntransformator, nicht kurzschlussfest
⊖	Sicherheits-Trenntrafo, nicht kurschlussfest
⊖	Sicherheits-Trenntrafo, kurschlussfest
⊖ F	Sicherheits-Trenntrafo, fail safe

durch sekundärseitige Sicherungen oder durch die Bauart des Transformators selbst erreicht werden. Wenn Sekundärsicherungen erforderlich sind, müssen sie jedoch in jedem Sekundärstromkreis des Trafos vorhanden und noch vor den ersten Sekundär-stromkreis- Bauteilen (also z. B auch noch vor einer Gleichrichterschaltung) vorgesehen sein.

3. Die Bauform eines Trafos wird durch Symbole angezeigt (Tab. 10.9). Sicherheitstrenn-transformatoren mit doppelter Isolierung zwischen Primär- und Sekundärstromkreisen werden durch ein Wappensymbol gekennzeichnet. Offene Sekundärkontakte symboli-sieren dabei die Notwendigkeit der sekundärseitigen Absicherung, kurzgeschlossene Sekundärkontakte kennzeichnen kurzschlussfeste Ausführungen, der Buchstabe „F" gibt an, dass der Trafo fail-safe ist, also bei Überlast zwar kaputt wird, doch ohne dass daraus eine Gefahr resultiert.

6. Isolation zum Gehäuse und zu Anwendungsteilen

Die Sichtprüfung der Isolationsverhältnisse umfasst die Beurteilung ihrer ausreichenden Bemessung, der Eignung der verwendeten Materialien und die Suche nach Anzeichen von Alterung, Beschädigung oder Übererwärmung.

1. Die geforderten *Isolationsverhältnisse* lassen sich wie folgt zusammenfassen (Abb. 10.10):

Das *Netzteil* muss gegenüber schutzgeerdeten Teilen basisisoliert und gegenüber dem An-wendungsteil, nicht geerdeten berührbaren Metallteilen sowie den Signaleingangs- und Signalausgangsteilen doppelt isoliert sein.

Die *aktiven Leiter* des Netzteils müssen *vor* der Sicherung gegeneinander basisisoliert sein, danach reicht die Funktionsisolierung.

Der *Anwendungsteil* bzw. Patientenanschlüsse und sonstige Teile, die den gleichen Schutz erfordern wie der Anwendungsteil (Abb. 10.5) müssen gegenüber schutzgeerde-ten Teilen basisisoliert sein (ausgenommen dem geerdeten Anwendungsteil vom Typ B),

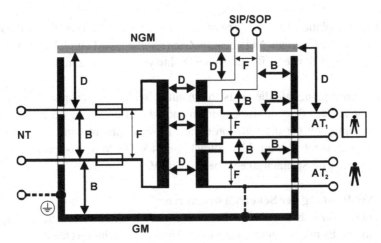

Abb 10.10: Erforderliche Isolationen zwischen Geräteteilen. *NT* Netzteil, *AT* Anwendungsteil, *SIP/SOP* Signaleingangs- / Signalausgangsteil, *B* Basisisolierung, *D* doppelte Isolierung, *F* Funktionsisolierung, *GM* geerdeter Metallteil, *NGM* nicht geerdeter Metallteil

ebenfalls Basisisolierung ist gefordert zu den Signaleingangs- und –ausgangsteilen. Zu nicht geerdeten berührbaren Metallteilen müssen Anwendungsteile doppelte isoliert sein. Die Leiter des Anwendungsteils müssen zueinander zumindest funktionsisoliert sein (Abb. 10.10).

2. Nicht alle *Materialien* erfüllen die Anforderungen an elektrische Isolationen. Die Isolation muss nämlich dauerhaft, fest, feuchtigkeitsbeständig, brandbeständig und spannungsfest sein (§ 8.8.4 EN 60601-1).

Nicht geeignet sind z. B.
- *Holz* oder *Papier*: weil brennbar und nicht feuchtigkeitsbeständig;
- *erweichende Vergussmassen*: (nicht ausreichend fest und formbeständig) oder
- *Beschichtungen*: weil nicht ausreichend dauerhaft, und mechanisch empfindlich.

Nur bedingt und wenn, dann nur als Basisisolierung geeignet, sind
- *Keramik*: weil spröde, daher bruchgefährdet;
- *Gummi*: weil nicht alterungsbeständig (ausgenommen synthetischer Kautschuk);
- *PVC*: ist nur bedingt geeignet (auch wenn es die am häufigsten verwendete Leiterisolation ist), weil nur eingeschränkt temperaturbeständig und weil es spröde und rissig wird, wenn es über 75°C (bzw. bei bewegten Leitern über 60°C) erwärmt wird;
- *Isolationsfolien*: müssen eine Mindeststärke von 0,4 mm besitzen, sonst mechanisch nicht ausreichend stabil;
- *Isolierband*: ist zur Isolation von blanken Stellen nicht zulässig, da es über die gesamte zu erwartende Betriebslebensdauer nicht als ausreichend dauerhaft befestigt angesehen werden kann, es sei denn, es wird durch zusätzliche Maßnahmen, z. B. Kabelbinder, zuverlässig fixiert;

- *Luft*: darf als Isolation nur dann verwendet werden, wenn sichergestellt ist, dass die Abstände auf Dauer (!) erhalten bleiben. In Zweifelsfällen wird durch leichten Druck mit dem Finger geprüft, wie weit sich blanke Drähte verformen lassen.

3. Die *Spannungsfestigkeit*, die die Isolation aufweisen muss, richtet sich nicht nach der Nennspannung des Stromkreises, sondern nach der „Bemessungsspannung". Dies ist jene Spannung, mit der die Isolation tatsächlich beansprucht wird. Die Bemessungsspannung z. B. von + 12 V zu -12 V beträgt also 24 V. Die Mindest-Spannungsfestigkeit auch für niedrigste Spannungspegel beträgt 500 V.

7. innere Verdrahtung der Sekundärstromkreise

Bei der inneren Verdrahtung sind nicht nur die unter Punkt 4 besprochenen Aspekte zu berücksichtigen: Es müssen zusätzlich weitere Faktoren beachtet werden:

1. Es ist zu kontrollieren, ob Leiterisolierungen *mechanisch* gefährdet oder überbeansprucht sind. Dazu ist festzustellen, ob und wo es zum Reiben, Scheuern oder zu übermäßiger Biegung kommen könnte. Kritische Stellen Durchführungen von Leitern durch Öffnungen in Blechen (wenn sie nicht mit Durchführungstüllen versehen sind), anliegende bewegte Teile wie Ventilatorflügel, Verstellmotore, schwenk- und verstellbare Teile, wo es zu Relativbewegungen und damit zum Scheuern oder gar Einklemmen von Leitungen kommen könnte, z. B. Schwenkarme, Höhenverstellungen (z. B. Patientenlifter).

2. Stellen, an denen das Risiko *thermischer* Überbeanspruchung von PVC-Leiterisolierungen besteht, sind in Geräten häufig anzutreffen. Selbst im Normalbetrieb können ja kritische Komponenten Temperaturen von weit über 75°C erreichen, z. B. an Netztransformatoren, Leistungswiderständen oder Verstärkerendstufen. PVC-isolierte Leiter müssen daher dauerhaft und ausreichend weit von temperaturkritischen Komponenten verlegt sein. Besonders hohe Temperaturen können naturgemäß in Geräten auftreten, die Heizelemente enthalten, z. B. Infrarotstrahler, Patientenwärmegeräte, Thermokauter. Es ist daher die Verdrahtung entsprechend zu kontrollieren und die Isolation auf Anzeichen von Übererwärmung (z. B. Verfärbung, Versteifung) zu kontrollieren.

3. Die *Farbkennzeichnung* der inneren Verdrahtung kann frei gewählt werden – mit einer Ausnahme, nämlich Erdverbindungen, unabhängig, ob sie dem Berührungsschutz, als Betriebserde oder zum Potenzialausgleich dienen. Diese müssen nämlich generell über ihre gesamten Länge grün-gelb isoliert sein. Ist dies ausnahmsweise nicht möglich, so sind wenigstens die Anschussstellen dauerhaft grün-gelb zu kennzeichnen. Das Umwickeln der Enden mit einem grün-gelben Isolierband ist dabei nicht als dauerhaft anzusehen, wenn es nicht zusätzlich, z. B. durch einen transparenten Isolierschlauch, am Lösen gehindert ist. Ausnahmen sind z. B. flexible blanke Kupfergeflechtbänder in Großgeräten oder Leiter in mehradrigen Verbindungskabeln zu Geräteteilen, wo das

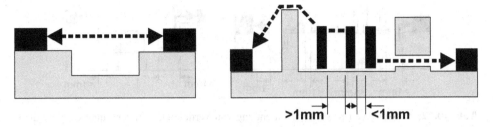

Abb. 10.11: Messung von Luftstrecken über Vertiefungen (links), über isolierende Hindernisse und durch nicht spaltenfrei verbundenen isolierende Aufsätze (rechts)

Zusammenfassen mehrerer (andersfarbig gekennzeichneter) Leiter erforderlich sein kann, um einen ausreichend großen Schutzleiterquerschnitt zu erreichen.

8. Luft- und Kriechstrecken
Blanke Spannung führende Teile müssen durch ausreichende Luft- und/oder Kriechstrecken isoliert sein. Dies betrifft z. B. Leiterbahnen auf Platinen, Lötstellen, Bauteilfüße und Anschlussstellen an Schaltern, Steckern oder Buchsen. Die Messung der Isolierstrecken erfolgt jeweils als kürzeste Verbindung zwischen den zu isolierenden Teilen.

1. *Luftstrecken* sind die kürzest mögliche Verbindung über Luft, über Vertiefungen und Spalten hinweg und quer durch isolierende Aufsätze, die nicht vollflächig und spaltenfrei mit dem Untergrund verbunden sind. Luftstrecken zwischen metallischen Teilen mit einem Abstand kleiner als 1 mm werden ignoriert. (Abb. 10.11). Wenn Nuten schmäler als 1 mm sind, werden sie ignoriert und die Trennstrecke wird quer über die Nut (Luft) gemessen.

2. *Kriechstrecken* sind die kürzest mögliche Verbindung entlang von Oberflächen. Isolierstege sind nur Kriechstrecken-verlängernd, wenn sie spaltenfrei dicht verklebt oder angeformt sind; wenn nicht, werden Kriechstrecken quer zu Barrieren gemessen. Der Grund liegt darin, dass nicht verklebte Fugen ja für Kriechströme kein Hindernis darstellen. Außerdem könnten die Fugen durch Kapillarwirkung Feuchtigkeit anziehen und so leitfähig werden. Kriechstrecken zwischen metallischen Teilen mit einem Abstand kleiner als 1 mm werden ignoriert! Daher Vorsicht bei Lochraster-Platinen oder an den Lötaugen von Mehrfachsteckern. Nuten und Vertiefungen werden ignoriert, wenn ihre Breite kleiner ist als 1 mm. Sechskant-Schraubenköpfe und Muttern werden zur Kriechstreckenmessung in die ungünstigste Position gebracht. (Abb. 10.12).

Bei der Messung der Kriechstrecken sind jedoch einige *Fallstricke* zu beachten: Besondere Vorsicht ist geboten bei
- Platinen, an denen *Beschriftungen* aus leitfähigem Kupfermaterial stehen gelassen wurden: Dadurch können selbst an sich reichlich bemessene Kriechstrecken unbeabsichtigt zum (Groß-)Teil kurzgeschlossen werden;

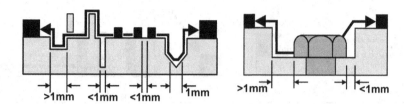

Abb. 10.12: Messung von Kriechstrecken entlang von Vertiefungen > 1 mm, quer zu nicht dicht verklebten aufgesetzten Stegen, entlang von isolierenden Barrieren und quer über schmale Vertiefungen < 1 mm (links); Sechskantschrauben werden in die ungünstigste Position gebracht (rechts)

- *Befestigungsschrauben* oder deren Unterlegscheiben, die vorhandene Kriechstrecken gefährlich reduzieren können;
- *Steckerleisten*, an denen zwischen den Lötpunkten zu wenig Kriechstrecke übrig bleibt – unter Umständen Abschnitte von weniger als 1 mm Länge, die dann ja sogar gänzlich zu ignorieren wären, sodass Kriechstreckenprobleme selbst bei anscheinend großzügigem räumlichem Abstand der angeschlossenen Leiter auftreten können;
- Nachträglich an Platinen angebrachte *freie Verdrahtungen*, die an den Befestigungspunkten nicht zusätzlich mechanisch befestigt sind und daher bei Lösen an der Anschlussstelle (SFC!) Trennstrecken weiträumig überwinden könnten.

3. Zur **Ermittlung** der erforderlichen Werte für Luft- und Kriechstrecken ist zunächst zu beurteilen, ob sie dem Schutz des Patienten, dem Schutz des Anwenders oder zur bloßen Aufrechterhaltung der Funktion dienen. Die geforderte Länge richtet sich nach der zu isolierenden Potenzialdifferenz (Bemessungsspannung) und nicht nach der Nennspannung! Für doppelte Isolierung werden doppelte Längen wie für Basisisolierung gefordert. Eine Zusammenstellung der einzuhaltenden Werte findet sich in § 8.9 der EN 60601-1. Die wichtigsten Werte sind in Tab. 10.10 zusammengefasst. Zur Beurteilung von Kriechstrecken über anorganische Isolierstoffe wie Keramik oder Materialien mit Keramik-ähnlichen Kriechwegeigenschaften (z. B. Glas, Glimmer) werden die gleichen Werte wie für Luftstrecken herangezogen (§ 8.9 EN 60601-1).

Zum *Patientenschutz* beträgt die Luftstrecke der Basisisolierung selbst bei der niedrigsten Bemessungsspannung mindestens 0.8 mm, bei Netzspannung darf sie 2,5 mm nicht unterschreiten.

Tab. 10.10: Erforderliche Isolierstrecken (in mm) für die niedrigste Spannungsebene und Netzspannung als Bemessungsspannung U_B, bezogen auf die default-Annahme eines geringen Verschmutzungsgrades; *DC* Gleichstrom, *AC* Wechselstrom, d_L Luftstrecke, d_K Kriechstrecke

U_B [V]		Patient		Anwender	Funktion	
DC	**AC**	d_L	d_K	$d_L = d_K$	d_L	d_K
≤17	≤12	0,8	1,7	1	0,4	0,8
354	250	2,5	4	2	1,6	3

Für den *Anwender*schutz dürfen die Luft- und Kriechstrecken gleich groß sein. Für Basisisolierung sind bei der niedrigsten Bemessungsspannung mindestens 1 mm und bei Netzspannung 2 mm gefordert (Tab. 10.10).

Werden die geforderten Luft- und Kriechstrecken nicht erreicht, so gilt die allgemeine Regel, dass zu gering bemessene Schutzmaßnahmen als nicht vorhanden gelten. Dies bedeutet, dass zu gering bemessene Luft- und Kriechstrecken als kurzgeschlossen angesehen werden müssen.

Ungenügende Luft- oder Kriechstrecken gelten als kurzgeschlossen!

Kritische Fälle, die bei der Sichtkontrolle besonders sorgfältig zu beurteilen sind, sind z. B.

- bis an den Platinenrand geführten Leiterbahnen, die eine zu geringe Luftstrecke z. B. zum Metallgehäuse aufweisen könnten;
- die Lötseite von in geringem Bodenabstand montierten Platinen;
- leicht verformbare blanke Anschlussdrähte, Bauteilfüße und Lötfahnen;
- Trennstege zwischen Trafowicklungen;
- die Kriechstrecke der äußersten Wicklung zum Trafokern, insbesondere bei voll gewickeltem Spulenkörper (unter Berücksichtigung der Annäherung wegen der Krümmung der Wickeldrähte!).

9. Bauteile

Bei Einzelteilen werden vor allem die Nenndaten in Hinblick auf die Eignung für die konkrete Verwendung sowie die mechanischen Aspekte des Aufbaus und die Leiteranschlüsse kontrolliert.

1. Die *Eignung* von Einzelteilen wird durch Vergleich der Bauteilspezifikationen mit den Gerätenennwerten (z. B. Nennstrom und –spannung) überprüft. Besonders bei Netzschaltern und Transformatoren finden sich immer wieder Diskrepanzen, sei es, dass z. B. 115 V-Typen auch in Europa für 230 V eingesetzt bleiben oder dass Bauteile im Netzteil nicht für den Gerätenennstrom ausgelegt sind. Netzschalter müssen darüber hinaus allpolig schalten. Bei anderen Bauteilen wie z. B. Elektrolytkondensatoren ist darauf zu achten, ob sie aufgrund der angegebenen Maximaltemperatur (z. B. 60°C), für die Montage in der Nähe von erwärmungskritischen Bauteilen wie Leistungswiderständen, Kühlblechen oder Transformatoren geeignet sind.

2. *Mechanische Aspekte* betreffen z. B. den Leiteranschluss von Leitern und Bauteilen. Die fliegende Befestigung von Bauelementen ist nicht direkt verboten, sie ist jedoch kein Zeichen für Qualität und Zuverlässigkeit. Beurteilt wird auch die Stabilität der Befestigung. Massereichere Teile wie größere Elektrolytkondensatoren sind meist durch die Lötung an ihren beiden Anschlussfüßen allein nicht ausreichend befestigt.

Platinen müssen an mehreren Stellen und rüttelfest montiert sein. Darüber hinaus ist bei Steckern oder Buchsen besonders darauf zu achten, dass sie durch raue Behandlung beim An- und Abstecken beschädigt sein könnten.

3. *Einbauverhältnisse* betreffen die Platzierung der sicherheitskritischen Elemente, z. B. Leistungswiderstände, Leistungsendstufen, Transformator, Ventilator, Gasanschlüsse, relativ zu einander sowie zum Gehäuse und zur Verdrahtung.

4. Beim *Anschluss* von Leitern an Bauteilen, insbesonders an Transformatoren, Steckern, Reglern und bei Patientenanschlussbuchsen besteht das Risiko, dass Kriechstrecken bereits wegen konstruktiver Mängel aufgrund der großen Packungsdichte, aber auch wegen unsachgemäßer Lötung unterschritten sein können. Es sind daher besonders die Luft- und Kriechstrecken der Anschlussstellen untereinander und zum Gehäuse zu kontrollieren.

5. *Batterien* und *Akkumulatoren* sind auf Unversehrtheit, Alter und Dichtheit zu prüfen. Bei Anzeichen beginnender Erschöpfung oder Korrosion sind sie auszutauschen. Besonders wichtig ist dies bei funktionskritischen Geräten, z. B. Defibrillator, ambulante Infusionspumpe oder bei Geräten mit Bufferbatterien zur Alarmabgabe.

10. sicherheitskritische Stellen
Den Abschluss der inneren Sichtprüfung bildet die Kontrolle sicherheitskritischer Stellen. Dies sind Stellen übermäßiger Erwärmung, starker mechanischer Beanspruchung oder Abnutzung (z. B. Drehgelenke, Befestigung von Haltegriffen oder schweren Bauteilen, z. B. des Netztrafos). Kritisch sind auch Stellen starker Verschmutzung (z. B. Luftfilter), Gleichstrommotoren mit ihrem Bürstenabrieb (z. B. Zentrifuge), Kathodenstrahlröhren mit elektrostatisch angezogener Verschmutzung, Schreibpapierfächer mit abgeriebenen brandgefährlichen Papierfuseln, Flüssigkeitsbehälter, Batteriefächer etc.

10.9 Korrekturmöglichkeiten

Wie die Erfahrung zeigt, ist die Einhaltung der geforderten Luft- und Kriechstrecken nicht selbstverständlich, im Gegenteil. Während jedoch bei unterschrittenen Luftstrecken eine ausreichende Isolation mit Hilfe zusätzlicher Isolierfolien noch einfach sichergestellt werden kann, ist dies bei Unterschreitungen von Kriechstrecken nicht immer so leicht möglich. Kriechstreckenunterschreitungen finden sich nämlich häufig auf Platinen zwischen den Leiterbahnen von Netz- und Anwendungsteil, an Steckerkontakten oder an (geerdeten) Platinen-Befestigungsschrauben. Doch da es mit der Feststellung des Mangels allein noch nicht getan ist, erhebt sich die Frage, wie derartige Fehler behoben werden können.

Beurteilung

Bei Eingangsprüfungen von *Neugeräten* wäre der Fall für den Prüfer angenehmer: Hier könnte die Beanstandung und damit der Schwarze Peter an den Lieferanten weitergereicht und die Bezahlung von der ordnungsgemäßen Mängelbehebung abhängig gemacht werden.

Bei *Altgeräten* oder bei *Herstellern*, die noch größere Stückzahlen der bemängelten Platinen auf Lager haben ist die Problemlösung schwieriger. Grundsätzlich ist in diesem Fall zunächst zu klären, wie die Kriechstreckenunterschreitung sicherheitstechnisch zu bewerten ist: Dass sie die Zuverlässigkeit eines Gerätes vermindert, ist klar, doch ob sie auch sicherheitsrelevant ist, hängt noch von weiteren Umständen ab. Zur sicherheitstechnischen Beurteilung ist zu überlegen, was ein Kurzschluss von zu gering bemessenen Kriechstrecken für Folgen haben würde. Dabei ist zu bedenken, dass der Kurzschluss zu gering bemessener Kriechstrecken ja nicht als Erster Fehlerfall anzusehen ist. Da das Schutzziel jedoch in der Einhaltung der Ableitstrom-Grenzwerte besteht, könnte messtechnisch kontrolliert werden, wie sehr je nach der sicherheitstechnischen Funktion der kurzgeschlossenen Kriechstrecke der Berührungs-, Erd-, oder Patientenableitstrom beeinflusst wird. Werden bei Kurzschluss der zu gering bemessenen Kriechstrecke die Grenzwerte für den Normalfall nicht überschritten, könnte die Unterschreitung der Kriechstrecke akzeptiert werden.

Anmerkung: *Um das Gerät nicht zu gefährden, ist jedoch vor der Überprüfung sicherzustellen, dass es durch den Kurzschluss zu keinen Beschädigungen von Bauteilen kommen kann.*

Ein Kurzschluss zu geringer Kriechstrecken ist kein Erster Fehler!

Folgende Kriechstreckenunterschreitungen könnten aufgrund dieser Überlegungen toleriert werden:

- *zwischen entgegengesetzten Polaritäten* im Netzteil *nach* den Sicherungen, wenn also ein Kurzschluss ungefährlich ist und lediglich zum Ansprechen der Gerätesicherungen führen würde.
- wenn die Kriechstrecke die Basisisolierung *zwischen Spannung führenden Teilen und Gehäuse* darstellt und bei ihrem Kurzschluss der zulässige Berührungsstrom (für den Normalfall) nicht überschritten würde.
- wenn die Kriechstrecke die Basisisolierung *zwischen Anwendungsteil und Gehäuse* darstellt und bei ihrem Kurzschluss weder der zulässige Patientenableit-, noch der Berührungsstrom (für den Normalfall) nicht überschritten würde.

Abhilfemaßnahmen

Wenn bei Kurzschluss zu gering bemessener Luft- und Kriechstrecken die Ableitstromgrenzwerte für den Normalfall eingehalten werden, wären keine weiteren unmittelbaren

Maßnahmen erforderlich. Doch auch im anderen Fall müssen zu geringe Kriechstrecken nicht als unbeherrschbare Sorgenquelle hingenommen werden: Auch wenn z. B. ein Redesign mit einem verbesserten Layout einer Platine für den Hersteller der sauberste (aber aufwändigere) Weg wäre, gibt es noch eine Reihe anderer Alternativen:

Netzanschlussklemmen
- Im Fall der häufig anzutreffenden Probleme an Netzanschlussklemmen – vor der Sicherung! – (sie erinnern sich: entweichende 8 mm lange Litzen dürfen das Metallgehäuse nicht berühren!), reicht es bereits, wenn unter den Klemmblock eine ausreichend weit überstehende (wenigstens 0,4 mm dicke) Isolierfolie befestigt wird.
- Besteht die Möglichkeit, dass an der Klemmstelle eine entweichende 8 mm lange Litze die Nachbarkontakte berühren könnte, kann die Verwendung eines längeren Klemmenblocks und das Freilassen jeweils der dazwischen liegenden Klemmen ausreichen. Ist dies aufgrund der Platzverhältnisse nicht möglich, könnten Isolierstoff-Zwischenstege mit einem dauerhaften Kleber (z. B. Heißkleber) eingeklebt werden. Da es um eine mechanischen Barriere und nicht um die Verlängerung einer Kriechstrecke geht, ist dazu keine fugendichte Verklebung erforderlich.

Platinen
Auf Platinen können Kriechstreckenunterschreitungen durch verschiedene Maßnahmen beherrscht werden:
- Die einfachste, aber unschönste Maßnahme ist das Aufbringen einer gut haftenden, nicht-thermoplastischen isolierenden *Vergussmasse* (Lackieren allein würde nicht ausreichen und Silikon wäre mechanisch zu wenig fest!)
- Häufig treten Kriechstreckenunterschreitungen an kritischen Stellen nur kurz auf, z. B. dort, wo sich ein Leiterbahneck an den anderen Stromkreis zu stark annähert. In solchen Fällen könnte die Kriechstrecke bereits durch *Wegkratzen* und Abrunden des betreffenden Eckes ausreichend verlängert werden.
- Ist die Kriechstrecke nicht kleiner als der geforderte Wert für die Luftstrecke, könnte durch *Einfräsen* einer wenigstens 1 mm breiten Nut im Bereich der Unterschreitung erreicht werden, dass die Verbindung auf der Platine als Luftstrecke zählt (die ja kürzer sein darf). Selbstverständlich ist darauf zu achten, dass dabei die mechanische Festigkeit der Platine nicht unzulässig verschlechtert wird.
- Betrifft die Unterschreitung einen längeren Abschnitt, könnte die ausreichend breite Unterbrechung der kritischen Leiterbahn durch Fräsen oder Kratzen und eine ersatzweise *freie Verdrahtung* eine mögliche Lösung des Problems sein. Es ist dabei jedoch darauf zu achten, dass der angelötete Leiter an den Anschlussstellen (z. B. durch Heißkleber) zusätzlich mechanisch befestigt werden müsste. Darüber hinaus könnte es erforderlich sein, dass der Leiter zusätzlich in einem Isolierschlauch geführt werden muss, um, wenn erforderlich, die doppelte Isolierung des auf der Platine anliegenden Leiters zu den blanken Leiterbahnen bzw. Lötstellen von kritischen Stromkreisen sicherzustellen.

Transformator

Auch unterschrittene Kriechstrecken am oder im Transformator könnten (vom Hersteller) nachträglich korrigiert werden. Äußere Kriechstrecken zum Trafokern könnten verlängert werden durch Verwendung von Isolierfolien, die um die Ecken von Wickelkörpern herumgeführt werden (Abb. 10.9).

Probleme mit inneren Kriechstrecken (z. B. wegen stumpf abschließender Zwischenlagen) könnten beseitigt werden, indem der Transformator (unter Vakuum) mit Epoxydharz vergossen wird. In diesem Fall würden keine inneren Kriechstrecken mehr existieren. Es wäre dann jedoch noch auf die ausreichende Isolation beim Herausführen der Anschlussleitungen zu achten.

10.10 Messung

10.10.1 Sicherheitsparameter

Zur Beurteilung des sicherheitstechnischen Zustandes elektromedizinischer Geräte ist die Messung von sicherheitstechnischen Kenngrößen erforderlich (EN 62353, /10/). Zur Beurteilung der Isolationsverhältnisse werden die Ableitströme gemessen. Wenn Zweifel an der Isolation bestehen und es das Gerät zulässt, kann zur weiteren Abklärung der Isolationswiderstand gemessen werden (Kap. 10.10.1.3). Bei schutzgeerdeten Geräten ist auch der Schutzleiterwiderstand zu den geerdeten Gehäuseteilen zu überprüfen.

Die erstmals erhobenen Messwerte müssen als Bezugswerte für spätere Vergleiche dokumentiert werden. Diese Bezugswerte (*„erstgemessene Werte"*) müssen jedoch aktualisiert werden, wenn sich am Gerät oder der Konfiguration etwas Relevantes geändert hat, z. B. nach einer Reparatur oder Änderung eines Gerätes und/oder nach Änderung der Zusammenstellung eines medizinischen Systems.

Medizinische Systeme, die über eine Mehrfachsteckdose an das Netz angeschlossen sind, werden wie ein einziges Gerät behandelt.

Besitzen jedoch Komponenten eines medizinischen Systems eine eigene Netzanschlussleitung, die nicht fest mit dem System verbunden ist, sind sie zunächst als Einzelgeräte zu prüfen; zusätzlich muss jedoch auch das Gesamtsystem als Einheit geprüft werden (§ 4.1 EN 62353).

Anmerkung: *Unter einem medizinischen System versteht man eine Kombination von Geräten, die durch eine Funktionsverbindung und/oder über eine Mehrfachsteckdose miteinander verbunden sind.*

10.10.1.1 Schutzleiterwiderstand

Bei Geräten der Schutzklasse I müssen (nur) jene Teile mit dem Schutzleiter verbunden sein, die im Ersten Fehlerfall Spannung annehmen können. Um den Schutz zu gewährleisten, muss die Impedanz der Verbindung ausreichend niederohmig sein. Der Bezug auf

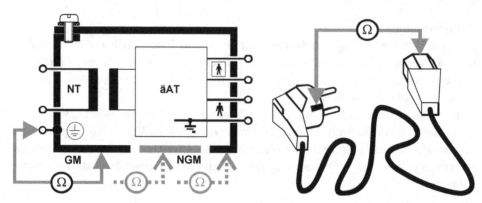

Abb. 10.13: Messung des Schutzleiterwiderstandes an einem Gerät mit abnehmbarer Netzleitung; innere Schutzleiterverbindungen (links), Netzleitung (rechts); *NT* Netzteil, *äAT* Anwendungsteil-äquivalentes Teil, *GM* geerdetes Metallteil, *NGM* nicht geerdetes Metallteil

die *Impedanz* statt auf den ohmschen Widerstand weist darauf hin, dass im Zweifelsfall eine Wechselstrommessung erforderlich ist. So könnte der Schutzleiterwiderstand z. B. einer auf einer Kabeltrommel aufgerollten Netzleitung im aufgewickelten Zustand wegen der dann wirksamen Induktivität den Grenzwert überschreiten, während er im abgerollten Zustand oder bei Gleichstrommessung eingehalten wird. Zur Beurteilung wird der ungünstigste (z. B. der aufgerollte) Fall herangezogen.

Die Schutzleiter-Impedanz darf bei Neugeräten folgende Grenzwerte nicht überschreiten (§ 8.6.4 EN 60601-1):

0,1 Ω bei *inneren Schutzleiterverbindungen* zwischen der Schutzleiteranschlussstelle und berührbaren Gehäuseteilen (Abb. 10.13). Bei bereits in Verwendung befindlichen Einzelgeräten wird die Alterung durch einen Zuschlag von weiteren **0,1 Ω** auf den Grenzwert berücksichtigt (§5.3.2.2 EN 62353).

0,1 Ω zwischen den beiden Schutzleiteranschlussstellen der *Netzleitung*.

0,5 Ω bei einem (bereits in Verwendung befindlichen) medizinischen *System* zwischen dem Netzstecker der Mehrfachsteckdose und den berührbaren Gehäuseteilen der Komponenten.

Anmerkung: *Nicht mehr als „Neugerät" anzusehen sind alle Geräte, die nach der Inbetriebnahme z. B. im Rahmen von wiederkehrenden Prüfungen wieder geprüft werden, unabhängig vom Gerätealter.*

Somit ergeben sich zwischen dem Schutzleiterkontakt am Schukostecker der Netzleitung und berührbaren Gehäuseteilen folgende Gesamt-Schutzleiterwiderstände (Abb. 10.14):

0,2 Ω bei Neugeräten (bei Eingangsprüfungen)

0,3 Ω bei Altgeräten (bei wiederkehrenden Prüfungen)

0,5 Ω bei über Mehrfachsteckdose versorgten (bereits in Verwendung befindlichen) medizinischen Systemen

Abb. 10.14: Messung des Schutzleiterwiderstandes an einem Gerät mit fest angeschlossener Netzleitung; *NT* Netzteil, *äAT* Anwendungsteil-äquivalentes Teil, *GM* geerdetes Metallteil, *NGM* nicht geerdetes Metallteil

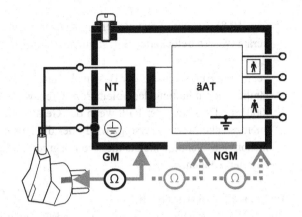

Die Bestimmung des Schutzleiterwiderstandes kann sich auf eine reine Messung (mit einem kleinen Messstrom) beschränken oder auch die Prüfung der Belastbarkeit der Schutzleiterverbindung z. B. mit einem Prüfstrom bis zu 25 A mit einschließen, um gefährliche Querschnittsverringerungen, z. B wegen gebrochener Litzenleiter, erkennen zu können.

Die *Messung* des Schutzleiterwiderstandes erfolgt mit einer Stromstärke von mindestens 200 mA und einer Leerlaufspannung von höchstens 24 V. Es reicht jedoch nicht, bloß eine einzige Messung zu einem willkürlich ausgewählten Punkt vorzunehmen. Es ist vielmehr die Erdung zu *allen* berührbaren schutzgeerdeten Teilen zu überprüfen. Der höchste gemessene Wert ist zu dokumentieren. Das Gerät muss dabei vom Netz (und dem Schutzleiteranschluss) getrennt werden.

Bei fest angeschlossenen Geräten darf auf eine Trennung vom Netz verzichtet und die Messung parallel zur Netzversorgung zu einem (beliebigen) benachbarten Schutzkontakt oder zu einer Potenzialausgleichsleiter-Anschlussstelle durchgeführt werden. Der zusätzliche Widerstandsanteil der Strecke im Versorgungsnetz darf vom Messwert abgezogen werden (§ 5.3.2 EN 52353).

Anmerkung: *Messungen mit Gleichspannung sind zwar zulässig, allerdings nur, wenn sie mit beiden Polungen erfolgt. Es ist jedoch zu beachten, dass die Impedanz und nicht der Ohmsche Widerstand begrenzt ist. Bei Anordnungen, bei denen mit relevanten Induktivitäten zu rechnen ist (z. B. auf Kabeltrommel aufgerollte längere Netzkabel) kann die Gleichspannungsmessung zu niedrige Werten ergeben.*

Wenn der zulässige Grenzwert überschritten ist, muss dies nicht reflexartig beanstandet werden. *Überschreitungen* sind nämlich unter bestimmten Bedingungen zulässig, z. B.

1. wenn im ersten Fehlerfall eine Spannungsverschleppung zum beanstandeten Teil gar nicht möglich ist (dann wäre ja die Schutzmaßnahme Schutzerdung dort gar nicht erforderlich). Um dies abzuklären, ist jedoch eine innere Sichtprüfung vorzunehmen (siehe

Kap. 10.8). Erhöhte Schutzleiterimpedanzen können z. B. an Tragegriffen tragbarere Geräte (wegen gelockerter Befestigungsschrauben) auftreten.

2. wenn trotz Kurzschlusses der Basisisolierung (zum beanstandeten Teil) das Schutzziel, nämlich die Einhaltung der Ableitstrom-Grenzwerte für NC, erhalten bleibt (§ 8.6.4 EN 60601-1). Dies wäre der Fall, wenn das Gerät z. B. mit einer erdfreien Spannung von einem Steckernetzteil versorgt wird oder die entsprechenden Stromkreise z. B. durch hochohmige Schutzwiderstände strombegrenzt sind und keine höheren Ableitströme auftreten können.

10.10.1.2 Ableitströme

Die Messung der Ableitströme erfolgt grundsätzlich mit dem zur Anwendung vorgesehenen sicherheitsrelevanten Zubehör. Komponenten von medizinischen Systemen werden als Einzelgeräte geprüft, wenn sie eine eigene Netzanschlussleitung besitzen, die nicht fest mit dem System bzw. der Mehrfachsteckdose verbunden ist.

Zur Messung der Ableitströme stehen drei Varianten zur Verfügung:

- die *Direktmessung* in Anlehnung an die Typprüfungsvorschrift EN 60601-1. Dabei wird das Gerät an das Netz angeschlossen und im Standby-Betrieb betrieben.
- die *vereinfachte Ersatzmessung* nach EN 62353, bei der die Ein- und Ausgänge kurzgeschlossen werden. In diesem Fall kann das Gerät nicht in Betrieb genommen werden.
- die *Differenzstrommessung* nach EN 62353, z. B. bei fest angeschlossenen leistungsstarken Geräten.

Anmerkung: *Es kann bei Geräten der Schutzklasse I (Schutzerdung) erforderlich sein, den Ableitstrom zu nicht geerdeten (schutzisolierten) Gehäuseteilen gesondert zu messen, da für diesen Fall niedrigere Ableitstromwerte festgelegt sind.*

Während die Kontaktierung eines metallischen Teils mit der Prüfspitze leicht möglich ist, muss bei Isolierstoffen anders vorgegangen werden. Bei Berührung eines Isolierstoffgehäuses, z. B. mit der Handfläche, ist die kapazitive Kopplung nicht mehr zu vernachlässigen. Aus diesem Grund wird die Berührung simuliert, indem das Gehäuse mit einer Metallfolie (z. B. Aluminium-Haushaltsfolie) in engem Kontakt gebracht wird, wobei deren Fläche der erwartbaren Berührungsfläche entspricht (z. B. 20 × 10 cm für die Handfläche, oder ca. 40 × 80 cm Oberkörperfläche bei OP-Tischen). Dazu ist die Alufolie entsprechend zurechtzuschneiden und mit einem Gewicht so zu beschweren, dass sie das Gehäuse vollflächig kontaktiert (Abb. 10.15).

Bei schwierig zu kontaktierenden Teilen z. B. von komplex geformten Anwendungsteilen wie Infusionsbesteck oder Katheter, kann die Kontaktierung durch Eintauchen in einen mit leitfähiger Flüssigkeit, z. B. physiologischer Kochsalzlösung, gefüllten Behälter erreicht werden (Abb. 10.16).

Abb. 10.15: Kontaktierung
von Isolierstoffgehäusen am
Beispiel der Messung des
Ersatz-Gehäuseableitstromes
durch Kontaktierung mit einer
beschwerten Aluminiumfolie
in Handflächengröße; U_N Netzspannung, *MD* Messschaltung,
NT Netzteil, *äAT* Anwendungsteil-äquivalentes Teil

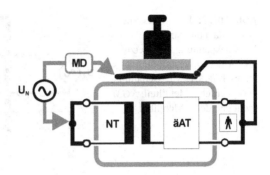

1. Geräteableitstrom

Der Geräteableitstrom ist jener Strom, der bei eingeschaltetem Gerät (im Standby-Betrieb) von den berührbaren (Gehäuse-)Teilen über eine Person zur Erde oder zwischen
Gehäuseteilen fließt.

Anmerkung: *Die (veraltete) Bezeichnung „Geräteableitstrom" der (neuen) Prüfnorm
EN 62353 entspricht der Bezeichnung „Berührungsstrom" der Gerätenorm EN 60601-1,
Ed. 3*

Direktmessung

Die Direktmessung des Geräteableitstromes wurde für die wiederkehrende Prüfung gemäß EN 62353 gegenüber den Vorgaben der Bauartvorschrift EN 60601-1 zur Messung

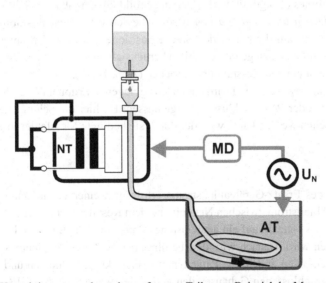

Abb. 10.16: Kontaktierung von komplex geformten Teilen am Beispiel der Messung des Ersatz-
Patientenableitstromes einer Infusionspumpe durch Kontaktierung über ein Bad mit physiologischer Kochsalzlösung; *NT* Netzteil, *MD* Messschaltung, *AT* Anwendungsteil, U_N Netzspannung

Abb. 10.17: Direktmessung des Geräteableitstromes; U_N Netzspannung, *NT* Netzteil, *äAT* Anwendungsteil-äquivalentes Teil, *MD* Messschaltung, *GM* geerdetes Metallteil, *NGM* nicht geerdetes Metallteil

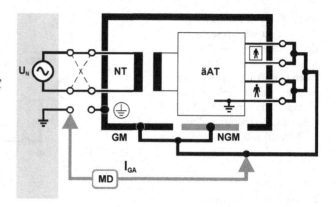

des Berührungsstromes vereinfacht. Das Gerät wird zwar ebenfalls direkt an die Netzspannung angeschlossen und ist somit betriebsfähig, es wird jedoch nicht bei 110 % der Netzspannung, sondern direkt beim aktuellen Wert der Netzspannung gemessen. Unsicherheiten wegen Netzspannungsschwankungen werden hingenommen. Es werden auch keine Fehlerfälle simuliert.

Durch Messung des Geräteableitstromes soll die Isolation des Netzteiles von allen anderen Teilen des Gerätes beurteilt werden. Aus diesem Grund werden alle diese Teile, also geerdete und ungeerdete leitfähige Gehäuseteile und sämtliche Anwendungsteile miteinander verbunden und bilden so einen gemeinsamen Referenzpunkt. Der Geräteableitstrom, der ja von der erdbezogenen Netzspannung verursacht wird, wird vom gemeinsamen Referenzpunkt zum Erdpotenzial gemessen (Abb. 10.17). Die Messung des Geräteableitstromes erfolgt mit der Patientennachbildung gemäß Abb. 8.20.

Bei *nicht fest installierten Geräten* wird in beiden möglichen Positionen des Netzsteckers gemessen, um die bei beiden Steckerpositionen auftretenden unterschiedlichen kapazitiven Kopplungen zu geerdeten Teilen berücksichtigen zu können. Die Schutzleiterverbindung bleibt bei der Messung unterbrochen (Abb. 10.17).

Bei *fest installierten Geräten* wird zum nächstgelegenen Erdpunkt (z. B. Schutzkontakt einer Steckdose oder PA-Anschlussstelle) gemessen. Da hier die Schutzleiterverbindung nicht unterbrochen werden kann, wird der durch sie bedingte Messfehler in Kauf genommen.

Ersatzmessung

Die Messung des Ersatz-Geräteableitstroms erfolgt mit einer vereinfachten Messschaltung, die den Ableitstrom zwischen Netzteil und dem Rest des Gerätes erfassen soll. Dazu wird zunächst das Netzteil auf ein gemeinsames Potenzial gelegt, indem der Netzeingang kurzgeschlossen wird. Danach wird der (berührbare) Geräterest zu einem Referenzpunkt zusammengeschlossen, indem die Patientenanschlüsse kurzgeschlossen und mit den miteinander kurzgeschlossenen Gehäuseteilen verbunden werden (Abb. 10.18). Die Schutzleiterverbindung wird unterbrochen.

Abb. 10.18: Ersatzmessung des Geräteableitstromes. U_N Netzspannung, *NT* Netzteil, *äAT* Anwendungsteil-äquivalentes Teil, *MD* Messschaltung, *GM* geerdetes Metallteil, *NGM* nicht geerdetes Metallteil

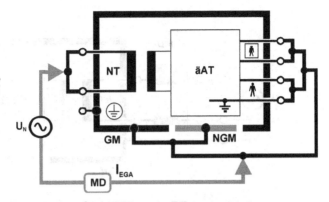

Die Messung des Ersatzgeräteableitstromes erfolgt mit der Patientennachbildung gemäß Abb. 8.20 und der Messschaltung gemäß Abb. 10.18 in beiden möglichen Positionen des Netzsteckers. Die Netzspannung wird dazu zwischen kurzgeschlossenem Netzteil und dem Referenzpunkt des kurzgeschlossenen Geräte-Restes (Gehäuseteile und Anwendungsteile) angelegt. Auf diese Weise wird die Gesamtisolation zwischen dem Netzteil und allen übrigen berührbaren Geräteteilen geprüft.

Differenzstrommessung

Die Differenzstrommessung beruht auf dem Prinzip des Fehlerstromschutzschalters. Sie bewährt sich besonders bei fest angeschlossenen leistungsstarken Geräten (z. B. Röntgenanlagen). Das zu messende Gerät bleibt dabei am Netz angeschlossen und wird im Standby betrieben. Die Schutzleiterverbindung bleibt aufrecht. Der (berührbare) Geräterest wird auf Erdpotenzial gelegt, indem die Patientenanschlüsse (falls vorhanden) kurzgeschlossen, mit allen berührbaren nicht geerdeten Gehäuseteilen verbunden und anschließend mit einem nahe gelegenen Erdpotenzial verbunden werden, z. B. mit dem Schutzleiterkontakt einer Steckdose oder mit der Potenzialausgleichsleiteranschlussstelle.

Zur Messung werden alle aktiven Leiter (also Phasenleiter und Neutralleiter), nicht jedoch der Schutzleiter, von einer Stromzange umfasst (Abb. 10.19).

Wenn es keine Leckströme gäbe, würde sich in der Stromzange die Wirkung der Magnetfelder der hin- und zurückfließenden Ströme aufheben und keine Spannung induziert werden. Da jedoch die Summe der zur Erde abgeflossenen Ableitströme im Rückstrom fehlt kann mit der Stromzange der Geräteableitstrom als Differenz zwischen hin- und zurückfließendem Strom gemessen werden. Die Frequenzbewertung wird wieder durch die Patientennachbildung gemäß Abb. 8.20 vorgenommen. Da jedoch Messzangen derzeit nicht für kleine Ströme angeboten werden, sind kleine Ableitströme auf diese Weise nicht messbar.

2. Patientenableitstrom

Der Patientenableitstrom ist der Strom, der vom Anwendungsteil über den Patienten zur Erde fließt. Wenn vom Hersteller nicht anders vorgesehen, wird die Messung der Ableit-

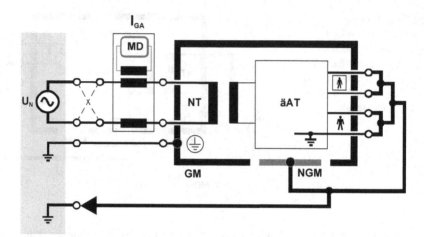

Abb. 10.19: Differenzstrommessung des Geräteableitstromes. U_N Netzspannung, *NT* Netzteil, *äAT* Anwendungsteil-äquivalentes Teil, *MD* Messschaltung, *GM* geerdetes Metallteil, *NGM* nicht geerdetes Metallteil

ströme vom Anwendungsteil nur an *erdfreien* Anwendungsteilen (Typ BF und CF) durchgeführt. Dabei werden alle Patientenanschlüsse *einer Funktion* kurzgeschlossen und die Patientenableitströme von jeder Funktion gesondert gemessen. Die Patientenanschlüsse der nicht untersuchten Funktionen bleiben offen. Der höchstgemessene Wert ist zu dokumentieren.

Es ist zu beachten, dass die Messung zu geerdeten Anwendungsteilen des Typs B wegen der geerdeten Messspannung zu einem Kurzschluss führen würde!

Bei Anwendungsteilen des Typs B führt die Messung zum Kurzschluss!

Direktmessung

Die Messung erfolgt bei am Netz angeschlossenem Gerät. Bei schutzgeerdeten Geräten wird der Schutzleiter nicht unterbrochen. Nicht geerdete Gehäuseteile werden mit dem Gehäuse (also mit Erde) verbunden. Gehäuse von Geräten der Schutzklasse II werden ebenfalls ggf. mit Hilfe einer Aluminiumfolie kontaktiert (Abb. 10.15) und mit Erde verbunden. Die Messung erfolgt mit Hilfe der Patientennachbildung gemäß Abb. 8.20, nachdem die Netzspannung zwischen den kurzgeschlossenen Anschlüssen der jeweiligen Anwendungsteile einer Funktion und Erde angelegt wurde (Abb. 10.20). Die Messung wird bei den vorhandenen erdfreien Anwendungsteilen wiederholt. Der höchstgemessene Wert ist zu dokumentieren.

Anmerkung: *Es ist dabei zu beachten, dass die Anwendung dieser Messschaltung auf geerdete Anwendungsteile (Typ B) zum Kurzschluss führen würde!*

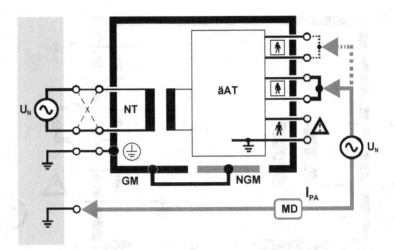

Abb. 10.20: Direktmessung des Patientenableitstromes. U_N Netzspannung, *NT* Netzteil, *äAT* Anwendungsteil-äquivalentes Teil, *MD* Messschaltung, *GM* geerdetes Metallteil, *NGM* nicht geerdetes Metallteil

Ersatzmessung

Die Messung des Ersatz-Patientenableitstroms erfolgt mit einer vereinfachten Messschaltung, die den Ableitstrom zwischen dem Anwendungsteil-äquivalenten Teil und dem Rest des Gerätes ermitteln soll. Die Messschaltung für den Ersatz-Patientenableitstrom ist daher im Wesentlichen spiegelbildlich zu jener der Ersatz-Geräteableitstrommessung (Abb. 10.18). Dazu werden zunächst das Netzteil und die berührbaren Gehäuseteile zu einem Referenzpunkt zusammengeschlossen, indem der Netzeingang kurzgeschlossen und mit dem Gehäuse und dessen nicht geerdeten Teilen verbunden wird. Die Patientenanschlüsse ***einer Funktion*** werden ebenfalls kurzgeschlossen.

Die Messung der Ersatz-Patientenableitströme erfolgt mit der Messschaltung gemäß Abb. 8.20. Zur Messung wird die Netzspannung zwischen kurzgeschlossenem Anwendungsteil und dem Referenzpunkt gelegt (Abb. 10.21). Auf diese Weise wird die Gesamtisolation zwischen allen berührbaren Gehäuseteilen und dem Netzteil zum Anwendungsteil geprüft. Dieser Fall entspricht dem Fehlerfall „Netzspannung am Anwendungsteil", für den spezielle Ableitstromgrenzwerte gelten. Die Messung wird bei den vorhandenen erdfreien Anwendungsteilen wiederholt. Der höchstgemessene Wert ist zu dokumentieren.

Anmerkung: *Es ist dabei zu beachten, dass die Anwendung dieser Messschaltung auf geerdete Anwendungsteile (Typ B) zum Kurzschluss führen würde!*

10.10.1.3 Fallstricke

Um Gefährdungen und Messfehler zu vermeiden, sind bei der Messung der Ableitströme einige wichtige Umstände zu beachten.

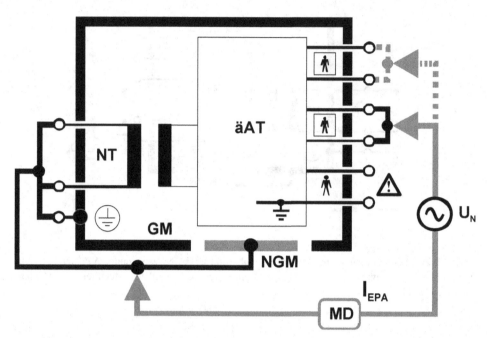

Abb. 10.21: Ersatzmessung des Ersatzpatientenableitstromes. U_N Netzspannung, *NT* Netzteil, *äAT* Anwendungsteil-äquivalentes Teil, *MD* Messschaltung, *GM* geerdetes Metallteil, *NGM* nicht geerdetes Metallteil

Gefährdungen

Gefährdungen können auftreten:

- bei *Ersatz-Ableitstrommessungen*, wenn keine erdfreie Prüfspannung verwendet wird. Wie die Schaltbilder zeigen, wird ja ein Pol der Netzspannung mit dem Gehäuse verbunden und somit berührbar.
- bei der *Direktmessung* des Geräteableitstromes, da während der Messung die Schutzleiterverbindung geöffnet und in die Erdverbindung der Widerstand der Messschaltung ($\geq 1\text{k}\Omega$) geschaltet ist, sodass die Schutzmaßnahme Schutzerdung außer Kraft gesetzt ist.
- bei der direkten Messung und der Ersatzmessung des *Ersatz-Patientenableitstromes* von geerdeten Anwendungsteilen (Typ B), da die erdbezogene Messspannung durch die bestehende Erdverbindung des Anwendungsteils kurzgeschlossen würde.

Messfehler

Bei den Ableitstrommessungen können aus verschiedenen Gründen Messfehler auftreten. Diese haben eines gemeinsam: Sie führen zu niedrigeren Messwerten und täuschen somit eine nicht vorhandene Sicherheit vor.

Sollten Sie daher bei der wiederkehrenden Prüfung ungewöhnlich niedrige Werte messen, sollten Sie sich nicht über den guten Gerätezustand freuen, sondern überlegen, was sie falsch gemachte haben könnten.

Ungewöhnlich niedrige Ableitströme sind meist Folge eines Messfehlers!

Es gibt nämlich eine Reihe von Möglichkeiten, Messfehler zu machen, nämlich:
- Eine häufige Ursache ist die (unbeabsichtigte) *Erdung* des Prüflings. Bei erdbezogene Messspannungen fließen die Ableitströmen vor allem auf dem Weg des geringsten Widerstandes zur Erde. Wenn das Gerät daher nicht isoliert aufgestellt ist, fließt nur ein kleiner Teil des Ableitstromes über den 1 kΩ- Widerstand der Patientennachbildung, und es wird ein zu niedriger Wert gemessen. Es ist daher darauf zu achten, dass das Gerät erdfrei aufgestellt ist und *alle* direkten Erdverbindungen gelöst sind, z. B. Potenzialausgleichsleiter oder zusätzliche Erdverbindungen in medizinischer Systeme, dass aber auch keine parasitären Erdverbindungen bestehen, z. B. über Datenleitungen oder weil das Gerät fest montiert ist, z. B. an der Decke montierter Röntgen- C- Bogen, OP- Tisch, Zahnbehandlungsstuhl, einen Kühlwasseranschluss besitzt, z. B. Hochleistungslasergerät, zufällig ein geerdetes Stativ berührt oder eine vorstehende Befestigungsschraube des Gerätefußes mit der (im OP) geerdeten metallischen Ablage in Verbindung kommt. Darauf ist insbesonders zu achten, wenn der Messstromkreis auf Erde bezogen ist, also
  - bei der *Direktmessung* von Gehäuse- und Patientenableitstrom, bei der das Gerät ja an die *erdbezogenen Spannung* angeschlossen ist;
  - bei der *Ersatzmessung* von Gehäuse- und Patientenableistrom, wenn kein Trenntransformator, sondern eine *erdbezogene Messspannung* verwendet wird.
- Bei den *Ersatzmessungen* wird vorausgesetzt, dass das gesamte Netzteil am gleichen Potenzial liegt. Da jedoch die Netzeingänge kurzgeschlossen werden, ist die Annahme dann nicht mehr erfüllt, wenn *elektronische Schalter*, wie z. B. Relais, nicht mehr aktiviert werden können und daher das Potenzial nicht weitergeleitet wird. In diesen Fällen würde daher die Isolation nur zu einem Teil des Netzteils überprüft werden, der Messwert wäre daher zu gering, und Sicherheit würde möglicher Weise vorgetäuscht sein.
- Bei *Differenzmessungen* spielen die Erdungsverhältnisse des Prüflings keine Rolle, die *Empfindlichkeit* und *Genauigkeit* der Stromzange ist jedoch meist deutlich schlechter als bei den anderen Messmethoden, sodass die Messung nur für höhere Ableitströme sinnvoll ist.
- Messfehler werden auch gemacht, wenn die *Frequenzbewertung* durch die Messschaltung unterbleibt, z. B. wenn die Differenzmessung mit einer Stromzange ohne frequenzbewertender Patientennachbildung gemacht wird. Dies ist besonders bei elektronisch leistungsgeregelten Geräten zu beachten, wo wegen der Phasenanschnittsteuerung viele Oberwellen auftreten und die Frequenzbewertung besonders relevant ist. Da in diesem Fall jedoch tendenziell zu hohe Werte gemessen werden, würde die Beurteilung wenigstens auf der sicheren Seite bleiben.

Tab. 10.11: Grenzwerte für Geräteableitströme

Geräteableitstrom	Typ B, BF,CF μA
Schutzklasse I (Schutzerdung)	
Ersatzmessung	1000
Direktmessung	500
Differenzmessung	
Schutzklasse II (Schutzisolierung)	
Ersatzmessung	500
Direktmessung	100
Differenzmessung	

4. Grenzwerte

Geräteableitstrom

Die Messung der Geräteableitströme erfolgt unter den Bedingungen des Ersten Fehlerfalls (Schutzleiter unterbrochen). Die Ableitstromwerte der Ersatzmessungen sind grundsätzlich höher, weil hier die Spannung ja gleichzeitig an beide Pole des Netzteils angelegt wird, während sie bei Direkt- oder Differenzmessung jeweils nur an einem Pol anliegt. Aus diesem Grund sollte der Wert des Ersatz-Geräteableitstromes gleich der Summe der Messwerte sein, die mit den beiden Stecker-Polungen bei Direkt- und Differenzmessung erhalten werden würden. Da der Messwert der Ersatzmessung daher größer ist, wurde Grenzwert für die Ersatzmessung doppelt so hoch festgelegt wie für die anderen Messvarianten (Tab. 10.11). Bei symmetrischem Schaltungsaufbau ergäbe sich also maximal das Doppelte des Grenzwertes für die anderen Messvarianten. (Dies entspricht dem zulässigen Berührungsstrom im Ersten Fehlerfall nach der Messung nach der Bauartvorschrift EN 60601-1).

Patientenableitstrom

Die Ersatzmessung des Patientenableitstroms entspricht dem Ersten Fehlerfall „Netzspannung am Anwendungsteil", für den die Grätenorm EN 60601-1 einen Grenzwert von 5000 μA (Typ BF) bzw. 50 μA (Typ CF) vorsieht. Dementsprechend wurden auch die Grenzwerte für Ersatz- und Direktmessung festgelegt (Tab. 10.12)

Tab. 10.12: Grenzwerte für Patientenableitströme

Patientenableitstrom	Anwendungsteil		
	Typ B μA	Typ BF μA	Typ CF μA
Ersatzmessung	[a]	5000	50
Direktmessung	[a]		

[a] Vorsicht! Die Messung verursacht bei geerdeten Anwendungsteilen (Typ B) einen Kurzschluss!

10.10.1.4 Isolationswiderstand

Wenn aufgrund der Ableitstrommessungen Zweifel an der Isolation bestehen und das Gerät dies zulässt, kann zur Abklärung der Isolationswiderstand gemessen werden. Die Messung des Isolationswiderstandes wird mit 500 V Gleichspannung durchgeführt. Da bei dieser Spannung eine Beschädigung von Netzfiltern oder Anwendungsteilen nicht mehr grundsätzlich ausgeschlossen werden kann, sollte die Messung nur dann durchgeführt werden, wenn das Gerät dafür ausgelegt ist. Sie ist nicht als Kriterium für die Akzeptanz von Geräten gedacht (EN 62353), sondern ist hilfreich,

- wenn Zweifel an den Isolationsverhältnissen bestehen, z. B. nachdem Flüssigkeit verschüttet wurde oder wenn der FI-Schalter wiederholt ausgelöst hat, oder
- wenn es darum geht, die zeitlichen Änderungen der Isolationsverhältnisse genauer zu überwachen, z. B. wenn sich der Kohlenstaub-Abrieb der Kommutator-Kohlebürsten eines Gleichstrommotors im Gerät anreichert (z. B. bei Zentrifugen), wenn Verdacht auf hygroskopische Isolationsmaterialien besteht oder temperaturabhängige Verschlechterungen der Isolation vermutet werden.

Zur Bestimmung des Isolationswiderstandes wird das Gerät vom Netz getrennt. Die Messung wird für folgende Isolationen durchgeführt:

- zwischen *Netzteil* und (Abb. 10.22):
  - schutzgeerdetem Gehäuse der Schutzklasse I (Basisisolierung) bei offenen Patientenanschlüssen;
  - nicht geerdeten leitfähigen Gehäuseteilen bei Geräten der Schutzklasse I oder II (doppelte Isolierung), bei offenen Patientenanschlüssen;

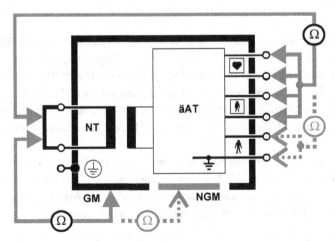

Abb. 10.22: Messung des Isolationswiderstände vom Netzteil zu anderen Teilen. *NT* Netzteil, *äAT* Anwendungsteil-äquivalentes Teil, *GM* geerdetes Metallteil, *NGM* nicht geerdetes Metallteil

Abb. 10.23: Messung des
Isolationswiderstände vom
Anwendungsteil zu anderen
Teilen. *NT* Netzteil, *äAT*
Anwendungsteil-äquivalentes
Teil, *GM* geerdetes Metall-
teil, *NGM* nicht geerdetes
Metallteil

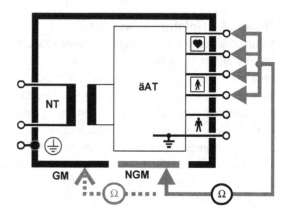

- allen kurzgeschlossenen (erdfreien) Patientenanschlüssen der Typen BF und CF (doppelte Isolierung);
- allen kurzgeschlossenen Patientenanschlüssen der Type B (Basisisolierung);

• zwischen kurzgeschlossenen (erdfreien) *Anwendungsteilen* der Typen BF und CF und (Abb. 10.23):
  - schutzgeerdetem Gehäuse (Basisisolierung);
  - nicht geerdeten leitfähigen Gehäuseteilen (doppelte Isolierung)

10.10.2   Funktionsprüfung

Die Funktionsprüfung ist ein wichtiger Bestandteil der wiederkehrenden Prüfung. Sie hat mehrere Ziele:

1. Die *Vergewisserung*, dass das Gerät nach der Prüfung in ordnungsgemäßem Zustand zurückgelassen wird. Da Bauteilausfälle meist zufällige Ereignisse sind, könnte auch bereits kurz nach der Überprüfung zufällig ein Defekt auftreten. Der Prüfer sollte daher sicher sein, dass ein Defekt nicht auf seine Tätigkeit zurückzuführen ist, z. B. wegen zu rauer innerer „Sichtprüfung", wegen Einkopplung einer elektrostatischen Entladung oder wegen Schäden durch die 500 V-Messspannung bei der Isolationswiderstandsmessung.

2. Die *Kontrolle* der sicherheitsrelevanten Bauteile, z. B. der Leuchtanzeigen oder der Alarme. Dies hat vor allem das Ziel, festzustellen, ob die technischen Voraussetzungen z. B. für die Anzeige von Alarmen oder von Funktionszuständen gegeben sind; die Kontrolle der Alarmgrenzen selbst obliegt natürlich dem Anwender.

Anmerkung: *Sollte nach der Funktionskontrolle die ursprünglich vorgefundene Einstellung der Alarmgrenzen nicht mehr wiederhergestellt werden können, ist der Anwender*

unbedingt durch geeignete Maßnahmen darauf hinzuweisen, z. B. durch Anbringen eines entsprechenden Warnhinweises.

3. Die Überprüfung *sicherheitsrelevanter Funktionen* (z. B. Abgabe von Defibrillations-energie, Verabreichung von Substanzen, Abgabe von Strahlung). Dies hat nach den Angaben des Herstellers zu erfolgen. Dabei kann auch die Unterstützung durch eine mit der Anwendung vertraute Person erforderlich sein. Durch eine messtechnische Über-prüfung ist festzustellen, ob die Ausgangswerte (z. B. Reizstromstärke, Defibrillations-energie, Ausgangsstromstärke des HF-Chirurgiegerätes, Infusionspumpen-Förderrate) noch innerhalb der vom Hersteller (in der Gebrauchsanweisung) angegebenen Toleranz liegen. Dazu sind in der Regel spezielle Mess- und Prüfgeräte erforderlich, z. B. Infu-sionspumpentester, HF-Chirurgiegeräte-Tester, Lasermessgerät, Defibrillator-Tester, Patientensimulator für Biosignalmonitore etc..

Die sicherheitstechnische Funktionsprüfung ist zwar ein unverzichtbarer Bestandteil der Sicherheitsprüfung. Es ist jedoch wichtig, hervorzuheben, dass sich die verpflichtenden Tätigkeiten bewusst nur auf den sicherheitsrelevanten Teil der Funktion beschränken und nicht auch sämtliche anderen Funktionseigenschaften umfassen. Die allgemeine Funk-tionskontrolle (z. B. Kontrolle der Eichzacke des EKG-Schreibers, Überprüfung der Zähl-rate einer Gamma-Kamera, Überprüfung der Funktionsbereitschaft eines Defibrillators) ist Aufgabe des Anwenders und von ihm in wesentlich kürzeren Intervallen durchzuführen als die 1 bis 3 Jahre, die für wiederkehrende Prüfungen vorgesehen sind. Es wäre ein ver-hängnisvolles Missverständnis, wenn der Anwender sich dieser Verpflichtung durch die erfolgte Sicherheitskontrolle enthoben glaubte.

Wiederkehrende Sicherheitsprüfungen entheben den Anwender nicht von seinen eigenen regelmäßigen Funktions- und Qualitätskontrollen!

Homepages

Rechtsinformationen

http://www.europa.eu.int	Europäische Kommission
http://eur-lex.europa.eu	Europäische Rechtsinformationen
http://www.bmgfj.gv.at	Österreichisches Gesundheitsministerium
http://www.bmg.bund.de	Deutsches Gesundheitsministerium
http://www.bag.admin.ch	Schweizerisches Bundesamt für Gesundheit

Marktzulassungs-Informationen

http://ec.europa.eu/enterprise/ newapproach/nando	Europäische Kommission, Direktorat für Unternehmen und Industrie
http://www.eotc.be	European Organisation of Conformity Assessment
http://www.eucomed.be	European Cooperation of Medical Devices Manufacturers
http://www.edma.be	European Diagnostics Manufacturer Association
http://www.pmg.tugraz.at	Europaprüfstelle für Medizinprodukte PMG

Normeninformationen

elektrotechnisch

http://www.cenelec.be	Europäisches Komitee für Elektrotechnische Normung
http://www.iec.ch	Internationale Elektrotechnische Kommission
http://www.ove.at	Österreichischer Verband für Elektrotechnik
http://www.vde.de	Deutscher Verband für Elektrotechnik
http://www.electroswisse.ch	Schweizer Verband für Elektro-, Energie- und Informationstechnik

© Springer 2015

N. Leitgeb, *Sicherheit von Medizingeräten*, DOI 10.1007/978-3-662-44657-7

allgemein

http://www.cen.be	Europäisches Komitee für Normung
http://www.iso.ch	Internationale Organisation für Normung
http://www.on-norm.at	Österreichisches Normungsinstitut
http://www.din.de	Deutsches Institut für Normung
http://www.snv.ch	Schweizer Normen-Vereinigung

Literatur

Biegelmeier, G. (1986): Wirkungen des elektrischen Stromes auf den Menschen und Nutztiere. VDE- Verlag Berlin

Brinkmann, K., Schaefer, H.: (1982): Der Elektrounfall. Springer- Verlag Berlin

CENELEC HD 395-1 S2 (1988): Medizinische elektrische Geräte, Teil 1: Allgemeine Festlegungen für die Sicherheit

CENELEC HD 395-1 S1 (1979): Sicherheit elektrischer medizinischer Geräte, Teil 1: Allgemeine Festlegungen für die Sicherheit

DIN 100-107 (2002): Starkstromanlagen in Krankenhäusern und medizinisch genutzten Räumen außerhalb von Krankenhäusern

Ecker, W., Füszl, S., Renhardt, M., Semp R. (2004): Medizinprodukterecht. Juridica Wien

EC (1998) Council recommendation 1999/519/EC on limiting the public exposure to electromagnetic fields (0 Hz to 300 GHz). OJEC L199/59

Eikmann, T., Christiansen, B., Exner, M., Herr, C., Kramer, A. (2006): Hygiene in Krankenhaus und Praxis. Ecomed Verlag Landsberg/Lech

EN 62366 (2014): Medizinprodukte: Anwendung der Gebrauchstauglichkeit auf Medizinprodukte

EN 62353 (2008): Medizinische elektrische Geräte: Wiederholungsprüfungen und Prüfung nach Instandsetzung von medizinischen elektrischen Geräten

EN 62304 (2014): Medizingeräte- Software – Software Lebenszyklus Prozess

EN 61000-4-8 (2001): Elektromagnetische Verträglichkeit (EMV)- Teil 4-8: Prüf- und Messverfahren- Prüfung der Störfestigkeit gegen Magnetfelder mit energietechnischen Frequenzen

EN 60601-1, Ed.3 (2006 + Korr 2010 + A1 2013): Medizinische elektrische Geräte- Teil 1: Allgemeine Festlegungen für die Sicherheit einschließlich wesentlicher Leistungsmerkmale

EN 60601-1-2 (2007): Medizinische elektrische Geräte. Teil 1-2: Allgemeine Festlegungen für die Basissicherheit und die wesentlichen Leistungsmerkmale. Ergänzungsnorm: Elektromagnetische Verträglichkeit- Anforderungen und Prüfungen

EN 60601-1-3 (2014): Medizinische elektrische Geräte. Teil 1-3: Allgemeine Festlegungen für die Sicherheit einschließlich der wesentlichen Leistungsmerkmale – Ergänzungsnorm: Strahlenschutz von diagnostischen Röntgengeräten

EN 60601-1-6 (2010): Medizinische Elektrische Geräte-Teil 1–6: Allgemeine Festlegungen für die Sicherheit einschließlich der wesentlichen Leistungsmerkmale – Ergänzungsnorm: Gebrauchstauglichkeit

© Springer 2015

N. Leitgeb, *Sicherheit von Medizingeräten*, DOI 10.1007/978-3-662-44657-7

EN 60601-1-8 (2008): Medizinische elektrische Geräte. Teil 1–8: Allgemeine Festlegungen für die Sicherheit einschließlich der wesentlichen Leistungsmerkmale - Ergänzungsnorm: Alarmsysteme - Allgemeine Festlegungen, Prüfungen und Richtlinien für Alarmsysteme in medizinischen elektrischen Geräten und in medizinischen Systemen

EN 60601-1-9 (2014): Medizinische elektrische Geräte. Teil 1–9: Allgemeine Festlegungen für die Sicherheit und wesentlichen Funktionsmerkmale – Ergänzungsnorm: Anforderungen zur Reduzierung von Umweltauswirkungen

EN 60601-1-11 (2011): Medizinische elektrische Geräte. Teil 1–11: Allgemeine Festlegungen für die Sicherheit und wesentlichen Funktionsmerkmale – Ergänzungsnorm: Anforderungen an medizinische elektrische Geräte und medizinische elektrische Systeme für die medizinische Versorgung in häuslicher Umgebung

EN 60479-1 (2007): Wirkung des elektrischen Stromes auf Menschen und Nutztiere. Teil 1: Allgemeine Aspekte

EN 60335-1 (2004): Sicherheit elektrischer Geräte für den Hausgebrauch und ähnliche Zwecke. Allgemeine Anforderungen

EN ISO/IEC 17025 (2005): Allgemeine Anforderungen an die Kompetenz von Prüf- und Kalibrierlaboratorien

EN ISO/IEC 17020 (2004): Allgemeine Kriterien für den Betrieb verschiedener Typen von Stellen, die Inspektionen durchführen

EN ISO 15001 (2009): Anästhesie- und Beatmungsgeräte – Verträglichkeit mit Sauerstoff

EN ISO 14971 (2012): Medizinprodukte – Anwendung des Risikomanagements auf Medizinprodukte

EN ISO 14607 (2009): Nichtaktive chirurgische Implantate – Mamma Implantate

EN ISO 14155 (2011): Klinische Prüfung von Medizinprodukten an Menschen – Gute klinische Praxis

EN ISO 13485 (2012): Medizinprodukte – Qualitätsmanagementsysteme – Anforderungen für regulatorische Zwecke

EN ISO 12180 (2000) (zurückgezogen: Nichtaktive chirurgische Implantate- Weichteilgewebeimplantate – Besondere Anforderungen an Mamma- Implantate

EU Empfehlung 2003/361/EG betreffend die Definition der Kleinstunternehmen sowie der kleinen und mittleren Unternehmen

EU Entscheidung 2004/389/EG über die Veröffentlichung der Fundstelle der Norm „Nichtaktive chirurgische Implantate- Weichteilgewebe Mamma- Implantate. EU-Amtsbl. L 120/38 vom 24. 4. 2004

EU- Richtlinie 2014/13/EU (2014), delegierte Richtlinie zur RoHS Richtlinie 2011/65/EU hinsichtlich einer Ausnahme für Blei in Loten auf bestückten Leiterplatten zur Verwendung in mobilen Medizinprodukten der Klasse IIa und IIb der Richtlinie 93/42/EWG mit Ausnahme von tragbaren Notfalldefibrillatoren. EU-Amtsbl. L 4/69 vom 9.1. 2014

EU Richtlinie 2007/47/EG (2007) zur Angleichung der Rechtsvorschriften über Medizinprodukte

EU Richtlinie 2006/42/EG (2006) über Maschinen (MD)

EU Richtlinie 2005/84/EG (2005) über Phthalate in Spielzeug und Babyartikeln, EU-Amtsbl L344 vom 27.12. 2005

EU Richtlinie 2004/23/EG (2004) zur Festlegung von Qualitäts- und Sicherheitsstandards für die Spende, Beschaffung, Testung, Verarbeitung, Konservierung, Lagerung und Verteilung von menschlichen Geweben und Zellen. EU-Amtsbl. L 102/24 vom 7. 4. 2004

EU Richtlinie 2002/98/EG (2002) zur Festlegung von Qualitäts- und Sicherheitsstandards für die Gewinnung, Testung, Verarbeitung. Lagerung und Verteilung von menschlichem Blut und Blutbestandteilen. EU-Amtsbl. L33/30 vom 8. 2. 2003

EU Richtlinie 2012/19/EU (2012) über Elektro- und Elektronik- Altgeräte (WEEE)

EU Richtlinie 2011/65/EG (2011) über die Einschränkung der Verwendung gefährlicher Substanzen (RoHS)

EU Richtlinie 2001/95/EG (2001) über die allgemeine Produktsicherheit

EU Richtlinie 2001/83/EG (2001) zur Schaffung eines Gemeinschaftscodexes über Humanarznei-mittel

EU Richtlinie 1999/44/EG (1999) zu bestimmten Aspekten des Verbrauchsgüterkaufs und der Garantien für Verbrauchsgüter

EU Richtlinie 98/79/EG (1998) über In-vitro Diagnostika (IVD-D)

EU Richtlinie 98/8/EG (1998) über das Inverkehrbringen von Biozid- Produkten

EU Richtlinie 93/42EG (1993) über Medizinprodukte (MDD)

EU Richtlinie 90/385/EG (1990) über aktive implantierbare medizinische Produkte (AIMD-D)

EU Richtlinie 89/686/EG (1989) über persönliche Schutzausrüstung (PPD-D)

EU Richtlinie 85/374EWG (1985) über die Haftung für fehlerhafte Produkte

EU- Verordnung 2014/0108 (Entwurf vom 27. 3. 2014) über persönliche Schutzausrüstungen

EU- Verordnung 722/2012 der Kommission vom 8. August 2012 über besondere Anforderungen betreffend die in der Richtlinie 90/385/EWG bzw. 93/42/EWG des Rates festgelegten Anforderungen an unter Verwendung von Gewebe tierischen Ursprungs hergestellte aktive implantierbare medizinische Geräte und Medizinprodukte

EU- Verordnung 528/2012 des Europäischen Parlaments und des Rates vom 22. Mai 2012 über die Bereitstellung auf dem Markt und die Verwendung von Biozid- Produkten

EU Verordnung 722/2012 über Anforderungen an unter Verwendung von Geweben tierischen Ursprungs hergestellte aktive implantierbare medizinische Geräte und Medizinprodukte. EU-Amtsbl. L 212/3 vom 9. 8. 2012

EU Verordnung (Entwurf) COM (2012) 542 final über Medizinprodukte

EU Verordnung 1223/2009 über kosmetische Mittel. EU ABl. L 342 vom 22.12.2009

EU Verordnung 1272/2008 über die Einstufung, Kennzeichnung und Verpackung von Stoffen und Gemischen, EU ABl L 353 vom 16. 12. 2008 und EU ABl L 350 vom 5. 12. 2014

Gärtner A. (2008): Medizinproduktesicherheit. Bd. 2: Elektrische Sicherheit in der Medizintechnik. TÜV Rheinland Köln

Haase, H. (1972): Statische Elektrizität als Gefahr. Verlag Chemie Weinheim

Hofheinz, W. (2014): Elektrische Sicherheit in medizinisch genutzten Bereichen: Normgerechte Stromversorgung und fachgerechte Überprüfung medizinischer elektrischer Geräte. VDE-Verlag

Hutten, H. (Herausg.) (1990): Biomedizinische Technik, Bd. 1-4. Springer Verlag Berlin

ICNIRP (2010) Guidelines for restricting exposure to time-varying electric and magnetic fields (1 Hz to 100 kHz). Health Physics 99(6):818–836

ICNIRP (2009) Guidelines on limits of exposure to static magnetic fields. Health Physics 96(4):504–514

ICNIRP (1998): Guidelines for Limiting the Exposure to Time-Varying Electric, Magnetic and Electromagnetic Fields. Health Physics, 74:494–522

IEC/TR 80001-1 (2009) Medical Device Software – Guidance in the application of ISO 14971 to medical devices software

IEC 60601-1, Ed.3 (2005): Medizinische elektrische Geräte – Teil 1: Allgemeine Festlegungen für die Basissicherheit einschließlich der wesentlichen Leistungsmerkmale

IEC 601-1, Ed.2 (1988): Medizinische elektrische Geräte. Teil 1: Allgemeine Anforderungen

IEC 601-1, Ed.1 (1977): Sicherheit elektromedizinischer Geräte. Teil 1: Allgemeine Anforderungen

ISO 32 (1977): Druckgasflaschen für medizinische Zwecke – Inhaltskennzeichnung

Kramme, R. (Herausg.) (2001): Medizintechnik. Springer-Verlag Berlin

Leitgeb, N., Cech, R., Schröttner, J., Lehofer, P., Schmidpeter, U., Rampetsreiter, M. (2008): Magnetic emission ranking of electric appliances. A comprehensive market survey. Radiat. Prot. Dosim., 129:439–445

Leitgeb, N., Schröttner, J., Cech. R. (2007): Perception of ELF electromagnetic fields: Excitation thresholds and inter-individual variability, Health Physics, 92(6):591–595

Leitgeb, N., Schröttner J., Cech R. (2005): Electric current perception of the general population including children and elderly. J. Med. Eng. Technol. 29:215–218

Leitgeb, N. (2000) Machen elektromagnetische Felder krank? Springer Verlag Berlin

Leitgeb, N. (1995): Sicherheit in der Medizintechnik. Expert Verlag Renningen

Leitgeb, N. (1990): Strahlen, Wellen, Felder. Thieme Verlag Stuttgart

MEDDEV 2.4/1 Rev.9 (2010): Classification of medical devices. Guidelines relating to the application of the council directive 93/42/EEC. http://ec.europa.eu/consumers/sectors/medical-devices/files/meddev

MEDDEV 2.7.1 Rev.3 (2009): Guidelines on medical devices. Clinical evaluation. http://ec.europa.eu/consumers/sectors/medical-devices/files/meddev

Medizinproduktegesetz (1996). Österr. BGBl 212

Medizinproduktebetreiber- Verordnung (2007). Österr. BGBl 22. März 2007

ÖVE/ÖNORM E 8007 (2007): Starkstromanlagen in Krankenhäusern und medizinisch genutzten Räumen außerhalb von Krankenhäusern

Perrow, C. (1989). Normale Katastrophen. Campus Verlag, New York

Produkthaftungsgesetz (1988). Österr. BGBl 99

Roy O. Z., Scott, J. R., Park G. C. (1976): 60 Hz ventricular fibrillation and pump failure thresholds versus electrode area. IEEE Trans BME `23, 45–48

SCENIHR (2015): The safety of the use of bisphenol A in medical devices. http://www.europa.eu/scientific_committees

SCENIHR (2015): The safety of medical devices containing DEHP-plasicized PVC or other plasticizers on neonates and other groups possibly at risk. http://www.europa.eu/scientific_committees

SCENIHR (2014): Final Opinion on The safety of Poly Implant Prothèse (PIP) Silicone Breast Implants (2013 update) http://www.europa.eu/scientific_committees

SSK (2011): Vergleichende Bewertung der Evidenz von Krebsrisiken durch elektromagnetische Felder und Strahlungen. http://www.ssk.de/SharedDocs/Beratungsergebnisse

Stramer C. F., Watson R. E. (1973): Current density and electrically induced ventricular fibrillation. Med. Instr. 7:3–6

TRBS2153 (2009): Vermeidung von Zündgefahren infolge elektrostatischer Aufladungen. ABS-Regel, Hauptverband der gewerblichen Berufsgenossenschaften, Fachausschuss Chemie, Heidelberg

VDE 0100-710 (2002): Errichten von Niederspannungsanlagen – Anforderungen für Betriebsstätten, Räume und Anlagen besonderer Art. Teil 710: Medizinisch genutzte Bereiche

Sachverzeichnis

© Springer 2015
N. Leitgeb, *Sicherheit von Medizingeräten*, DOI 10.1007/978-3-662-44657-7

Printed in the United States
By Bookmasters